Lambacher Schweizer 6
Mathematik für Gymnasien

Baden-Württemberg

Lösungen

erarbeitet von
Dieter Brandt
Dieter Greulich
Thorsten Jürgensen-Engl
Reinhard Schmitt-Hartmann
Peter Zimmermann

Ernst Klett Verlag
Stuttgart · Leipzig

Textquelle
L 46: Badische Zeitung, Freiburg, vom 19.01.2002

1. Auflage 1 5 4 3 2 1 | 12 11 10 09 08

Alle Drucke dieser Auflage sind unverändert und können im Unterricht nebeneinander verwendet werden.
Die letzte Zahl bezeichnet das Jahr des Druckes.

Autoren: Dr. Dieter Brandt, Dieter Greulich, Thorsten Jürgensen-Engl, Reinhard Schmitt-Hartmann, Dr. Peter Zimmermann

Redaktion: Eva Göhner, Andreas Marte
Herstellung: Simone Glauner

Umschlaggestaltung: SoldanKommunikation, Stuttgart
Titelbilder: Achterbahn: Getty Images Deutschland (Photo Disc/Reese), Muschel: Getty Images Deutschland (Neleman)
Illustrationen: media office gmbh, Kornwestheim
Satz: media office gmbh, Kornwestheim
Reproduktion: Meyle + Müller, Medien-Management, Pforzheim
Druck: Medienhaus Plump, Rheinbreitbach

Printed in Germany
ISBN 978-3-12-734303-8

Inhaltsverzeichnis

I Abhängigkeit und Änderung – Ableitung

1 Funktionen

Seite 12

1 a) $f(-2) = \frac{1}{2}$; $f(0{,}1) = -10$; $f(78) = -\frac{1}{78} \approx -0{,}1282$; $g(-2) = -7$; $g(0{,}1) = -2{,}8$; $g(78) = 153$; $h(-2) = -2$; $h(0{,}1) \approx -1{,}24$; $h(78) = 6$
b) $D_f = \mathbb{R}\setminus\{0\}$; $D_g = \mathbb{R}$; $D_h = [-3; \infty)$
c) Der Punkt P(1 | −1) liegt auf den Graphen von f, g und h; der Punkt Q(5,5 | 8) liegt auf dem Graphen von g.

2 (Druckfehler im 1. Druck der 1. Auflage des Schülerbuches. Es muss heißen: $f(x) = -x^3 + 1$)
a) $f(-2) = 9$; $f(0{,}1) = 0{,}999$; $f(78) = -474\,551$; $g(-2) = 0{,}5$; $g(0{,}1) \approx 0{,}244$; $g(78) = \frac{1}{82} \approx 0{,}0122$; $h(-2) \approx -0{,}333$; $h(0{,}1) \approx -1{,}111$; $h(78) = 0{,}013$
b) $D_f = \mathbb{R}$; $D_g = \mathbb{R}\setminus\{-4\}$; $D_h = \mathbb{R}\setminus\{1\}$
c) Der Punkt P(1 | −1) liegt auf den Graphen von f und g. Der Punkt Q(5,5 | 8) liegt auf keinem der Graphen.

3 a) $b(a) = \frac{20}{a}$. Mögliche Funktionswerte: $b(4) = 5$; $b(5) = 4$; $b(10) = 2$.
b) $D = (0; \infty)$
c)

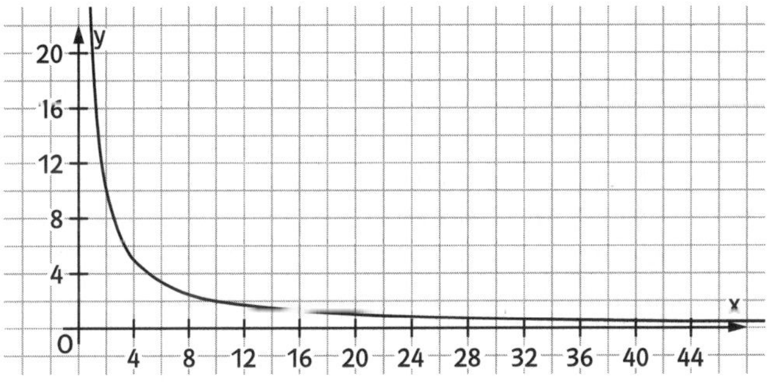

d) Die Funktion $a \to b$ mit $b(a) = \frac{20}{a}$ ist eine antiproportionale Funktion.

4 a) Beim ersten Anstieg werden ca. 250 m überwunden. Der erste Anstieg ist ca. 10 km lang.
b) Insgesamt müssen bei der Tour 750 m überwunden werden.
c) Der Umkehrpunkt wird vermutlich bei Streckenkilometer 25 liegen. Dies kann aus der Symmetrie des Graphenabschnitts beim Umkehrpunkt schließen.

Seite 13

5 a) Der Ball wurde in einer Höhe von 1,8 m abgeworfen.
b) $D_f = \left(0; \frac{5+\sqrt{97}}{2}\right) \approx (0; 7{,}42)$
c) Die maximale Höhe des Balles betrug ca. 2,4 m.
d) $D_f = \left(0; 2{,}5 + \sqrt{2{,}5^2 + 10h}\right)$
Die maximale Höhe des Balles betrug ca. 0,625 m + h.

6 a) $V(r) = \frac{1}{3}\pi \cdot r^2\sqrt{36 - r^2}$; $V(2) \approx 23{,}7$; $V(3) \approx 48{,}97$
b) $D_V = (0; 6)$

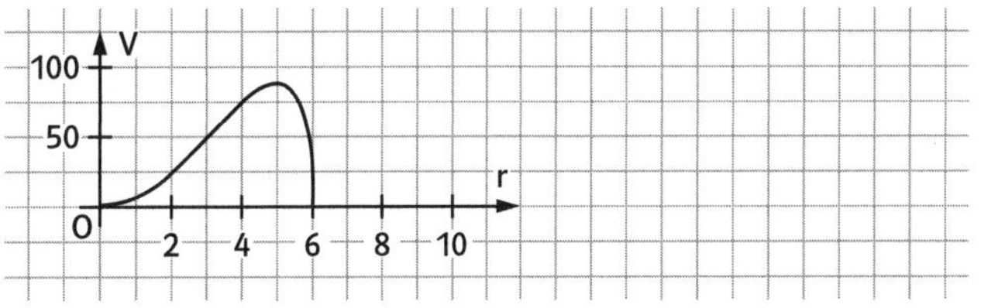

c) Das Volumen des Kegels ist für etwa r = 4,9 cm am größten.

7 a) $f(r) = \frac{500}{\pi \cdot r^2}$
b)

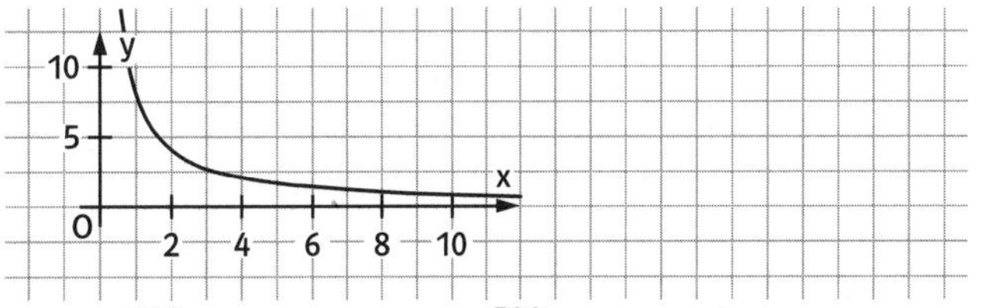

$f(5) = \frac{500}{\pi \cdot 5^2} \approx 6{,}37$; $f(10) = \frac{500}{\pi \cdot 10^2} \approx 1{,}59$; $D_f = (0; \infty)$
c) $D_f = \left(0; \sqrt{\frac{500}{\pi}}\right)$. Bei einem Radius von etwa r = 1,57 cm beträgt die Höhe der Dose h = 1 m.

8 a) Mit einer 20 m langen Schnur soll ein Rechteck mit den Seitenlängen a und b (in m) gelegt werden. Dabei soll a höchstens 7 m lang sein. Gib die Funktion $a \to b$ an.
b) Bestimme eine Funktion, die jeder Zahl die Hälfte der Quadratwurzel zuordnet.
c) Der Eintrittspreis für Gruppen in einem Museum wird so bestimmt: Für die Führung pauschal 30 € und für jede Person 5 €. Bestimme eine Funktion, mit der der Eintrittspreis bestimmt werden kann.

9 a) Wählt man den Koordinatenursprung auf der Fahrbahn in der Mitte der beiden Pfeiler, so lässt sich das Spannseil mit dem Graphen der Funktion $f\colon x \to h$ mit $f(x) = 0{,}000\,198\,75 \cdot x^2 + 15$ beschreiben. Hierbei ist x (in m) der horizontale Abstand zum gewählten Koordinatenursprung und $h = f(x)$ die Höhe (in m) über der Fahrbahn.
b) $f(100) \approx 16{,}99$; $f(200) \approx 22{,}95$; $f(500) \approx 64{,}70$
c) $D_f = (-995{,}5; 995{,}5)$

2 Mittlere Änderungsrate – Differenzenquotient

Seite 15

1 a) −10 b) −0,041 67
c) −5000 d) −0,000 01

2 a) $\frac{7-0}{9-1} = \frac{7}{8}$ b) $\frac{0-0}{3-1} = \frac{0}{2} = 0$
c) $\frac{7-4}{9-7} = \frac{3}{2}$ d) $\frac{2-0}{6-4} = \frac{2}{2} = 1$

Seite 16

3 a) 496 000 b) 75 000 c) 15 360 000
d) $9{,}507 \cdot 10^{34}$

4 a) $v_m = 1{,}25\,\frac{m}{min}$ b) $v_m = 12{,}5\,\frac{m}{min}$

5 a) 2 b) 2 c) 0 d) −3

6 Mögliche Lösung:

3 Momentane Änderungsrate – Ableitung

Seite 19

1 a) $f'(2) = 4$ b) $f'(2) = -0{,}5$ c) $f'(2) = 8$
d) $f'(2) = 32$ e) $f'(2) = 12$ f) $f'(2) = 0$
g) $f'(2) \approx 0{,}35$ h) $f'(2) = 0$

2 a) A) $f'(-1) = -2$ B) $f'(-1) = 3$
C) $f'(-1) = -1$ D) $f'(-1) = -3$
b) A)

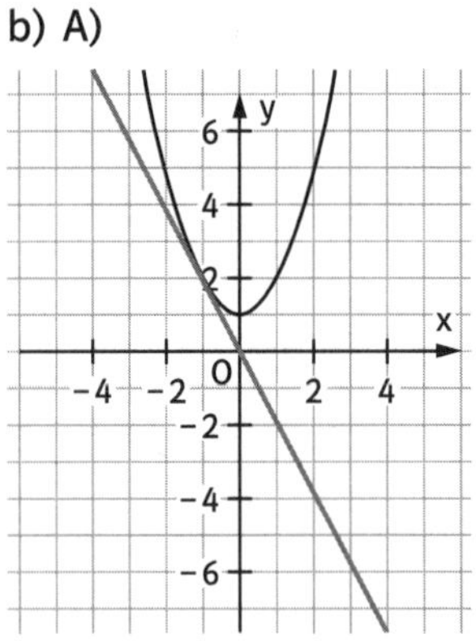

B)

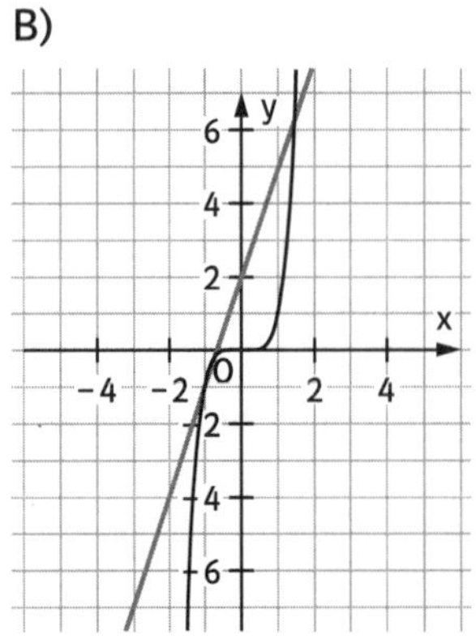

C)

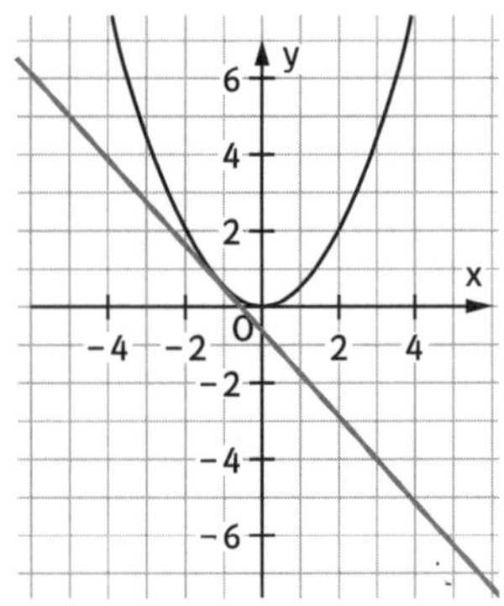

D)

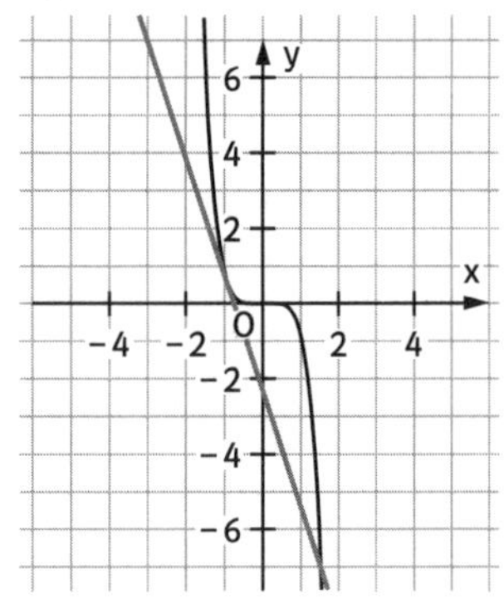

3 $s(t) = 4t^2$
Differenzenquotient: $\frac{s(t+h) - s(t)}{h} = \frac{4(t+h)^2 - 4t^2}{h}$
$= \frac{4t^2 + 8th + 4h^2 - 4t^2}{h}$
$= 8t + 4h$

$t_0 = 1$; $h = 0{,}001$: $8 \cdot 1 + 4 \cdot 0{,}001 = 8{,}004$
$t_1 = 5$; $h = 0{,}001$: $8 \cdot 5 + 4 \cdot 0{,}001 = 40{,}004$
Die momentane Änderungsrate s(t) beschreibt die Geschwindigkeit des Körpers.

4 a) Die Steigung des Graphen ist in den Punkten A und D positiv.
b) C → B → A → D

Seite 20

5 a) $f'(x_0) = 1$ b) $f'(x_0) = -1$
c) $f'(x_0) = -0{,}5$ d) $f'(x_0) = 2$

6 a) Die Steigung betrug um 10.15 Uhr ca. 2000 m/h, um 10.45 Uhr ca. −2000 m/h und um 11.15 Uhr ca. −4000 m/h.
b) Die momentane Änderungsrate der Flughöhe war etwa um 10.05 Uhr am größten und etwa um 11.20 Uhr am kleinsten.

7 a) Nach 5 Sekunden hat das Fahrzeug einen Weg von 75 Metern, nach 8 Sekunden einen Weg von 96 Metern zurückgelegt.
b) $s'(6) = 8$ und $s'(10) = 0$. Die momentane Änderungsrate $s'(t)$ entspricht der Geschwindigkeit des Fahrzeugs.
c) Die angegebene Formel kann für $t = 11\,s$ nicht gelten, da das Fahrzeug bereits nach 10 Sekunden steht (vgl. Teilaufgabe b): $s'(10) = 0$).

8 $w'(1) \approx -1{,}25$; $w'(8) \approx -0{,}0617$. Die momentane Änderungsrate von w kann als Differenz von Zufluss und Abfluss interpretiert werden. Da die momentane Änderungsrate von w für $t = 1$ und $t = 8$ negativ ist, ist der Abfluss größer als der Zufluss; die Wassermenge im Auffangbecken nimmt zu diesen Zeiten also ab.

Seite 21

9 Der Graph der Funktion f mit $f(x) = -x^2 + 5$ ist eine nach unten geöffnete Parabel, die gegenüber der Normalparabel um 5 in y-Richtung verschoben ist; der Scheitelpunkt liegt bei P(0|5). Da die Steigung des Graphen von f für $x < 0$ positiv, für $x > 0$ negativ und für $x = 0$ ist, erhält man
a) $f'(3) < 0$ b) $f'(-5) > 0$
c) $f'(100) < 0$ d) $f'(0) = 0$.

10 a) $y = 3{,}2x - 4{,}8$ b) $y = -0{,}4x - 0{,}3$
c) $y = 24x - 40$ d) $y = 0{,}89x + 0{,}67$
e) $y = -0{,}01x + 0{,}2$ f) $y = 10x - 2500$

11 a) $y = 70x - 128$; $f'(2) = 70$
b) $y = -2{,}4x - 4{,}8$; $f'(-4) = -2{,}4$
c) $y = 47x - 128$; $f'(2) = 47$
d) $y = 0{,}25x + 0{,}75$; $f'(-2) = 0{,}25$
e) $y = -5x + 4{,}25$; $f'(0{,}5) = -5$
f) $y = -600x - 900$; $f'(-3) = -600$

12 Mögliche Lösung:
Betrachtet man den Graphen von f und die Tangente durch den Punkt P(−1|f(−1)) in einer immer kleiner werdenden Umgebung von P, so lässt sich der Graph von f kaum noch von der Tangente unterscheiden. Diese Beobachtung kann man bei allen (differenzierbaren) Funktionen machen.

13 a) Da der Graph von f an der Stelle $x = 1$ einen Knick hat, hat die Funktion an dieser Stelle keine Steigung. Eine Tangente durch den Punkt P(1|0) lässt sich nicht zeichnen.
b) Für die Änderungsrate von f erhält man für $h > 1$ und $h \to 1$ den Wert 1 und für $h < 1$ und $h \to 1$ den Wert −1. An der Stelle $x = 1$ hat die Funktion f also keinen eindeutigen Grenzwert; f besitzt an der Stelle $x = 1$ keine Ableitung.
c) Mögliche Lösungen: $f(x) = |x|$; $f(x) = |x^2 - 4|$ und $f(x) = |x - x^2|$.

4 Ableitung berechnen

Seite 23

1 a) $f'(3) = 6$ b) $f'(1) = 4$ c) $f'(2) = -4$

2 a) $f'(5) = -30$ b) $f'(-5) = 30$ c) $f'(-1{,}5) = 9$

3 a) $f'(3) = 6$ b) $f'(3) = -12$ c) $f'(3) = 12$
d) $f'(1) = 4$ e) $f'(-1) = 1$ f) $f'(4) = -\frac{1}{16}$
g) $f'(4) = \frac{3}{16}$ h) $f'(3) = -1$ i) $f'(7) = 0$

4 a) $y = -4x + 4$; $x_1 = 1$
b) $y = -13x - 18$; $x_1 = -\frac{18}{13} \approx -1{,}38$
c) $y = -8x + 19$; $x_1 = \frac{19}{8} \approx 2{,}38$
d) $y = -5x + 3$; $x_1 = \frac{3}{5} \approx 0{,}6$

Seite 24

5 a) Die Ableitung von f mit $f(x) = 3x + 2$ an den Stellen $x_0 = 4$ und $x_1 = 9$ ist 3.
b) Die Ableitung einer linearen Funktion mit $y = mx + c$ an einer beliebigen Stelle x_0 ist m.
c) Die Ableitung einer linearen Funktion ist für jede Stelle x_0 konstant.

6 $f'(1) = 3$

7 a) $f'(2) = 12$ b) $f'(1) = -3$ c) $f'(1) = 1$

8 $f'(1) = \frac{1}{2}$

9 a) $f'(10) = \frac{1}{2\sqrt{10}}$ b) $f'(1) = 1$
c) $f'(8) = -\frac{3}{2\sqrt{8}}$

10 a) Für $\alpha = 0°$ erhält man $s(t) = 0$ und für $\alpha = 90°$ $s(t) = 5 \cdot t^2$. Beträgt der Neigungswinkel $\alpha = 0°$, so steht der Skateboardfahrer auf einer waagerechten Ebene. Bei einem Neigungswinkel von $\alpha = 90°$ würde der Skateboardfahrer an einer senkrechten Wand (z. B. im obersten Punkt einer Halfpipe) stehen. In diesem Fall würde die Bewegung einem freien Fall entsprechen.
b) Mit $v(1{,}5) = s'(1{,}5) = 10 \sin\alpha \cdot 1{,}5$ erhält man für $\alpha = 20°$ eine Geschwindigkeit von $4{,}635\,\frac{m}{s}$ bzw. für $\alpha = 40°$ eine Geschwindigkeit von $8{,}817\,\frac{m}{s}$.

11 a) Bei einer Beschleunigung von $a = 3\,\frac{m}{s^2}$ beträgt die Geschwindigkeit nach 2 Sekunden $v = 6\,\frac{m}{s}$ und nach 5 Sekunden $v = 15\,\frac{m}{s}$.
b) Bei einer Beschleunigung von $a = 3\,\frac{m}{s^2}$ hätte das Auto nach etwa 4,63 Sekunden eine Geschwindigkeit von $50\,\frac{km}{h}$ bzw. nach 9,26 Sekunden eine Geschwindigkeit von $100\,\frac{km}{h}$.
c) Bei einer allgemeinen Beschleunigung a beträgt die Geschwindigkeit nach 2 Sekunden $v = 2 \cdot a$ (in $\frac{m}{s}$) und nach 5 Sekunden $v = 5 \cdot a$ (in $\frac{m}{s}$).

Seite 25

12 a) $\alpha = 45°$ b) $\alpha = 14°$ c) $\alpha = 89{,}4°$

13 a) $\alpha = 73{,}9°$
b) Für $h = 1{,}5$: $\alpha = 67{,}8°$ Für $h = 10$: $\alpha = 81°$

14 a) $f(2) = 4$; $f'(2) = 4$

b) Mit $y(x) = f'(2) \cdot x - f'(2) \cdot 2 + f(2) = 4x - 4$ erkennt man, dass t eine Gerade ist.

Da $y(2) = 8 - 4 = 4$ gilt, liegt der Punkt $P(2 | f(2)) = P(2 | 4)$ auf t.

Die Steigung von t und die vom Graphen an der Stelle $x_0 = 2$ beträgt 4.

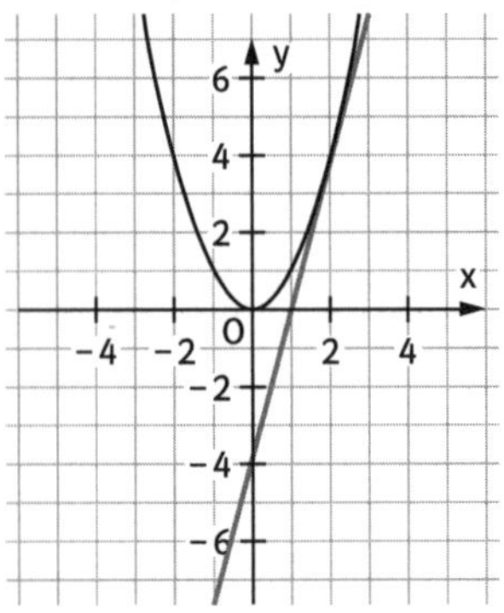

c) Da $f'(x_0)$ und $f'(x_0) \cdot x_0 + f(x_0)$ konstant sind, ist t mit $y(x) = f'(x_0) \cdot x - f'(x_0) \cdot x_0 + f(x_0)$ eine Gerade mit der Steigung $f'(x_0)$ und y-Achsenabschnitt $-f'(x_0) \cdot x_0 + f(x_0)$. Setzt man x_0 in die Gleichung von t ein, so erhält man $y(x_0) = f(x_0)$. Da sowohl t als auch der Graph von f durch den Punkt $P(x_0 | f(x_0))$ gehen und da beide Graphen in diesem Punkt die gleiche Steigung haben, ist t eine Tangente in diesem Punkt.

d) $y = -\frac{1}{25}x + \frac{2}{5}$

15 a) $y = x - 0{,}5$ b) $y = -8x - 12$

c) $y = 0{,}71x + 0{,}35$ d) $y = -12x + 18$

16 a) $y = 6x - 8$ b) $S(-4 | -32)$ c) $Q(0 | 0)$

5 Ableitungsfunktion

Seite 27

1 a) $f'(x) = 6x$ b) $f'(x) = -\frac{2}{x^2}$

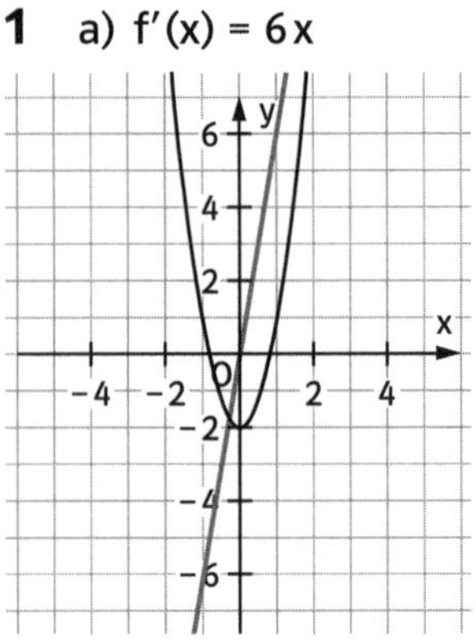

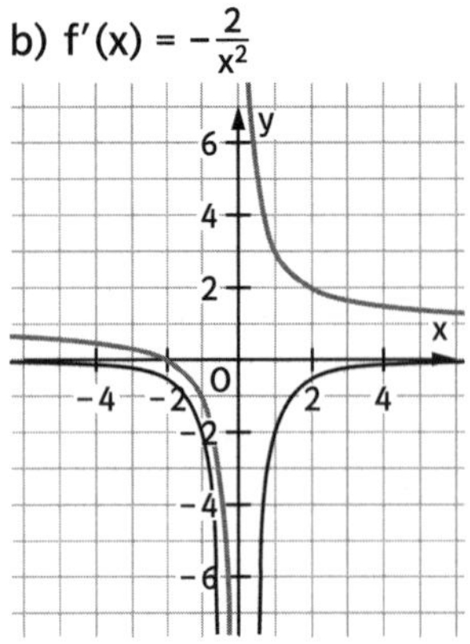

Seite 28

2 A) → 3)

Die Steigung des Graphen von A) ist immer positiv und wird mit größer werdenden t kontinuierlich größer.

B) → 1)

Die Steigung des Graphen von B) ist immer positiv. An der Stelle 0 ist die Steigung 0.

C) → 4)

Der Graph in C) hat eine konstante, positive Steigung.

D) → 2)

Der Graph von D) hat bis zur Stelle −1 eine negative Steigung. Dann ist bis zur Stelle 1 die Steigung positiv. Danach ist sie wieder negativ.

3 a)

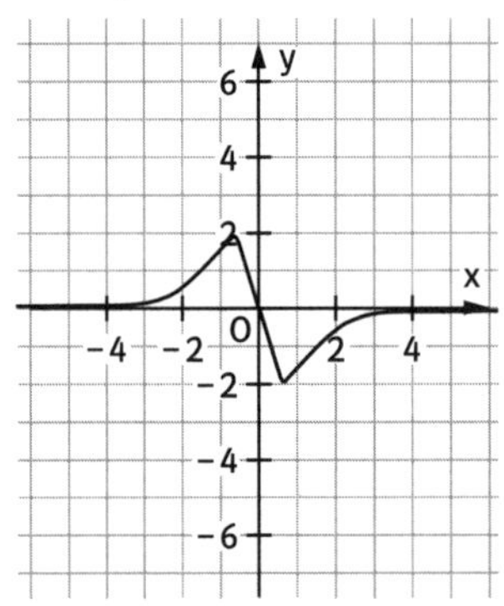

b)

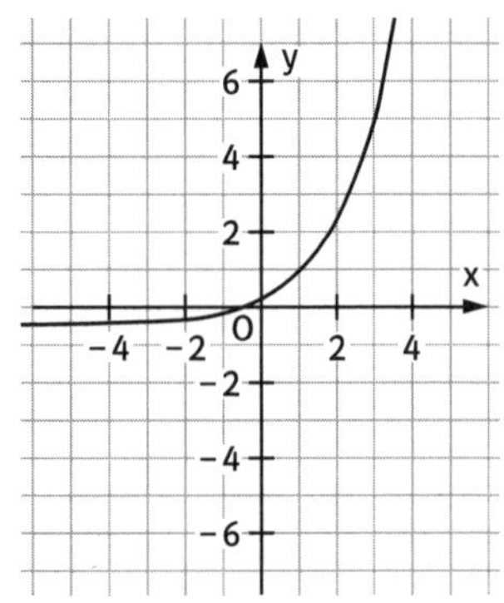

c)

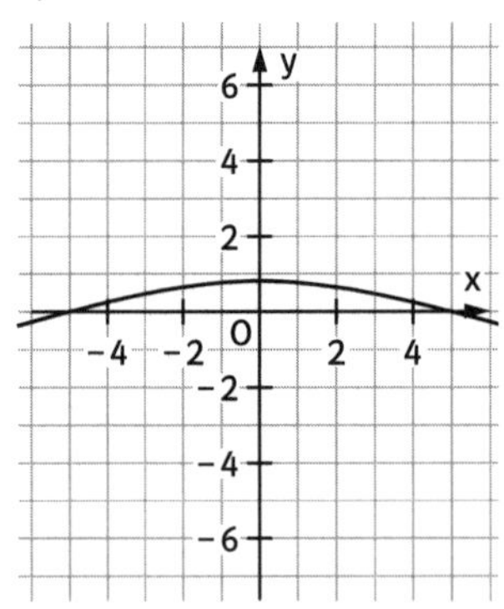

d)

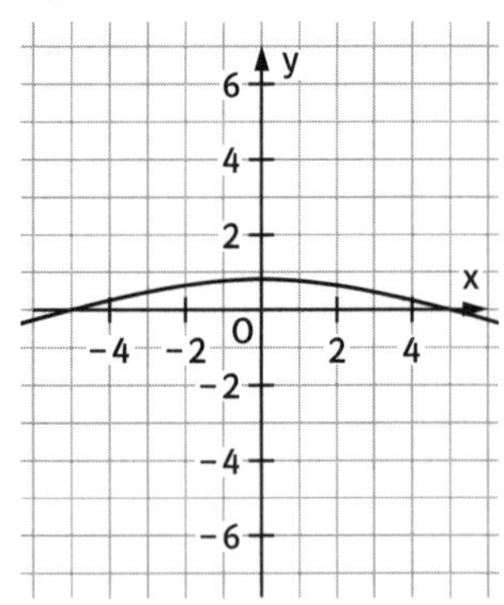

4 Individuelle Lösungen.

5 a) $f'(x) = 6x$ b) $f'(x) = -10x + 2$

c) $f'(x) = 0$

6 a) $f(x) = -\frac{1}{x}$

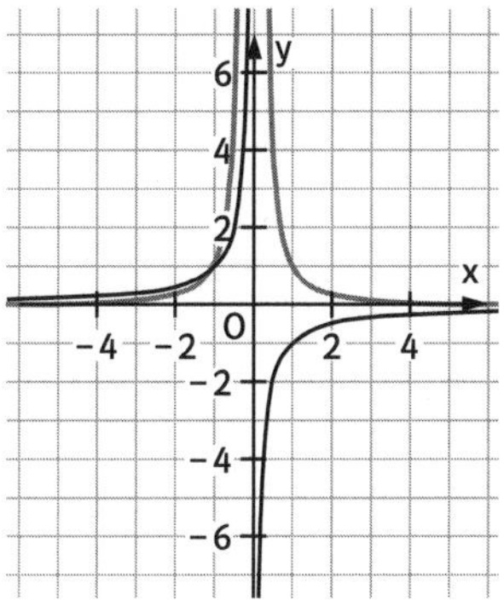

b) $f(x) = x^2 - 2x$

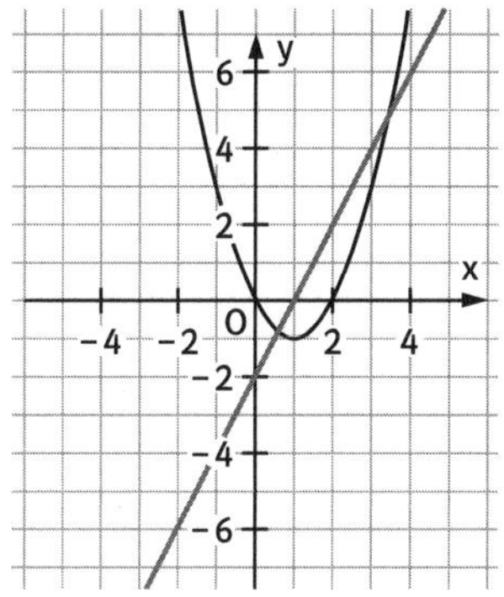

c) $f(x) = 3x + 7$

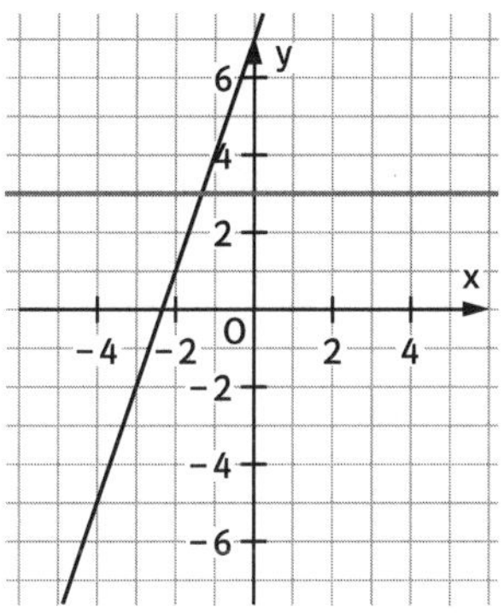

Seite 29

7 a) Wenn die Funktionswerte einer Funktion f für größer werdende x ansteigen, dann ist die dazugehörige Ableitungsfunktion in diesem Intervall positiv.
b) Je größer die Steigung des Graphen von f ist, desto größer ist die Ableitung von f.
c) Wenn eine Funktion f linear ist, dann ist die dazugehörige Ableitungsfunktion konstant.
d) Wenn die Funktionswerte einer Funktion f konstant sind, dann ist die dazugehörige Ableitungsfunktion null.

8 a) Wenn der Graph von f nach unten verschoben wird, verändert sich der Graph von f′ nicht.
b) Wenn der Graph von f nach oben verschoben wird, verändert sich der Graph von f′ nicht.
c) Wenn der Graph von f nach rechts verschoben wird, verschiebt sich auch der Graph von f′ nach rechts.
d) Wenn der Graph von f nach links verschoben wird, verschiebt sich auch der Graph von f′ nach links.

9 a) $P(1\,|\,0{,}5)$ b) $P(-0{,}5\,|\,-2{,}25)$ c) $P\left(\sqrt{\frac{1}{3}}\,\middle|\,\sqrt{\frac{1}{27}}\right)$

10 Die Funktionen f und g haben an den Stellen $x = 0$ und $x = \frac{2}{3}$ die gleiche Ableitung.
Die Funktionen f und h haben an der Stelle $x = 1$ die gleiche Ableitung. Die Funktionen g und h haben an den Stellen $x = \sqrt{\frac{2}{3}}$ und $x = -\sqrt{\frac{2}{3}}$ die gleiche Ableitung.

11 Nach 1 Sekunde hat der Körper eine Geschwindigkeit von $10\,\frac{m}{s}$.

12

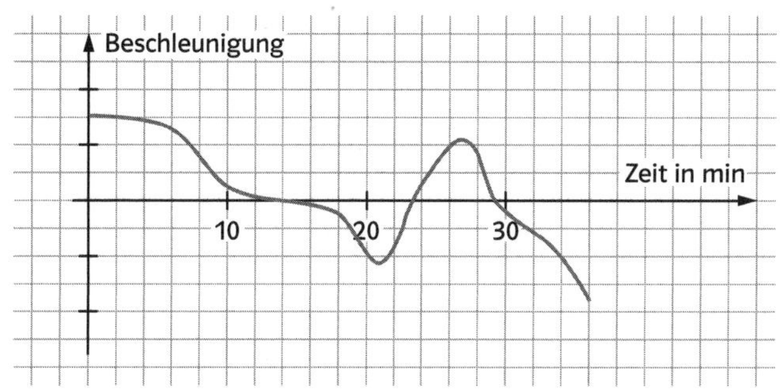

13 a) Die Ableitungsfunktion gibt die momentane Änderungsrate der Bevölkerung an. Ist die Ableitung positiv, so nimmt die Bevölkerung insgesamt zu (davon Zuzug, Abzug, Geburten, Sterbefälle).
b)

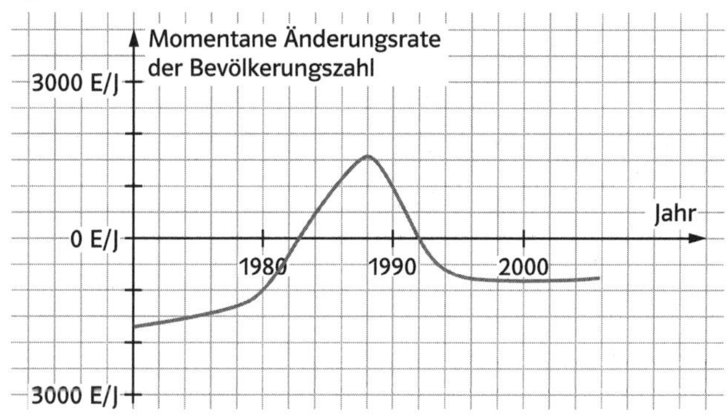

6 Ableitungsregeln

Seite 31

1 a) $f'(x) = 3x^2$ b) $f'(x) = 10x^9$
c) $f'(x) = -4x^{-5}$ d) $f'(x) = 3x^2 + 5x^4$
e) $f'(x) = 11x^{10} - 10x^{-11}$ f) $f'(x) = 12x^3 + 35x^6$
g) $f'(x) = 16x^{-5} - x^4$ h) $f'(x) = 2x^{-3} + 15x^{-6}$
i) $f'(x) = 6x^{-3} - 6x$

2 a) $f'(x) = 2ax + b$ b) $f'(x) = -\frac{a}{x^2}$
c) $f'(x) = (c+1)x^c$ d) $f'(t) = 2t + 3$
e) $f'(x) = 1$ f) $f'(t) = -1$

3 a) $f'(x) = 5 - 2x$ b) $f'(x) = 2x + 3x^2$
c) $f'(x) = 15x^2 + 20x$ d) $f'(x) = 2x + 4$
e) $f'(x) = 4x - 8$ f) $f'(x) = 2x$

4 a) $y = 0{,}5x - \frac{3}{16}$ b) $y = -\frac{4}{27}x + \frac{2}{3}$
c) $y = 24{,}75x - 34{,}25$ d) $y = -3{,}39x + 5{,}99$

Seite 32

5 a)

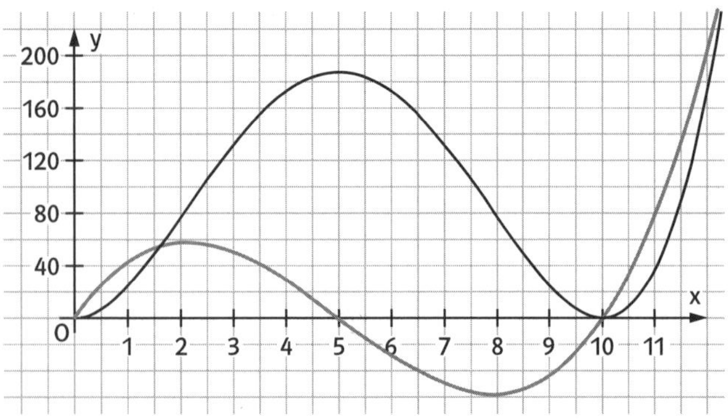

Es gilt: $f(0) = 0$ und $f(10) = 0$.
b) Die maximale Wassermenge wird nach 5 Stunden mit $187{,}5\,m^2$ Wasser erreicht.
c) Die Ableitung von f gibt die momentane Änderung der Wassermenge an, also die Differenz von Zufluss und Abfluss. Es gilt: $f'(0) = 0$; $f'(2) = 57{,}6$; $f'(5) = 0$ und $f'(9) = -43{,}2$.

6 a) $v(t) = 5 - 10t$ $\left(v \text{ in } \frac{m}{s}\right)$.
Nach 2 Sekunden hätte der Ball eine Geschwindigkeit von $v = -15\frac{m}{s}$. Nach 0,25 Sekunden hätte sich die Geschwindigkeit halbiert. Nach 0,5 Sekunden hätte er den höchsten Punkt erreicht.
b) $v_0 = \sqrt{70} \approx 8{,}37$
c) $v(t) = v_0 - 10t$ $\left(v \text{ in } \frac{m}{s}\right)$.

7 a) Differenzenquotient für f: $\frac{2(x_0 + h)^2 - 2(x_0)^2}{h}$;
Differenzenquotient für g: $\frac{(x_0 + h)^2 - (x_0)^2}{h}$.
Damit gilt: $\frac{f(x_0 + h) - f(x_0)}{h} = \frac{2(x_0 + h)^2 - 2(x_0)^2}{h}$
$= 2 \cdot \frac{(x_0 + h)^2 - (x_0)^2}{h} = 2 \cdot \frac{g(x_0 + h) - g(x_0)}{h}$.
Für den Grenzübergang $h \to 0$ erhält man somit $f'(x) = 2 \cdot g'(x)$.
b) Differenzenquotient für f: $\frac{-\frac{5}{x_0 + h} + \frac{5}{x_0}}{h}$;
Differenzenquotient für g: $\frac{\frac{1}{x_0 + h} - \frac{1}{x_0}}{h}$
$\frac{f(x_0 + h) - f(x_0)}{h} = \frac{-\frac{5}{x_0 + h} + \frac{5}{x_0}}{h} = -5 \cdot \frac{\frac{1}{x_0 + h} - \frac{1}{x_0}}{h}$
$= -5 \cdot \frac{g(x_0 + h) - g(x_0)}{h}$.
Für den Grenzübergang $h \to 0$ erhält man somit $f'(x) = -5 \cdot g'(x)$.
c) Mit $f(x) = r \cdot g(x)$ gilt
$\frac{f(x_0 + h) - f(x_0)}{h} = \frac{r \cdot g(x_0 + h) - t \cdot g(x_0)}{h} = r \cdot \frac{g(x_0 + h) - g(x_0)}{h}$.
Für den Grenzübergang $h \to 0$ erhält man somit $f'(x) = r \cdot g'(x)$.

8 a) Differenzenquotient für k: $\frac{(x_0 + h)^2 - (x_0)^2}{h}$;
Differenzenquotient für h: $\frac{(x_0 + h)^3 - (x_0)^3}{h}$

$\frac{k(x_0 + h) - k(x_0)}{h} = \frac{(x_0 + h)^2 + (x_0 + h)^3 - (x_0)^2 - (x_0)^3}{h}$
$= \frac{(x_0 + h)^2 - (x_0)^2}{h} + \frac{(x_0 + h)^3 - (x_0)^3}{h} = \frac{k(x_0 + h) - g(x_0)}{h}$
$+ \frac{h(x_0 + h) - h(x_0)}{h}$
Für den Grenzübergang $h \to 0$ erhält man somit $f'(x) = k'(x) + h'(x)$.
b) Mit $f(x) = k(x) + h(x)$ gilt:
$\frac{k(x_0 + h) - f(x_0)}{h} = \frac{k(x_0 + h) + h(x_0 + h) - k(x_0) - h(x_0)}{h}$
$= \frac{k(x_0 + h) - k(x_0)}{h} + \frac{h(x_0 + h) - h(x_0)}{h}$.
Für den Grenzübergang $h \to 0$ erhält man somit $f'(x) = k'(x) + h'(x)$.

9 a) Wählt man für g die Funktionsgleichung $g(x) = x^2$ und für h die Funktionsgleichung $h(x) = x$, so erhält man $f(x) = g(x) \cdot h(x) = x^3$. Wegen $f'(x) = 3x^2$ und $g'(x) \cdot h'(x) = 2x \cdot 1 = 2x$ ist die angegebene Aussage falsch.
b) Wählt man für g die Funktionsgleichung $g(x) = x^2$ und für h die Funktionsgleichung $h(x) = x$, so erhält man $f(x) = g(x) : h(x) = x$. Wegen $f'(x) = 1$ und $g'(x) \cdot h'(x) = 2x : 1 = 2x$ ist die angegebene Aussage falsch.

Wiederholen – Vertiefen – Vernetzen

Seite 34

1 a) Sind a und b die Seitenlängen des Rechtecks (jeweils in cm) und F der Flächeninhalt des Rechtecks (in cm^2), so erhält man für f: $b = f(a) = 25 - a$ und für g: $F = g(a) = 25a - a^2$.
b) $f(5) = 20$, $g(5) = 100$. $D_f = D_g = (0;\, 25)$.

2 a) $1{,}5\,\frac{\text{arbeitslose Jugendliche}}{\text{Monat}}$
b) $-3{,}6\,\frac{\text{arbeitslose Jugendliche}}{\text{Monat}}$
c) $-8\,\frac{\text{arbeitslose Jugendliche}}{\text{Monat}}$
d) $-0{,}45\,\frac{\text{arbeitslose Jugendliche}}{\text{Monat}}$
e) Im Sommer steigen die Arbeitslosenzahlen der Jugendlichen sprunghaft an. Dies könnte an den Jugendlichen liegen, die nach Abschluss ihrer Schule im Sommer in den Arbeitsmarkt entlassen werden. Da in den kalten Wintermonaten Januar und Februar weniger Jugendliche eingestellt werden, liegen die Arbeitslosenzahlen der Jugendlichen hier etwas höher als in den Monaten Dezember und April.
f) Mögliche Lösung: Die Anzahl der arbeitslosen Jugendlichen in Deutschland hat sich während des Zeitraums von Januar bis November schon verändert. Insgesamt glichen sich die Veränderungen jedoch fast aus, sodass die Gesamtveränderung über diesen Zeitraum lediglich 1000 Personen ist.

3 a) $f'(x) = 6x^2$ b) $f'(x) = -3x^{-4}$
c) $f'(x) = 15x^4$ d) $f'(x) = -2x^{-3}$
e) $f'(t) = -4x^{-5} + 5x^4$ f) $f'(x) = 1 + \frac{1}{2\sqrt{x}}$

4 a) $f'(x) = 2x$ b) $f'(x) = 4x^3$
c) $f'(x) = 2$ d) $f'(x) = 2x + 2$
e) $f'(x) = \frac{1}{2}$ f) $f'(x) = -x^{-2}$
g) $f'(x) = a c x^{c-1}$ h) $f'(x) = (2 + c)x^{1+c}$
i) $f'(x) = 3x^2 + c$

5 a) $y = 2{,}7x - 5{,}4$ b) $y = -0{,}125x + 1$
c) $y = -6x - 5$

6 (Druckfehler im 1. Druck der 1. Auflage des Schülerbuches. Es muss heißen: $y = 10 + x$)
a) $P(1|2)$ b) $P(1|-1)$ und $P(-1|1)$
c) In keinem Punkt d) $P(0{,}5\,|\,0{,}25 + a)$
e) $P\left(\frac{1}{2b}\middle|\frac{1}{4b}\right)$
f) Für $b \geqq 0$: $P_1\left(\frac{1}{\sqrt{3b}}\middle|b(3b)^{-\frac{3}{2}} + c\right)$ und
$P_2\left(-\frac{1}{\sqrt{3b}}\middle|-b(3b)^{-\frac{3}{2}} + c\right)$

7 a) Für $x_1 = -2$, für $x_2 = 0$ und für $x_3 = 1$ sind die Funktionswerte von f und g gleich.
b) Für $x_1 = \frac{1-\sqrt{7}}{3} \approx -1{,}22$ und für $x_2 = -\frac{1+\sqrt{7}}{3} \approx 0{,}55$ sind die Ableitungen von f und g gleich.

Seite 35

8 a) richtig b) falsch
c) richtig d) individuell

9 a) In den Monaten Mai und Juni sowie in den Monaten September und Oktober nahm die Einwohnerzahl in Deutschland zu.
b) Die Einwohnerzahl von Deutschland lag zum 31. 12. 2006 bei etwa 82 309 000.

10 a) Die elektrische Stromstärke betrug nach 3 Sekunden etwa 1 Ampere. Nach 6 Sekunden war die Stromstärke etwa null.
b) Die elektrische Stromstärke ist nach ca. 4,5 Sekunden mit ca. 2 Ampere am größten.

11 a) $H'(0{,}5) = 0$; $H'(1{,}5) = -5$; $H'(2{,}5) = 0$
b) Die Funktion H ist lediglich an der Stelle $t = 1$ differenzierbar. An der Stelle $t = 1{,}8$ lässt sich kein eindeutiger Grenzwert für den Differenzenquotienten von H bestimmen.

Seite 36

12 a) Mit $A(0) = 1{,}5$, $A(3) = 5{,}13$ und $A(8) = 10{,}78$ gilt: Die von den Bakterien bedeckte Fläche betrug zu Beginn der Messung $1{,}5\,cm^2$, nach drei Stunden $5{,}13\,cm^2$ und nach acht Stunden $10{,}78\,cm^2$.

b)

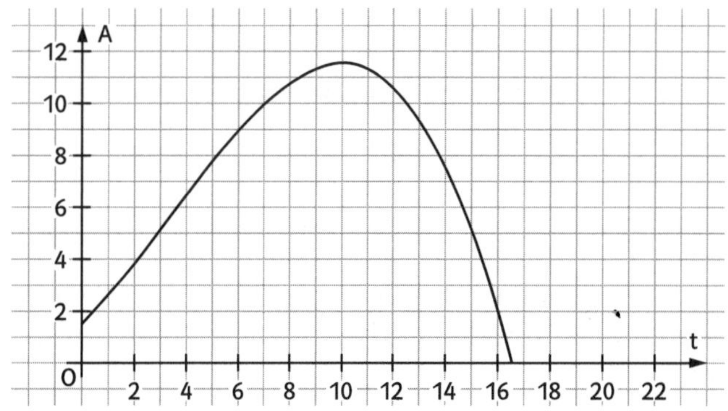

c) Die mittlere Wachstumsgeschwindigkeit der bakterienbesetzten Fläche betrug in den ersten vier Stunden $1{,}24\,cm^2/h$.
d) Die momentane Wachstumsgeschwindigkeit war nach 6 h 40 min genauso groß wie zu Beginn der Messung. Nach 3 h 20 min war die momentane Wachstumsgeschwindigkeit am größten. Die Fläche war nach 10 h am größten, anschließend wurde sie wieder kleiner.

13 a)

b) In dem angegebenen Messraum von 12 Stunden hat der Baum insgesamt etwa 1100 Liter Sauerstoff an seine Umgebung abgegeben.
c) $V'(t)$ gibt die momentane Sauerstoffabgabe pro Zeiteinheit an. Es gilt $V'(3) \approx 100$ und $V'(10) \approx 80$.
d) Nach ca. 6 Stunden gibt der Baum den meisten Sauerstoff an seine Umgebung ab. Dies liegt vermutlich an der höheren Sonneneinstrahlung am Mittag.

14 a) Nach einer Stunde nach Öffnung befanden sich etwa 233 Besucher im Einkaufszentrum.
b) Nach ca. 9,6 Stunden befanden sich die meisten Besucher im Einkaufszentrum.
c) Nach einer Stunde betrug der Zuwachs ca. 126 Besucher pro Stunde und nach zwei Stunden ca. 4 Besucher pro Stunde.
d) Geht man davon aus, dass in den ersten fünf Minuten noch kein Besucher das Einkaufszentrum verlässt, haben in dieser Zeit 29 Besucher das Einkaufszentrum betreten.
e) Das Einkaufszentrum war vermutlich 12 Stunden lang geöffnet.

II Eigenschaften von Funktionen

1 Charakteristische Punkte des Graphen einer Funktion

Seite 45

1 H = Hochpunkt, T = Tiefpunkt, N = Nullstelle bzw. Schnittpunkt mit der x-Achse, Y = Schnittpunkt mit der y-Achse.

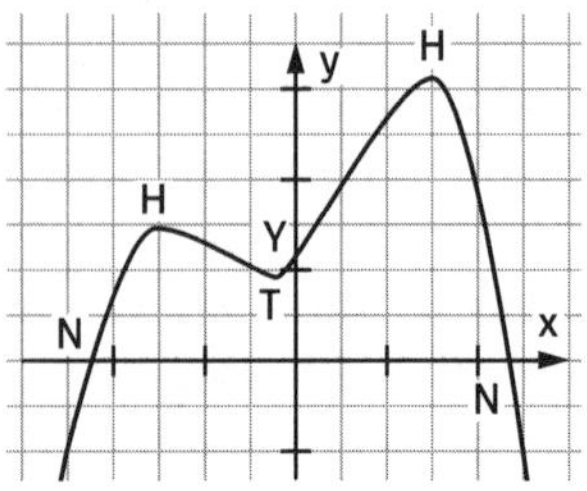

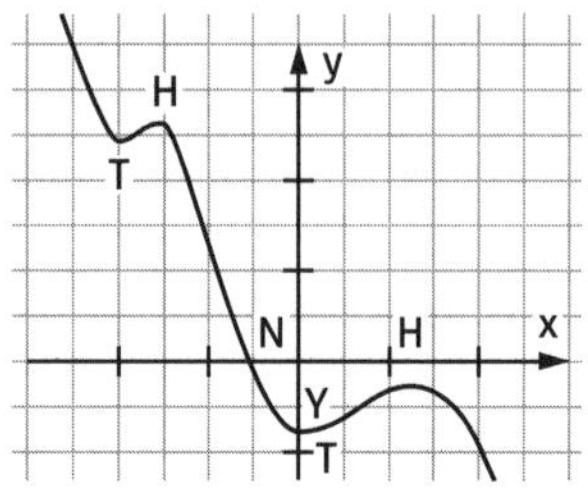

2 Individuelle Lösungen.

3 Individuelle Lösungen; die Lösungen können noch stark voneinander abweichen.

4 a) $f(x) = \frac{1}{3}x^3 - x - 2$

b) $f(x) = -\frac{1}{10}x^6 + \frac{1}{4}x^3 - \frac{1}{2}x^2 + 1$

c) $f(x) = 2 + \frac{x}{2} + \frac{5}{x-5}$

d) $f(x) = \sqrt{x+5} - \frac{1}{3}x - 2$

a)

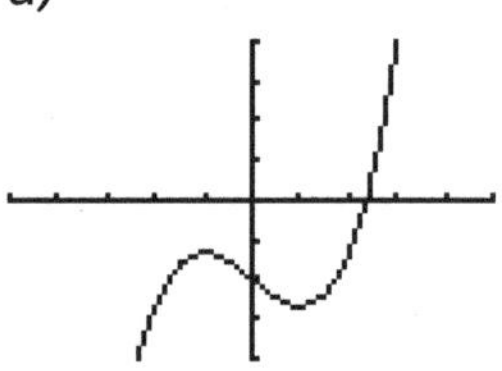

b)

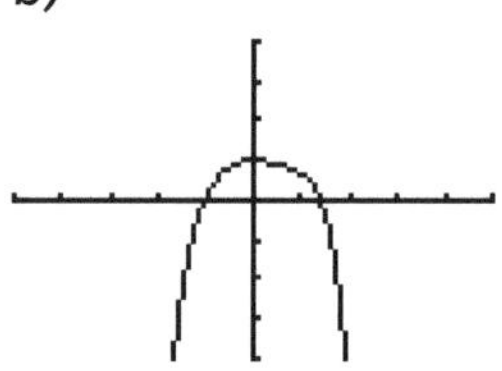

c)

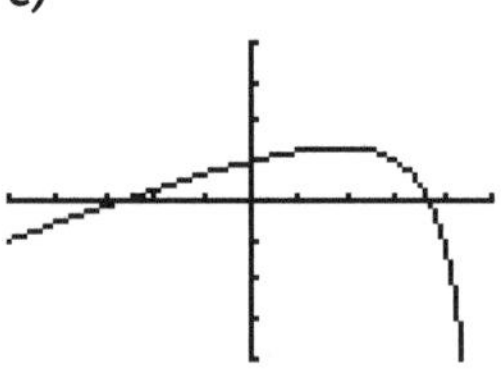

d)

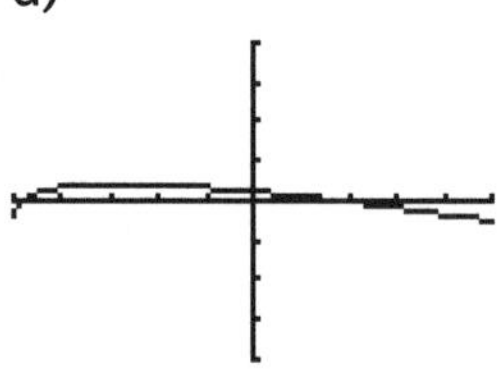

In den GTR-Bildern sind die Einheiten auf den Achsen jeweils 1.
Charakteristische Punkte, gerundet auf 4 Dezimalstellen:

	Nullstellen	Schnittpunkt mit der y-Achse	Hochpunkt(e)	Tiefpunkt(e)
a)	2,3533	(0 | −2)	(−1 | 1,3333)	(1 | −2,6667)
b)	−1,0595 1,3847	(0 | 1)	(0 | 1)	–
c)	−2,7016 3,7016	(0 | 1)	(1,8377 | 1,3377)	–
d)	1,8541	(0 | 0,2361)	(−2,75 | 0,4167)	–

Seite 46

5 $W(t) = 5t - 0{,}6t^2 + \frac{5}{1+t}$ (t in Stunden, $t \geqq 0$, W(t) in m^3)
Man zeichnet mit dem GTR die Graphen von W und der Geraden y = 10 (siehe Fig.) und bestimmt daran (gerundet) für W die Nullstelle 8,44, den Hochpunkt H(4 | 11,4) sowie mit der Geraden y = 10 die Schnittpunkte S_1(2,39 | 10), S_2(5,57 | 10).

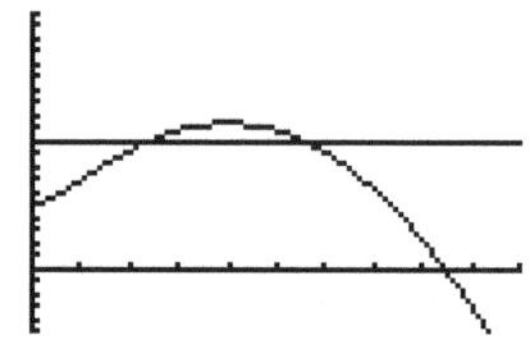

Der Behälter ist also nach 8 h 26 min leer, der Inhalt ist mit etwa 11,4 m^3 nach 4 h am größten. Nach etwa 2 h 23 min und 5 h 34 min beträgt der Inhalt 10 m^3.

6 Charakteristische Punkte beim Graphen von f und Zeichnungen.

a) $f(x) = \frac{1}{2}x^3 - x^2 + \frac{1}{2}x$ b) $f(x) = \frac{1}{3}x^3 - x^2 + x$

c) $f(x) = \frac{1}{3}x^3 - x^2 + \frac{8}{9}x$

d) $f(x) = \frac{1}{4}x^4 + \frac{3}{2}x^3 + 3x^2 + 2x + \frac{1}{2}$

a)

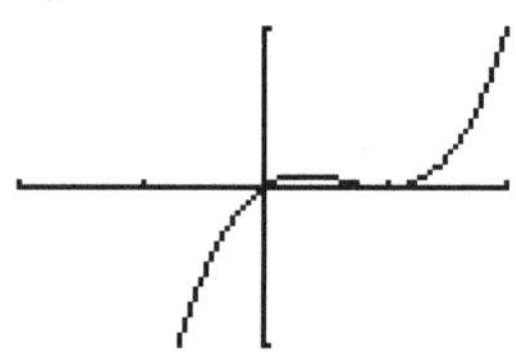

b)

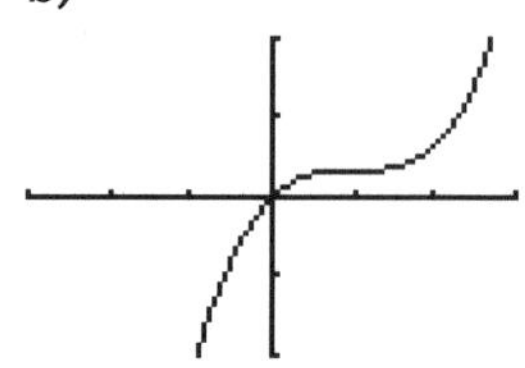

c)

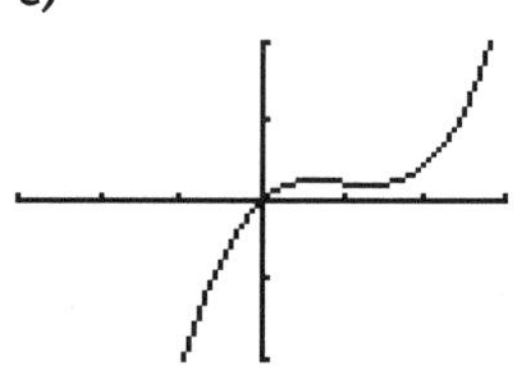

d)

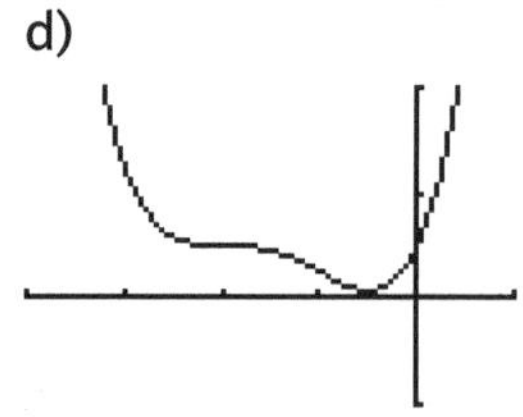

In den GTR-Bildern sind die Einheiten auf den Achsen jeweils 1. Charakteristische Punkte:

	Nullstellen	Schnittpunkt mit der y-Achse	Hochpunkt(e)	Tiefpunkt(e)
a)	0 1	(0 | 0)	(0,3333 | 0,0741)	(1 | 0)
b)	0	(0 | 0)	–	–
c)	0	(0 | 0)	(0,6667 | 0,2469)	(1,3333 | 0,1975)
d)	–	(0 | 0,5)	–	(−0,5 | 0,0781)

7 f mit $f(x) = \frac{1}{100}x^4 + \frac{1}{90}x^3 - x^2$
Man wählt z. B. den Bereich $-40 \leqq x, y \leqq 40$ und bestimmt mit dem GTR die Nullstellen −10,571 und 0 und 9,4599, den Hochpunkt H(0 | 0) sowie die Tiefpunkte T_1(−7,5 | −29,2969) und T_2(6,666 67 | −21,3992).

8 Geländequerschnitt: f mit $f(x) = 0{,}25x^5 - 1{,}5x^4 + 11x^2 - 5x - 10$ (x in km, $-3 \leqq x \leqq 4$, f(x) in m über dem Meeresspiegel).
Ein GTR-Graph ergibt eine Länge von 1,55 km (Abstand der beiden linken Nullstellen) und die Inselhöhe von 14,3 m. Die Meerestiefe zwischen Insel und Festland beträgt 10,6 m. Das Gelände steigt auf dem Festland nicht durchgehend an, weil es dort bei H(3,06 | 13,26) einen Hochpunkt und bei T(3,25 | 13,24) einen Tiefpunkt gibt.

9 Momentane Änderungsrate der Bevölkerungszahl auf einer Insel: $A(t) = \frac{1000 \cdot 1{,}1^t}{9 + 1{,}1^t} - 15t$ (t in Jahren, $0 \leqq t \leqq 100$, A(t) in Bewohner pro Jahr).
a) Mit dem GTR zeichnet man den Graphen von A und bestimmt die Nullstelle t = 65,5 (gerundet). Nach etwa 65,5 Jahren beträgt die momentane Änderungsrate 0 Einwohner pro Jahr, d. h., zu diesem Zeitpunkt stagniert das Bevölkerungswachstum (die Bevölkerung nimmt weder zu noch ab).
b) Mit dem GTR bestimmt man H(37,9 | 236) und T(8,2 | 72). Nach 37,9 Jahren erreicht das Bevölkerungswachstum auf der Insel den größten Zuwachs: 236 Einwohner pro Jahr. Nach 8,2 Jahren hat das Bevölkerungswachstum den tiefsten Wert: 72 Einwohner pro Jahr (im Vergleich mit den benachbarten Werten).
c) Es ist A(100) = −500 (gerundet). Die Bevölkerung nimmt also nach 100 Jahren um 500 Bewohner pro Jahr ab. Dieser Wert ist kleiner als der Wert beim Tiefpunkt. (Solche Randextrema werden in Lerneinheit 5 behandelt, können aber auch hier schon thematisiert werden.)

10 a) $V(x) = \pi \cdot (5 + x)^2 \cdot (10 + x)$, $D = (-5; \infty)$.
b) Mit dem GTR zeichnet man den Graphen von V (siehe Fig.) sowie die Geraden g_1: $y = 500\pi$ und g_2: $y = 125\pi$, denn $V(0) = 250\pi$. Die Schnittpunkte des Graphen von V mit g_1 bzw. g_2 liefern die Werte x = −1,226 bzw. x = 1,573 (gerundet).
c) Mit wachsendem x wird V(x) immer größer, also kann der Graph von V keinen Hochpunkt haben.

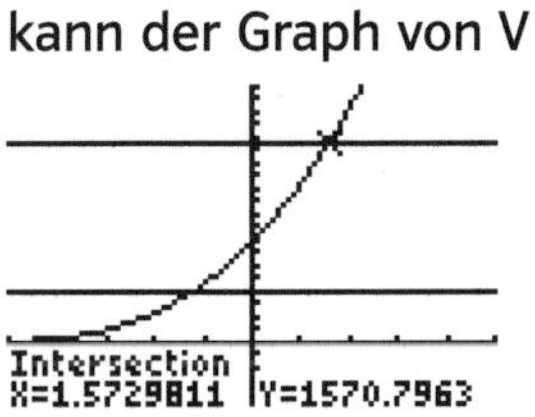

11 a) $O = 2a^2 + 4ah = 10$, also $h = \frac{10 - 2a^2}{4a} = \frac{5 - a^2}{2a}$
$V(a) = a^2 h = \frac{(5 - a^2) \cdot a}{2} = 2{,}5a - 0{,}5a^3$
Durch Bestimmung des Hochpunktes H(1,29 | 2,15) beim Graphen von V erhält man: Größtmöglicher Wert von V ist etwa 2,15 (dm³) bei a = 1,29 und h = 1,29. Der Quader ist dann ein Würfel.

b) Die Funktion V mit $V(a) = 2{,}5a - 0{,}5a^3$ hat (für $a \geqq 0$) die Nullstellen a = 0 und $a = \sqrt{5} \approx 2{,}24$. Für Werte zwischen den Nullstellen ist V(a) positiv, für $a > \sqrt{5}$ negativ.
Daher sind für a alle positiven Werte bis $\sqrt{5}$ möglich. Obwohl sich für die „Randwerte" das Volumen 0 ergibt, nimmt man meistens die Randwerte zur Definitionsmenge dazu, weil diese Werte auch für die Fenstereinstellung beim GTR verwendet werden.

2 Nullstellen

Seite 48

1 a) x = 2, x = −5 b) x = 0
c) x = −1, x = 3 d) x = −1, x = 0, x = 10
e) x = −2, x = 2, x = 3 f) x = 0, x = 1,5, x = 2

2 a) x = −4, x = −2, x = 2, x = 4
b) x = −3, x = 3
c) $x = -\sqrt{6}$, $x = \sqrt{6}$
d) x = −1, x = 1
e) x = −4, x = −1, x = 1, x = 4
f) x = 1, $x = 3^{\frac{2}{3}} \approx 2{,}0801$

3 a) x = −4, x = −2, x = 0, x = 2, x = 4
b) x = −4, x = −1, x = 0, x = 1, x = 4
c) $x = -\sqrt{6}$, x = 0, $x = \sqrt{6}$
d) $x = -\frac{1}{2}\sqrt{6}$, $x = -\frac{1}{3}\sqrt{6}$, x = 0, $x = \frac{1}{3}\sqrt{6}$, $x = \frac{1}{2}\sqrt{6}$
e) $x = -\frac{1}{2}\sqrt{6}$, $x = -\frac{1}{3}\sqrt{6}$, $x = \frac{2}{3}$, $x = \frac{1}{3}\sqrt{6}$, $x = \frac{1}{2}\sqrt{6}$
f) $x = -\sqrt{3}$; $x = -\frac{1}{3}\sqrt{15}$, $x = \frac{1}{3}\sqrt{15}$, $x = \sqrt{3}$, x = 2

4 a) $x = -2\sqrt{2}$, x = 0, $x = 2\sqrt{2}$, x = 3
b) x = −4, x = 0, x = 2
c) x = −3, x = −1, x = 0
d) x = −2, x = 0, x = 2, x = 5
e) x = −5, x = −4, x = 0, x = 4, x = 5
f) $x = -2\sqrt{2}$, x = 0, $x = 2\sqrt{2}$
g) x = −2, $x = -\frac{1}{2}$, x = 2
h) $x = -\sqrt{3}$, $x = \sqrt{3}$
i) x = −1, x = 1, x = 2

5 Bei den Graphen sind die Einheiten jeweils passend gewählt.
a) $N_1(-3 | 0)$, $N_2(0 | 0)$, $N_3(3 | 0)$, Y(0 | 0)
b) $N_1(-3 | 0)$, $N_2(-2 | 0)$, $N_3(1 | 0)$, Y(0 | 6)
c) $N_1(0 | 0)$, $N_2(2 | 0)$, Y(0 | 0)
d) $N_1(-\sqrt{5} | 0)$, $N_2(-1 | 0)$, $N_3(2 | 0)$, Y(0 | 0), $N_4(\sqrt{5} | 0)$, Y(0 | 10)

a)

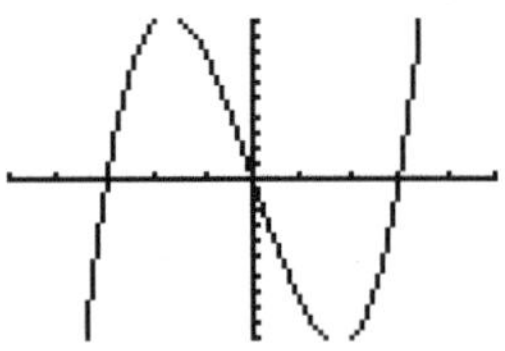

b)

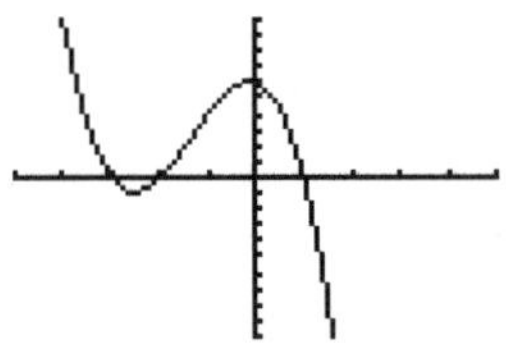

c)

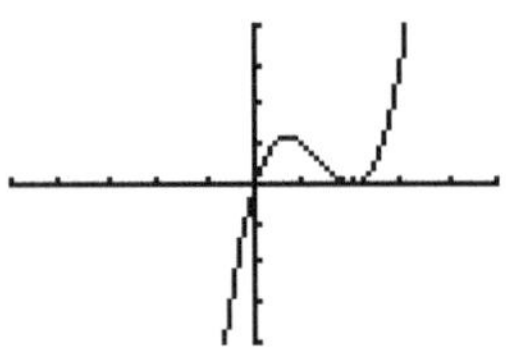

d)

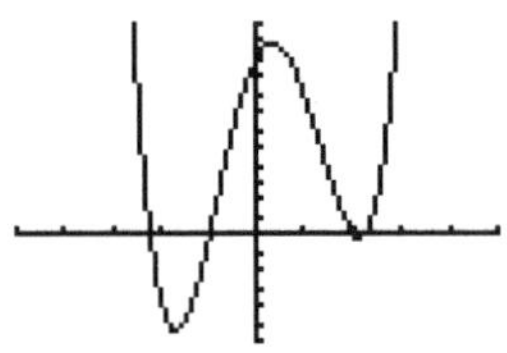

e) $N_1(-4\,|\,0)$, $N_2(0\,|\,0)$, $N_3(6\,|\,0)$, $Y(0\,|\,0)$

f) $N_1(-3\,|\,0)$, $N_2(-2\,|\,0)$, $N_3(2\,|\,0)$, $N_4(3\,|\,0)$, $Y(0\,|\,36)$

g) $N_1(-1{,}5\,|\,0)$, $N_2(-0{,}5\,|\,0)$, $N_3(0{,}5\,|\,0)$, $N_4(1{,}5\,|\,0)$, $Y\left(0\,\middle|\,\frac{9}{16}\right)$

h) $N_1(-5\,|\,0)$, $N_2(0\,|\,0)$, $N_3(0{,}5\,|\,0)$, $N_4(4\,|\,0)$, $Y(0\,|\,0)$

i) $N_1(-1{,}5\,|\,0)$, $N_2(-\sqrt{2}\,|\,0)$, $N_3(\sqrt{2}\,|\,0)$, $N_4(1{,}5\,|\,0)$, $Y(0\,|\,-6{,}75)$

e)

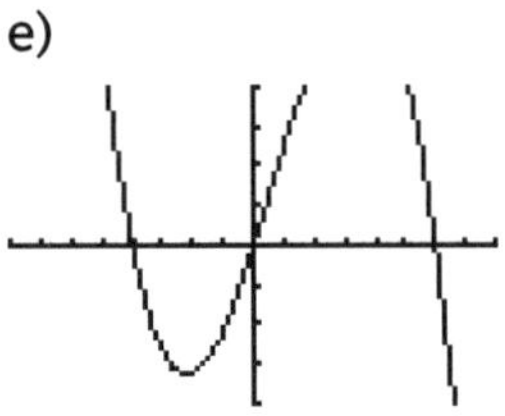

f)

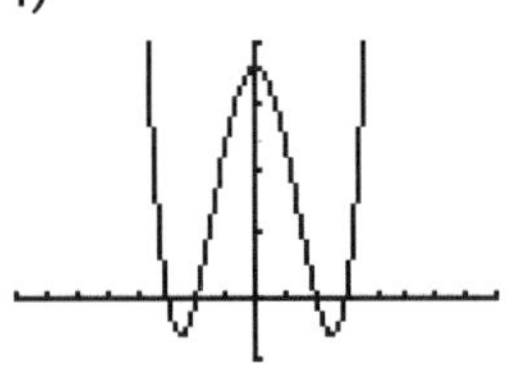

g)

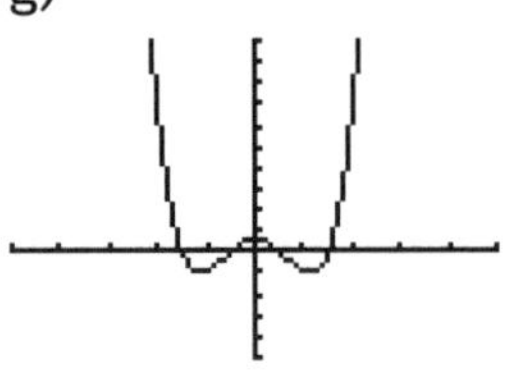

h)

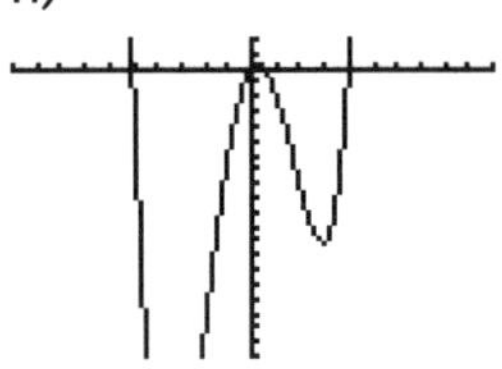

i)

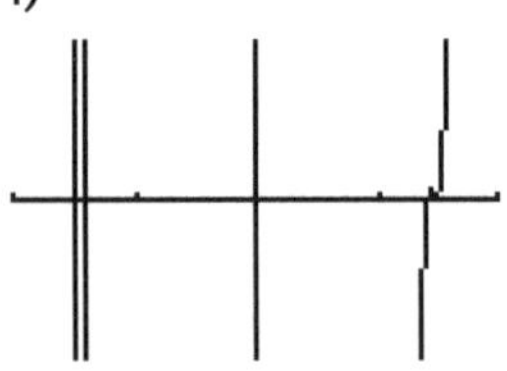

Eine passende Grafik bei i) ist nur schwer zu erstellen, weil man die Nullstellen kaum trennen kann. Hier ist y im Bereich −0,01 bis 0,01 dargestellt.

Seite 49

6 Die angegebenen Lösungen sind nur Beispiele.

a) $f(x) = (x-2)(x+4)$

b) $f(x) = (x-1)(x-2)(x-3)(x-4)(x-5)$

c) $f(x) = (x+1)(x+2)(x+3)$

d) $f(x) = 1 + x^2$

7 Die angegebenen Lösungen sind nur Beispiele.

a) $f(x) = (x-2)(x+4)$; $g(x) = (x-2)(x+4)^2$

b) $f(x) = (x+1)x(x-1)$; $g(x) = (x+1)^2x(x-1)$

8 a) Gleichung von g: $y = -\frac{1}{5}x + \frac{14}{5}$
Schnittpunkt mit der y-Achse: $S(0\,|\,2{,}8)$;
Schnittpunkt mit der x-Achse: $N(14\,|\,0)$

b) Gleichung von g: $y = \frac{2}{7}x - \frac{27}{7}$
Schnittpunkt mit der y-Achse: $S\left(0\,\middle|\,-\frac{27}{7}\right)$;
Schnittpunkt mit der x-Achse: $N(13{,}5\,|\,0)$

9 Ansatz für die Gleichung der Parabel (Maßeinheit 1m): p: $y = 2 - ax^2$
Da $P(5\,|\,1)$ auf der Parabel liegt, gilt $1 = 2 - 25a$, also $a = 0{,}04$. Daher hat die Parabel die Gleichung $y = 2 - 0{,}04x^2$. Die Breite am Boden ist der Abstand der Schnittpunkte der Parabel mit der x-Achse: $2 - 0{,}04x^2 = 0$ hat die Lösungen $x = \pm\sqrt{50} \approx \pm 7{,}07$. Also ist der Erdhaufen etwa 14,14 m breit.

10 a) Die positive Nullstelle von f bestimmt die Stoßweite.
$f(x) = 0$ wird mit der abc-Formel gelöst. Lösungen sind $x_1 = -2$ und $x_2 = 9$. Der Stoß ist 9 m weit.

b) Es muss gelten $f(x) = f(0) = 1{,}44$. Das ergibt die Gleichung $-0{,}08x^2 + 0{,}56x = 0$ mit den Lösungen $x = 0$ und $x = 7$.
Daher ist die Kugel dann 7 m vom Abstoßpunkt entfernt.

11 a) Der Zug kommt zum Stehen, wenn $v(t) = 0$ ist, also wenn $0{,}8t = 30$, d.h. nach 37,5 s. Wegen $s(37{,}5) = 560$ (gerundet) beträgt der zurückgelegte Weg etwa 560 m, der Zug kommt also noch rechtzeitig zum Stillstand.

b) Es muss gelten $v(t) = v_{max} - 0{,}8t = 0$, also $t = \frac{v_{max}}{0{,}8}$. Eingesetzt in $s(t)\ v_{max}t - 0{,}4t^2 = 1000$ ergibt $\frac{v_{max}^2}{0{,}8} - 0{,}4\frac{v_{max}^2}{0{,}64} = 1000$, also $0{,}625v_{max}^2 = 1000$, $v_{max} = 40$.

12 a) $a(t) = b(t)$ liefert die Gleichung $20t - 2t^2 = 0$ bzw. $2t(10 - t) = 0$ mit den Lösungen $t = 0$ und $t = 10$. Da $a(10) = b(10) = 200$, ergibt sich: Auto B wird nach 10 Sekunden von B nach einer Strecke von 200 m eingeholt.

b) Mithilfe der Ableitungen von $a(t)$ bzw. $b(t)$ ergibt sich $v_A(t) = 20$; $v_B(t) = 4t$. Die Geschwindigkeiten der beiden Autos sind gleich, wenn $4t = 20$, also nach 5 Sekunden. Der zurückgelegte Weg beträgt bei A 100 m und bei B 50 m.

Seite 50

13 Man erhält die Lösungen durch Ausmultiplizieren der Produktdarstellung und Multiplikation mit einer passenden ganzen Zahl.
Angegeben ist jeweils die Lösung mit den kleinsten ganzzahligen Koeffizienten.

a) $f(x) = 5x^3 + 16x^2 - 16x$

b) $f(x) = 9x^3 - 54x^2 + 71x + 30$

c) $x^3 - 2x$

d) $f(x) = 5x^3 - x$

14 a) Die Lage der Nullstellen wird nicht verändert. Denn für eine Stelle a gilt $f(a) = 0$ genau dann, wenn $2f(a) = 0$. Allerdings hat der Graph bei $2f(x)$ die doppelte Steigung an den Nullstellen.
b) Die Nullstellen werden verändert, z. B. bei $f(x) = x^2 - 4$ sind die Nullstellen -2 und 2, während bei $g(x) = f(x) + 2$ die Nullstellen $-\sqrt{2}$ und $\sqrt{2}$ sind. Die Gleichung $f(x) = f(x) + 2$ hat keine Lösung.
c) Die Lage der Nullstellen wird nicht verändert. Denn für eine Stelle a gilt $f(a) = 0$ genau dann, wenn $f(a)^2 = 0$. Allerdings haben bei $f(x)^2$ alle Nullstellen keinen Vorzeichenwechsel.

15 Die angegebenen Lösungen sind nur Beispiele.
a) $f(x) = (x^2 - 1)^2$
b) $f(x) = -(x + 5)(x + 2)(x - 4)$, $f(0) = 40 > 0$
c) $f(x) = \frac{1}{4}(x + 2)(x - 2)$

16 An den Produktdarstellungen kann man durch Ausmultiplizieren erkennen:
a) $f(x) = x^2 - 2x$ b) $f(x) = x^3 - 4x^2 + 4x$
c) $f(x) = x^4 - 4x^3 + 4x^2$ d) $f(x) = (x^2 - x)\cdot(x + 2)^2$

17 a) $f(x) = -\frac{1}{3}(x + 1)(x - 3)$
b) $f(x) = a\left(x - \frac{1}{2}\right)\left(x + \sqrt{2}\right)$ und $a < 0$

3 Monotonie

Seite 52

1 a) f ist in den Intervallen $[-4; 1]$ und $[3; 5]$ streng monoton wachsend und im Intervall $(1; 3)$ streng monoton fallend.
b) f ist im Intervall $[-2; 5]$ streng monoton wachsend und im Intervall $[-4; -2]$ streng monoton fallend.
c) f ist in den Intervallen $[-4; -3]$ und $[-2; 1]$ streng monoton wachsend und in den Intervallen $[-3; -2]$ und $[1; 5]$ streng monoton fallend.

2 a) Die Funktion *Länge eines Drahtes → Gewicht des Drahtes* ist streng monoton wachsend; verlängert man einen Draht, so nimmt auch sein Gewicht zu.
b) Die Funktion *Zeit → Höhe einer Pflanze* ist nur während der Wachstumsphase der Pflanze streng monoton wachsend.
c) Die Funktion *Fahrstrecke → Tankinhalt* ist streng monoton fallend; je länger eine Fahrt dauert, desto mehr Treibstoff wird verbraucht.
d) Die Funktion *Fallzeit → Höhe über dem Erdboden* ist streng monoton fallend; je länger ein Körper fällt, desto geringer ist seine Höhe über dem Erdboden.

3 a) f mit $f(x) = x$ und g mit $g(x) = 2x + 3$.

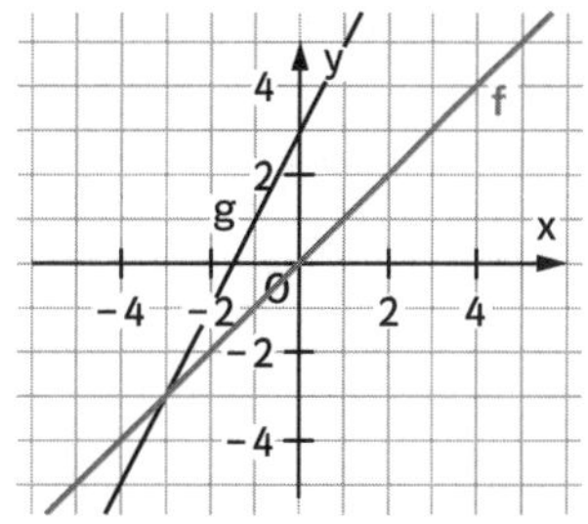

b) f mit $f(x) = x^2$ und g mit $g(x) = x^4 - x^2$.

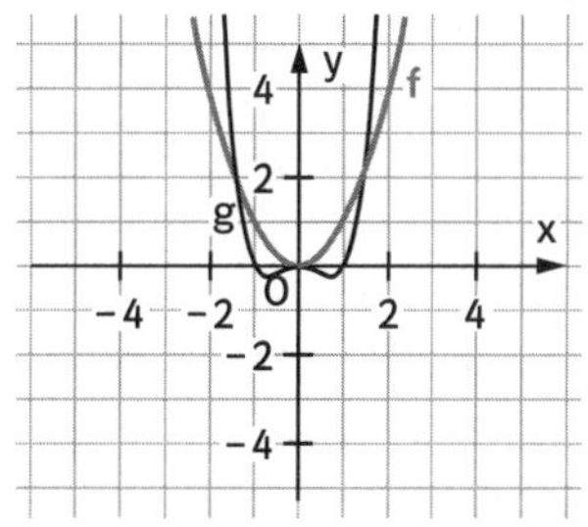

c) f mit $f(x) = x$ und g mit $g(x) = 2x + 3$.

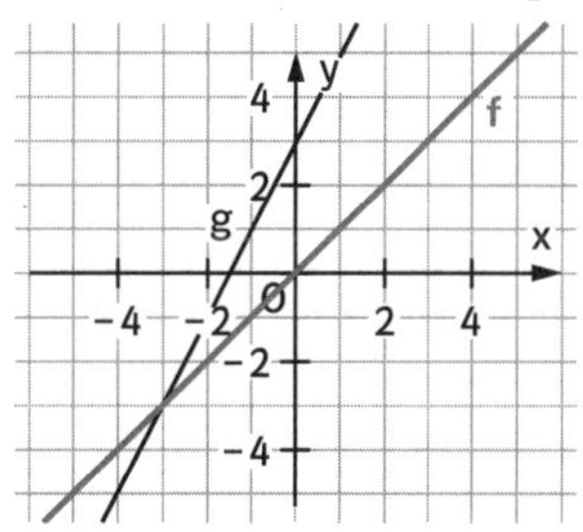

d) f mit $f(x) = x^3 - 9x^2 + 24x - 20$ und g mit $g(x) = x^3 - 9x^2 + 24x$.

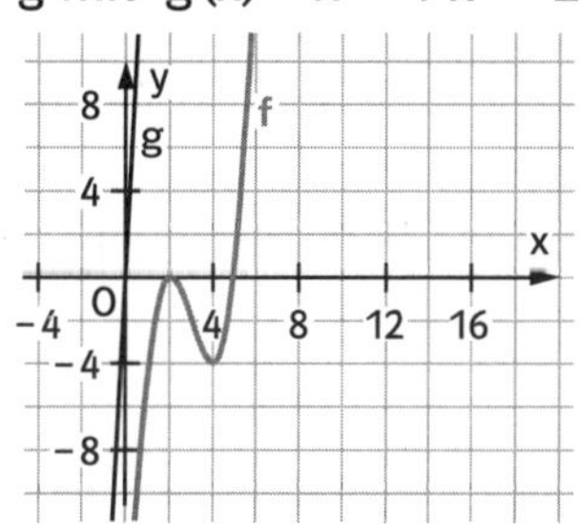

Seite 53

4 a) f ist im Intervall $(-\infty; 0]$ streng monoton wachsend und im Intervall $(\infty; 0]$ streng monoton fallend.
b) f ist in den Intervallen $[-1; 0]$ und $[1; 1\infty)$ streng monoton wachsend und in den Intervallen $(-\infty; -1]$ und $[0; 1]$ streng monoton fallend.
c) f ist im Intervall $I = \mathbb{R}$ streng monoton wachsend.
d) f ist im Intervall $I = \mathbb{R}$ monoton wachsend und monoton fallend.
e) f ist im Intervall $I = \mathbb{R}$ streng monoton fallend.
f) f ist in den Intervallen $\left(-\infty; -\frac{1}{\sqrt{3}}\right]$ und $\left[\frac{1}{\sqrt{3}}; \infty\right)$ streng monoton fallend und im Intervall $\left[-\frac{1}{\sqrt{3}}; \frac{1}{\sqrt{3}}\right]$ streng monoton wachsend.
g) f ist in den Intervallen $(-\infty; 0)$ und $(\infty; 0)$ streng monoton fallend.

h) f ist in den Intervallen (−∞; −1] und [1; ∞) streng monoton wachsend und in den Intervallen [−1; 0) und (0; 1] streng monoton fallend.

5 a) f mit $f(x) = x$
b) f mit $f(x) = x^2$
c) f mit $f(x) = x^3 - 12x$
d) f mit $f(x) = x^3 + 9x^2 + 15x$

6 Aussage A) ist falsch, da f′ im Intervall (0; 1) positiv ist und f aufgrund des Monotoniesatzes auf diesem Intervall streng monoton wachsend ist.
Aussage B) ist wahr, da f′ im Intervall (−2; 0) positiv ist und f aufgrund des Monotoniesatzes auf diesem Intervall streng monoton wachsend ist.
Aussage C) ist wahr, da f′ im Intervall (1; 3) negativ ist und f aufgrund des Monotoniesatzes auf diesem Intervall streng monoton fallend ist.

7 a) Die Funktion *Füllhöhe → Flüssigkeitsoberfläche* ist nur für das Gefäß unten links streng monoton wachsend. Beim Gefäß oben rechts ist die Funktion lediglich monoton fallend. Damit die Funktion streng monoton wachsend oder fallend ist, muss die seitliche Begrenzungslinie des Profils entweder durchgehend nach innen oder nach außen verlaufen.
b) Beispiele für eine streng monoton wachsende Funktion:

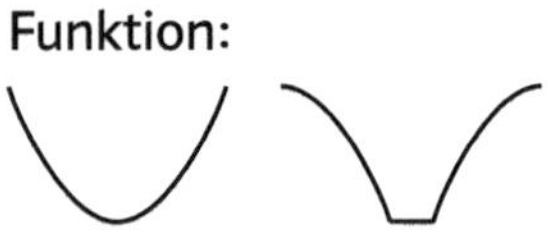

Beispiele für eine monoton wachsende, aber nicht streng monoton wachsende Funktion:

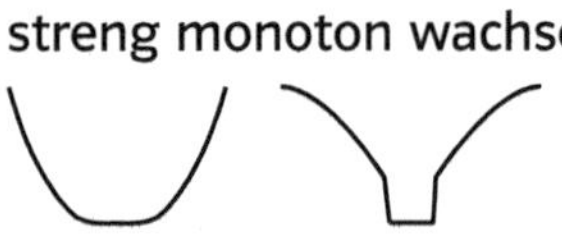

Beispiele für eine monoton fallende, aber nicht streng monoton fallende Funktion:

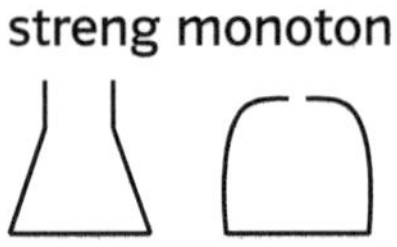

8 a) Falsch. Die Funktion mit $y = 1$ ist eine lineare Funktion, aber nicht streng monoton.
b) Richtig. Der Scheitel unterteilt den Definitionsbereich ℝ in die beiden Monotonieintervalle.
c) Richtig. Ist der Vorfaktor positiv, so ist die Potenzfunktion streng monoton wachsend, ist er negativ, so ist die Potenzfunktion streng monoton fallend.
d) Richtig. Wie bei b) unterteilt der Scheitel den Definitionsbereich ℝ in die beiden Monotonieintervalle.

4 Hoch- und Tiefpunkte

Seite 55

1 Hochpunkt H(−3 | 2); das Vorzeichen der Ableitung wechselt von + nach −.
Tiefpunkt T(2 | −2); das Vorzeichen der Ableitung wechselt von − nach +.
Sattelpunkt S(4 | −1); das Vorzeichen der Ableitung ist rechts und links des Sattelpunktes jeweils positiv.

2 a) T(3 | 2) b) $T\left(\frac{1}{3} \middle| \frac{2}{3}\right)$
c) H(−2,75 | 30,125)

3 a) $H\left(-\sqrt{\frac{2}{3}} \middle| \frac{4}{3}\sqrt{\frac{2}{3}}\right)$, $T\left(\sqrt{\frac{2}{3}} \middle| -\frac{4}{3}\sqrt{\frac{2}{3}}\right)$
b) $H\left(-\sqrt{\frac{2}{3}} \middle| \frac{4}{3}\sqrt{\frac{2}{3}} - 5\right)$, $T\left(\sqrt{\frac{2}{3}} \middle| -\frac{4}{3}\sqrt{\frac{2}{3}} - 5\right)$
c) S(0 | 0)
d) T(−1,08809 | −0,51145), H(0 | 0), T(1,838 | −2,077)
e) S(0 | −4), H(3 | 2,75)
f) T|(−1 | 0), H(0 | 1), T(1 | 0)

4 a) keine Extrempunkte, S(0 | 0)

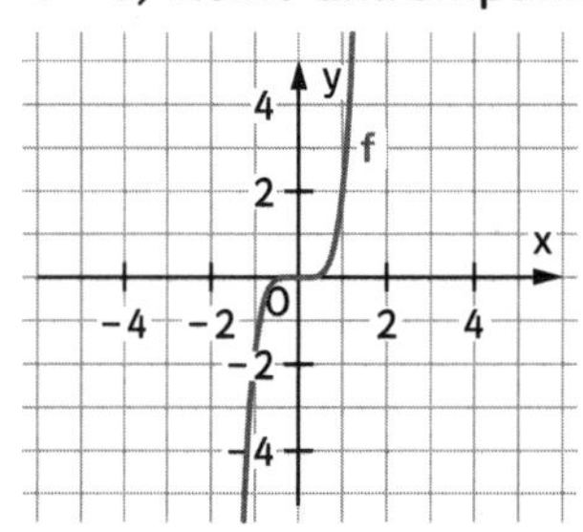

b) keine Extrem- oder Sattelpunkte

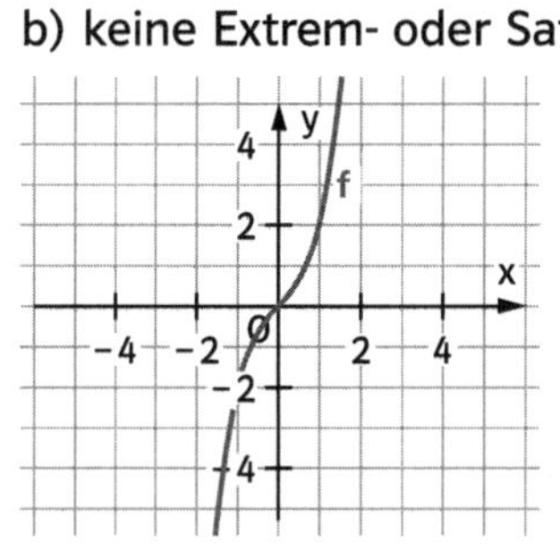

c) H(0 | 0), T(4 | −5,12)

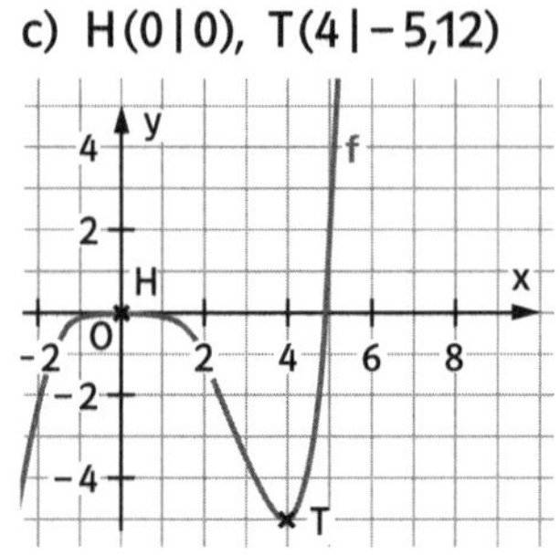

d) H(−1 | −2), T(1 | 2)

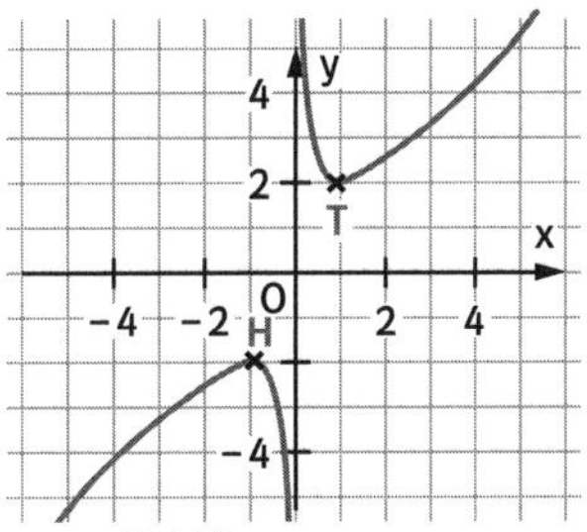

e) $H\left(\frac{1}{4}\middle|\frac{1}{4}\right)$

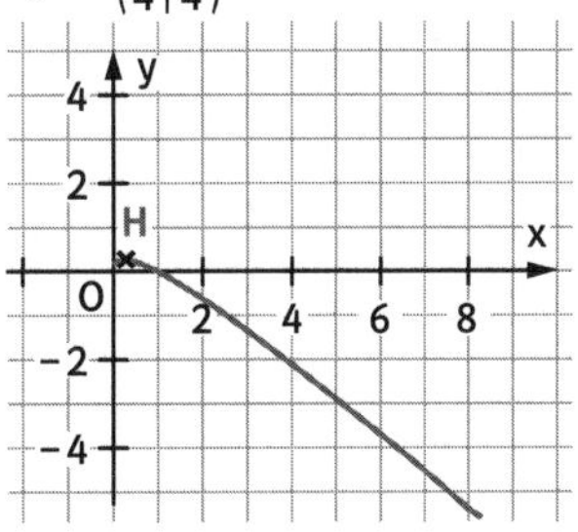

f) T(−1 | 2), T(1 | 2)

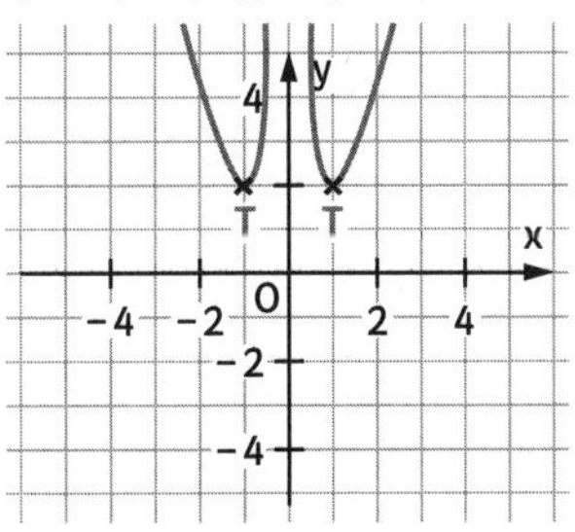

Seite 56

5 a) $x = -\frac{2}{3}$; Tiefpunkt
b) x = −3: Hochpunkt; x = 2: Tiefpunkt
c) $x = -\sqrt{3}$: Tiefpunkt; x = 0: Hochpunkt;
$x = \sqrt{3}$: Tiefpunkt

6 a)

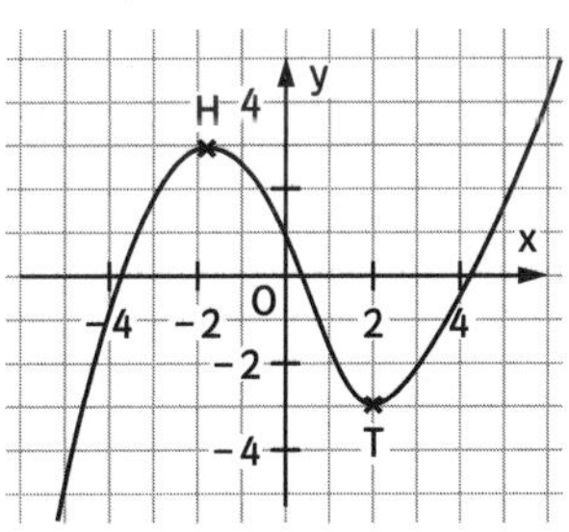

b)

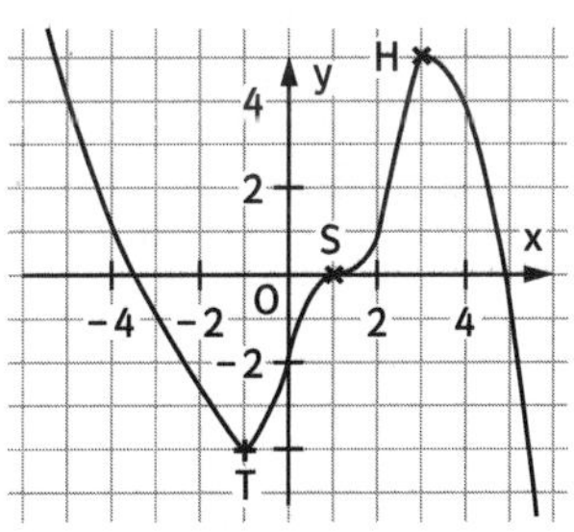

c)

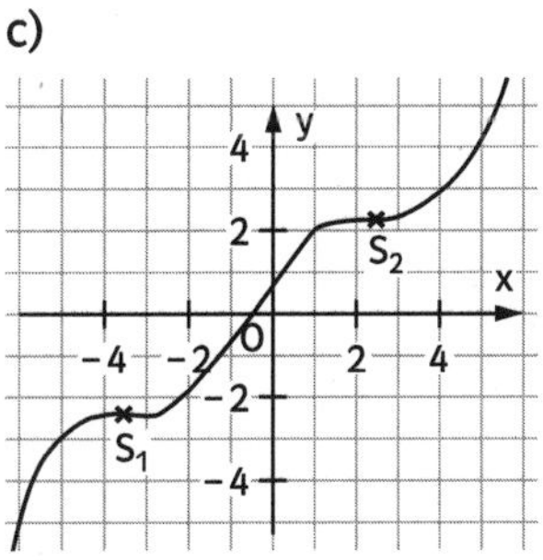

d)

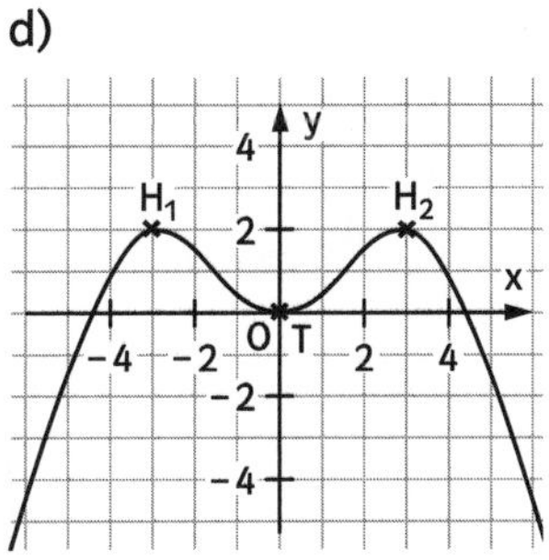

7 a) Hochpunkt H(−1,7 | 2,3); Sattelpunkt S(0 | 0);
Tiefpunkt T(1,1 | −0,4)
b)

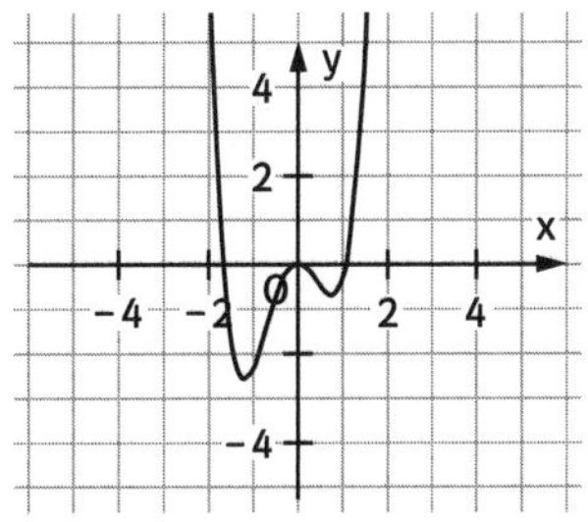

8 a) $P_1(-2 \mid 3{,}44)$; $P_2(3 \mid -3{,}5)$;
Zeichenbereich z. B.: $-10 \leqq x \leqq 10$; $-10 \leqq y \leqq 10$
b) $P_1(4{,}05 \mid 7{,}55)$; $P_2(5{,}95 \mid 7{,}32)$;
Zeichenbereich, z. B: $0 \leqq x \leqq 8$; $4 \leqq y \leqq 8$
c) Sichtbar bei Standardeinstellungen: $P_1(5 \mid -8{,}06)$;
weiterer Punkt mit waagrechter Tangente:
$P_2(-8 \mid 16{,}36)$; Zeichenbereich, z. B: $-10 \leqq x \leqq 10$;
$-10 \leqq y \leqq 20$
d) Sichtbar bei Standardeinstellungen: $P_1(0 \mid -2)$,
weitere Punkte mit waagrechter Tangente:
$P_2(-15 \mid 325{,}44)$; $P_3(4 \mid -11{,}07)$;
Zeichenbereich, z. B: $-20 \leqq x \leqq 10$; $-350 \leqq y \leqq 20$

9 a) Minima: f(−1,84) = −0,23; f(0,39) = 3,82;
f(4,07) = −21,39
Maximum: f(0) = 3,84; f(1,38) = 4,11
b) Minima: f(−0,96) = 2,09; f(0,96) = 2,09

Seite 57

10 a) g hat dieselben Extremstellen, weil g′ = f′.
b) g′ = 2 · f′. Damit hat g′ dieselben Nullstellen und VZW wie f′. Also hat g auch dieselben Extremstellen.
c) g hat Minima dort, wo f Maxima hat, und Maxima dort, wo f Minima hat. Es gilt g′ = −3 · f′, also hat g′ dieselben Nullstellen wie f′, aber entgegengesetzte VZW.
d) g hat dieselben Extremstellen, weil g′ = f′.

11 a) Richtig. Der Graph ist eine Gerade, kann also keine Extrempunkte besitzen.
b) Falsch. Der Graph ist eine Parabel. Der Scheitel ist ein Extrempunkt.
c) Richtig. Der Graph von f′ ist eine Parabel, welche die x-Achse zweimal schneidet, und zwar mit unterschiedlichem VZW. Also besitzt der Graph von f einen Hoch- und einen Tiefpunkt.
d) Falsch. Wenn es sich um eine Nullstelle ohne VZW handelt, hat f dort keine Extremstelle.
e) Falsch. Es gibt Graphen von f, die komplett oberhalb oder unterhalb der x-Achse liegen und mehr als eine Extremstelle haben.

12 a) An diesen Stellen wechselt der Bus von Beschleunigung zu Abbremsvorgang oder umgekehrt bzw. unterbricht den Beschleunigungs- oder Bremsvorgang kurz. Wenn man im Bus steht und sich nicht festhält, fällt man nach vorne bzw. hinten.
b) Positive Änderungsrate (Beschleunigung):
Man wird in den Sitz gedrückt.
Negative Änderungsrate (Bremsvorgang):
Man wird nach vorne gedrückt.

13 a) Der Körper bleibt stehen und wechselt bei Hoch- bzw. Tiefpunkten die Richtung.
b) Der Körper wird schneller bzw. langsamer.
c) Wenn der Graph die t-Achse schneidet.

14 a) Lokales Maximum: wenn das Gefäß am schmälsten ist
Lokales Minimum: wenn das Gefäß am breitesten ist.
b)

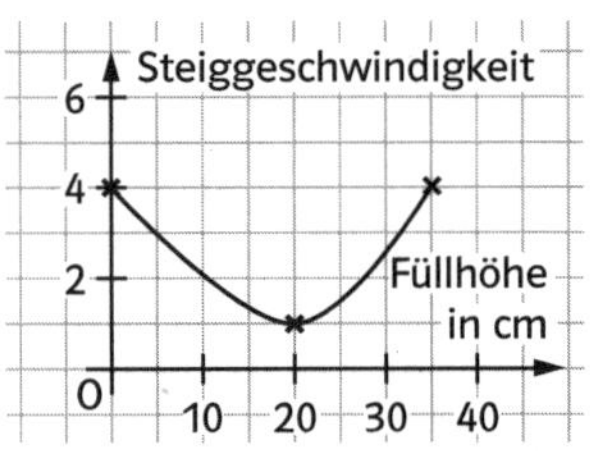

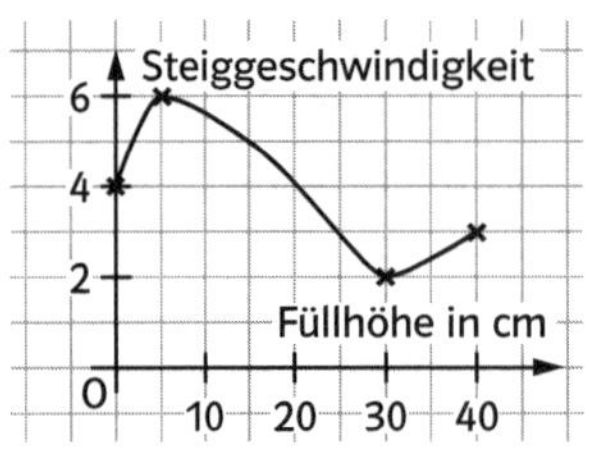

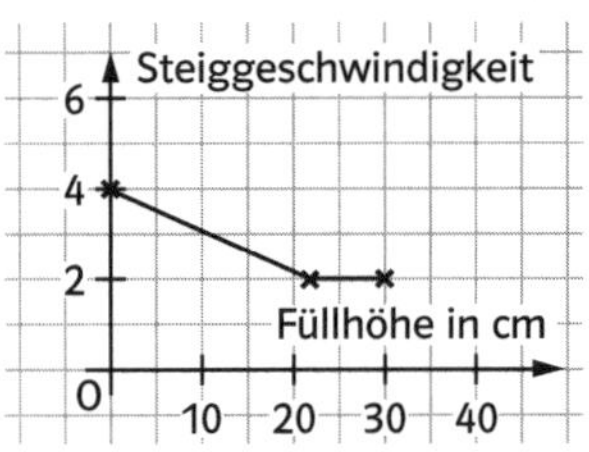

5 Extremwerte – lokal und global

Seite 59

1 a) $H_1(0|2)$; $T_1(1|-1)$; $H_2(3|4)$; $T_2(4|2)$; $H_3(5|3)$.
Globales Maximum: $f(3) = 4$, globales Minimum: $f(1) = -1$.
b) $H_1(0|-1)$; $T_1(1|-2)$; $H_2(5|2,5)$.
Globales Maximum: $f(5) = 2,5$; globales Minimum $f(1) = -2$.
c) $T_1(1|1)$; $H_1(2|2,5)$; $T_2(3|2)$; $H_2(4|4)$; $T_3(5|1)$.
Globales Maximum: $f(4) = 4$; globales Minimum: $f(5) = 1$.
d) $H_1(0,5|3)$; $T_1(1|2,5)$; $H_2(4|4)$; $T_2(5|3)$.
Globales Maximum: $f(4) = 4$; globales Minimum: $f(1) = 2,5$.

2 a) Randminimum und globales Minimum: $f(-3) = -21$, lokales Maximum: $f(-0,82) = 1,09$; lokales Minimum $f(0,82) = -1,09$; Randmaximum und globales Maximum: $f(2) = 4$

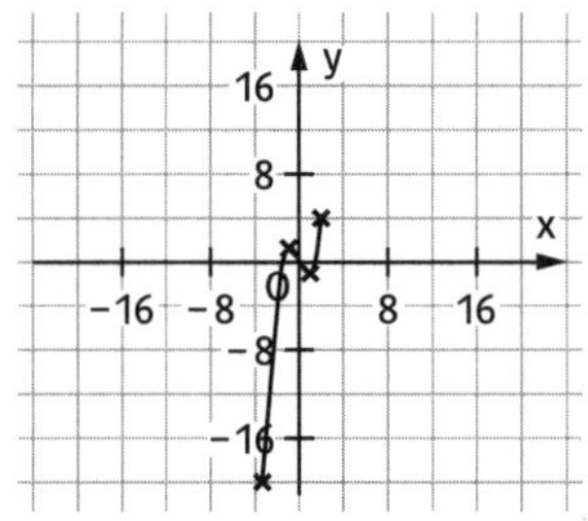

b) Randmaximum: $f(-1) = 2,5$; lokales und globales Minimum $f(0) = 0$; Randmaximum und globales Maximum: $f(1,5) = 2,81$

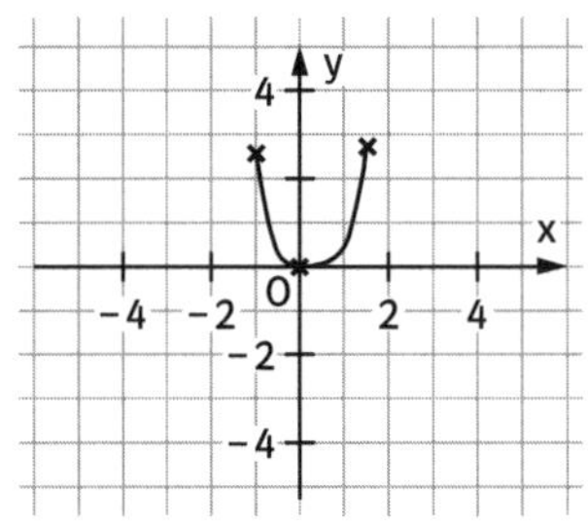

c) Randminimum und globales Minimum: $f(0) = 0$, Randmaximum und globales Maximum: $f(7) = \sqrt{7}$

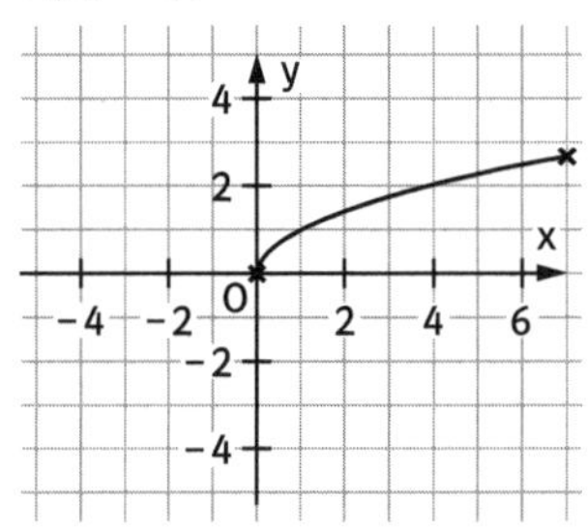

d) Randmaximum: $f(0,5) = 2,5$; lokales und globales Minimum: $f(1) = 2$; Randmaximum und globales Maximum: $f(4) = 4,25$

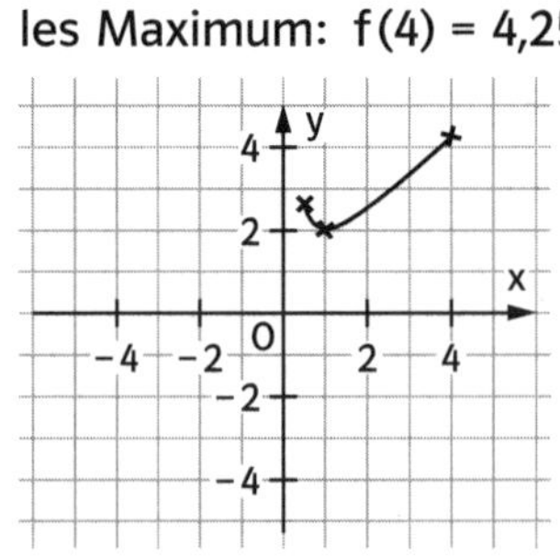

3

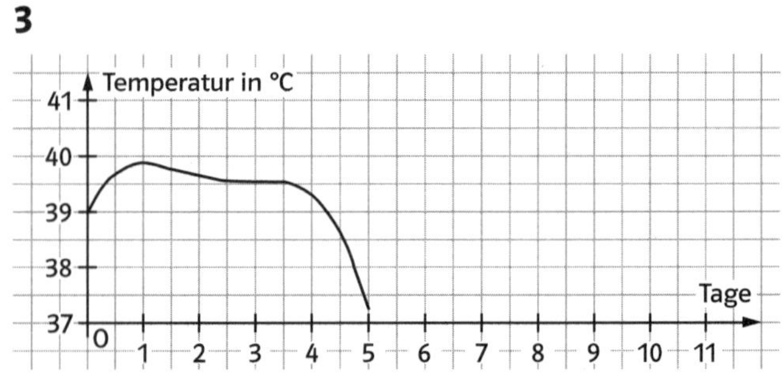

a) Das Fieber steigt in den ersten 24 h auf fast 40 °C an, dann beginnt es langsam zu sinken. Am fünften Tag sinkt die Temperatur dann innerhalb von 24 h auf Normaltemperatur.

b) Höchste Temperatur: 39,9 °C nach genau einem Tag.
Niedrigste Temperatur: 37,2 °C am Ende der Aufzeichnung.

Seite 60

4 $h(0) = 3$; $h(2{,}38) = 3{,}77$; $h(7{,}35) = 2{,}93$; $h(10) = 3{,}90$.
globales Minimum: 2,93, globales Maximum: 3,90. Der Unterschied beträgt weniger als 1 cm.

5 a) Globales Minimum für $x = 0{,}67$.
$f(0{,}67) = 3{,}33$ (inneres Extremum)
Globales Maximum für $x = 4$.
$f(4) = 20$ (Randextremum)
b) Globales Minimum für $x = 0$ bzw. $x = 4$.
$f(0) = f(4) = 0$ (Randextrema)
Globales Maximum für $x = 2$.
$f(2) = 2$ (inneres Extremum)

6 Der Flächeninhalt wird maximal für $u = 2{,}5$. Er beträgt dann 3,75 FE.

7 a) Die Produktion jedes Artikels kostet Geld. Je mehr Artikel produziert werden, desto höher sind die Kosten. Also sind die Kosten am niedrigsten für $x = 0$ und am höchsten für $x = 50$.
b) Die Einnahmen (in €) betragen bei x verkauften Artikeln 60x. Davon müssen die Produktionskosten abgezogen werden. Man erhält $G(x) = 60x - K(x) = -0{,}044x^3 + 2x^2 + 10x - 600$.
c) Der Gewinn wird maximal für eine Stückzahl von rund 33 ($x = 32{,}63$; Gewinn 327,10 €).
d) Wenn $G(x) < 0$, also für $x < 19$ und für $x > 43$.

8 Kleinste Höhe nach 1,79 m: 0,75 m.
Größte Höhe nach 6 m: 29,2 m.

Seite 61

9 a) $T(u\,|\,0)$, Flächeninhaltsformel für Trapeze:
$A = \frac{1}{2}(a + b) \cdot h$
Trapez OTRS: Höhe u, Grundseiten $f(0) = 4$ und $f(u)$: $A_1 = \frac{1}{2} \cdot (4 + f(u)) \cdot u$
Trapez TPQR: Höhe $5 - u$, Grundseiten $f(u)$ und $f(5) = 2{,}75$: $A_2 = \frac{1}{2} \cdot (f(u) + 2{,}75) \cdot (5 - u)$
Definitionsmenge: $D = (0; 5)$
b) Der Flächeninhalt wird maximal für $u = 2{,}89$ und beträgt dann 22,89 FE.

10 a) D_1: globales Minimum: $f(0) = 0$; globales Maximum: $f(-2) = 4$
D_2: globales Minimum: $f(0) = 0$; kein globales Maximum
D_3: globales Minimum: $f(0) = 0$; globales Maximum: $f(-2) = 4$
b) D_1: globales Minimum: $f(1) = 2$; kein globales Maximum
D_2: globales Minimum: $f(1) = 2$; globales Maximum $f(0{,}1) = 10{,}1$
D_3: globales Minimum: $f(2) = 2{,}5$; globales Maximum: $f(3) = 3{,}33$
c) D_1: globales Minimum: $f(2) = -4$; globales Maximum: $f(-2) = 4$
D_2: kein globales Minimum; globales Maximum: $f(5) = 16{,}25$
D_3: kein globales Minimum; kein globales Maximum.

11 Beispiellösungen:
a) $D = [-3; 3)$

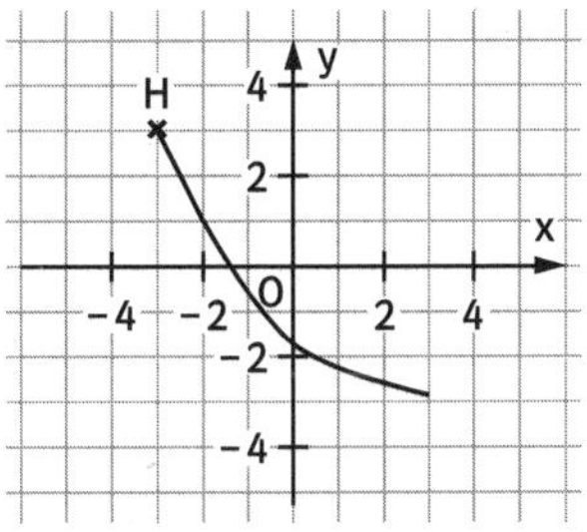

b) $D = (-3; 3)$

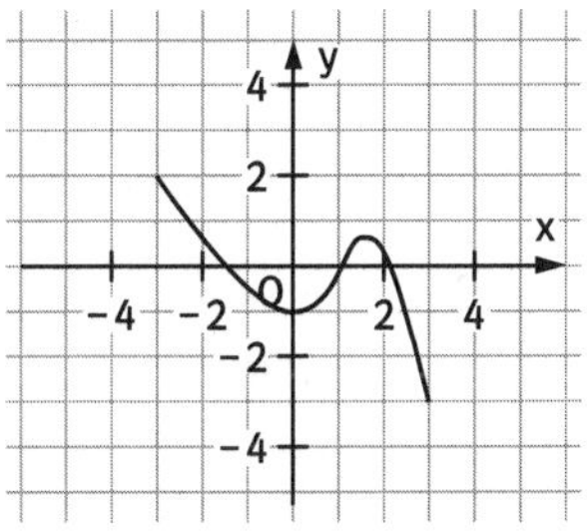

c) $D = (-3; 3)$

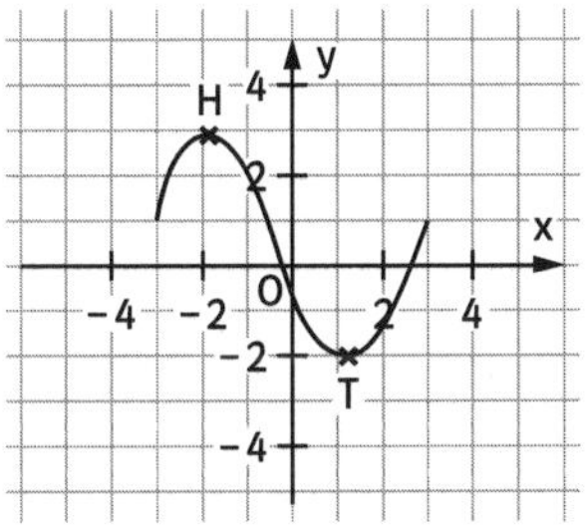

d) $D = (-3; 3)$

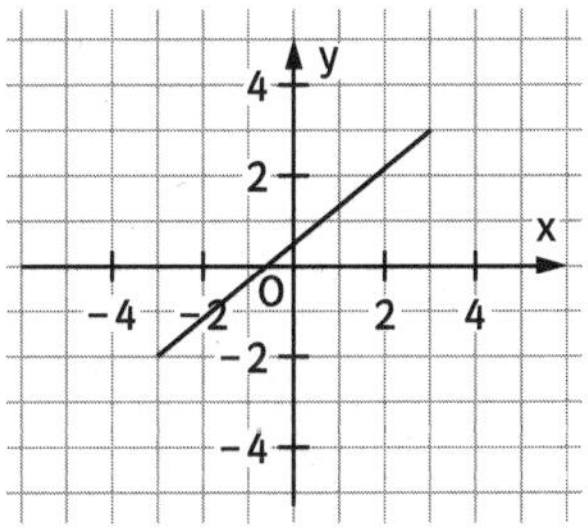

12 a) (alle Angaben in Meter): Länge x, Breite y; Fläche: $x \cdot y = 500$
a) Auflösen nach y liefert: $y = \frac{500}{x}$
Umfang $U(x) = 2x + 2y = 2x + 2 \cdot \frac{500}{x} = 2x + \frac{1000}{x}$
b) Definitionsmenge: z. B. $D = [1; 500]$
c) Am wenigsten Maschendraht wird bei einem quadratischen Pferch mit der Seitenlänge 22,36 m verbraucht. Der Umfang beträgt dann 89,44 m.
d) $U(x) = x + 2y = x + \frac{1000}{x}$.
Man verbraucht am wenigsten Draht, wenn man die dem Fluss gegenüberliegende Seite 31,62 m lang wählt und die an den Fluss angrenzenden Seiten 15,81 m.
Es werden 63,25 m Maschendraht benötigt.

6 Verhalten eines Graphen für x gegen ±∞

Seite 63

1 a) $f(-100\,000)$ ist negativ, $f(100\,000)$ ist positiv.
b) $f(-100\,000)$ ist positiv, $f(100\,000)$ ist positiv.
c) $f(-100\,000)$ ist negativ, $f(100\,000)$ ist negativ.
d) $f(-100\,000)$ ist positiv, $f(100\,000)$ ist negativ.
e) $f(-100\,000)$ ist negativ, $f(100\,000)$ ist positiv.
f) $f(-100\,000)$ ist positiv, $f(100\,000)$ ist positiv.

2 a) Für $x \to \pm\infty$ gilt $f(x) \to -\infty$.
b) Für $x \to -\infty$ gilt $f(x) \to \infty$ und für $x \to \infty$ gilt $f(x) \to -\infty$.
c) Für $x \to \pm\infty$ gilt $f(x) \to -\infty$.
d) Für $x \to -\infty$ gilt $f(x) \to -\infty$ und für $x \to \infty$ gilt $f(x) \to \infty$.
e) Für $x \to -\infty$ gilt $f(x) \to \infty$ und für $x \to \infty$ gilt $f(x) \to -\infty$.
f) Für $x \to \pm\infty$ gilt $f(x) \to \infty$.

3 a) Für $x \to \pm\infty$ gilt $f(x) \to 0$.
b) Für $x \to \pm\infty$ gilt $f(x) \to 0$.
c) Für $x \to \pm\infty$ gilt $f(x) \to \infty$.
d) Für $x \to -\infty$ gilt $f(x) \to \infty$ und für $x \to \infty$ gilt $f(x) \to -\infty$.
e) Für $x \to \pm\infty$ gilt $f(x) \to 4$.
f) Für $x \to -\infty$ gilt $f(x) \to -\infty$ und für $x \to \infty$ gilt $f(x) \to \infty$.

4 a) Für $x \to \pm\infty$ gilt $f(x) \to \infty$.
b) Für $x \to \infty$ gilt $f(x) \to -\infty$ und für $x \to -\infty$ gilt $f(x) \to \infty$.
c) Für $x \to \pm\infty$ gilt $f(x) \to -\infty$.
d) Für $x \to \pm\infty$ gilt $f(x) \to -\infty$.
e) Für $x \to \pm\infty$ gilt $f(x) \to 6$.
f) Für $x \to \infty$ gilt $f(x) \to \infty$ und für $x \to -\infty$ gilt $f(x) \to -\infty$.

5 Lösungsvorschläge:
a) $f(x) = 6x^2 - x^3$
b) $f(x) = 6x^4 - x^3$
c) $f(x) = -6x^4 - x^3$

Seite 64

6 Lösungsvorschläge:
a) $a = -1$; $b = 2$; $c = 1$; $d = 1$.
b) $a = 1$; $b = 3$; $c = 1$; $d = 1$.
c) $a = 0$; $b = 1$; $c = 1$; $d = 0$.
d) $a = 0$; $b = 1$; $c = 1$; $d = 3$.

7 a) Für $x \to \pm\infty$ gilt $g(x) \to -\infty$.
b) Für $x \to \pm\infty$ gilt $g(x) \to \infty$.
c) Für $x \to \pm\infty$ gilt $g(x) \to -\infty$.
d) Für $x \to \pm\infty$ gilt $g(x) \to -\infty$.

8 a) Für $x \to \pm\infty$ gilt $g(x) \to -\infty$.

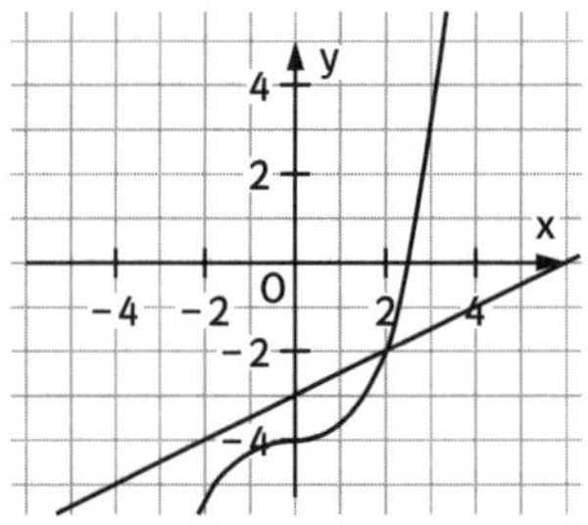

b) Die Anzahl der Extremstellen ist gerade und die Anzahl der Nullstellen ist ungerade.

9 a) Für die Fläche erhält man $A(x) = x \cdot f(x) = x \cdot \frac{2}{x} = 2$. Für $x \to +\infty$ gilt daher $A(x) = 2$.
b) Für die Fläche erhält man $A(x) = x \cdot f(x) = x \cdot \frac{3}{x^2} = \frac{3}{x}$. Für $x \to +\infty$ gilt daher $A(x) = 0$.
c) Für die Fläche erhält man $A(x) = x \cdot f(x) = x \cdot \frac{4}{\sqrt{x}} = 4\sqrt{x}$. Für $x \to +\infty$ gilt daher $A(x) = \infty$.

10 a) Für die Nullstellen von f erhält man 0 und a. Für $a \to +\infty$ verändert sich die erste Nullstelle nicht, während für die zweite gilt: $a \to \pm\infty$.
b) Für $a \geqq 0$ hat f die Nullstellen 0 und $\sqrt{a}$ und $-\sqrt{a}$. Für $a \to \pm\infty$ verändert sich die erste Nullstelle nicht. Für die zweite und dritte Nullstelle gilt für $a \to \infty$: $\sqrt{a} \to \infty$ und $-\sqrt{a} \to -\infty$. Für $a < 0$ hat f nur die Nullstelle 0.
c) f hat nur die von a unabhängige Nullstelle 0.

Wiederholen – Vertiefen – Vernetzen

Seite 65

1 Funktionen bis auf f) und h) haben als Definitionsmenge die ganzen reellen Zahlen.
a) Schnittpunkte mit den Achsen: $N_1(0\,|\,0)$; $N_2(6\,|\,0)$
Hoch- und Tiefpunkte: $T(0\,|\,0)$; $H(4\,|\,32)$
Verhalten für $x \to \infty$: $f(x) \to -\infty$
Verhalten für $x \to -\infty$: $f(x) \to +\infty$
f ist streng monoton fallend für $x \leqq 0$ und $x \geqq 4$,
f ist streng monoton wachsend für $0 \leqq x \leqq 4$.
b) Schnittpunkte mit den Achsen: $N_1\left(-\sqrt{3}\,|\,0\right)$; $N_2(0\,|\,0)$; $N_3\left(\sqrt{3}\,|\,0\right)$
Hoch- und Tiefpunkte: $T\left(-1\,\middle|\,-\frac{2}{3}\right)$; $H\left(1\,\middle|\,\frac{2}{3}\right)$
Verhalten für $x \to \infty$: $f(x) \to -\infty$
Verhalten für $x \to -\infty$: $f(x) \to +\infty$
f ist streng monoton fallend für $x \leqq -\sqrt{3}$ und $x \geqq \sqrt{3}$,
f ist streng monoton wachsend für $-\sqrt{3} \leqq x \leqq \sqrt{3}$.
c) Schnittpunkte mit den Achsen: $N_1\left(-3\sqrt{2}\,|\,0\right)$; $N_2(0\,|\,0)$; $N_3\left(3\sqrt{2}\,|\,0\right)$
Hoch- und Tiefpunkte: $H_1(-3\,|\,4{,}5)$; $H_2(3\,|\,4{,}5)$; $T(0\,|\,0)$.
Verhalten für $x \to \infty$: $f(x) \to -\infty$
Verhalten für $x \to -\infty$: $f(x) \to -\infty$

f ist streng monoton fallend für $-3 \leqq x \leqq 0$ und $x \geqq 3$,
f ist streng monoton wachsend für $x \leqq -3$ und $0 \leqq x \leqq 3$.
d) Schnittpunkte mit den Achsen: $N_1(0\,|\,0)$; $N_2(3\,|\,0)$
Hoch- und Tiefpunkte: $H\left(1\,\middle|\,\frac{2}{3}\right)$; $T(3\,|\,0)$
Verhalten für $x \to \infty$: $f(x) \to +\infty$
Verhalten für $x \to -\infty$: $f(x) \to -\infty$
f ist streng monoton fallend für $1 \leqq x \leqq 3$,
f ist streng monoton wachsend für $x \leqq 1$ und $x \geqq 3$.
e) Schnittpunkte mit den Achsen: $N(0\,|\,0)$;
Hoch- und Tiefpunkte: $T(0\,|\,0)$
Verhalten für $x \to \infty$: $f(x) \to +\infty$
Verhalten für $x \to -\infty$: $f(x) \to +\infty$
f ist streng monoton fallend für $x \leqq 0$,
f ist streng monoton wachsend für $x \geqq 0$.
f) Definitionsmenge $x \in \mathbb{R}$ und $x \neq 0$
Schnittpunkte mit den Achsen: keine
Hoch- und Tiefpunkte: $H(-\sqrt{5}\,|\,-2\sqrt{5})$; $T(\sqrt{5}\,|\,2\sqrt{5})$
Verhalten für $x \to \infty$: $f(x) \to +\infty$
Verhalten für $x \to -\infty$: $f(x) \to -\infty$
f ist streng monoton fallend für $-\sqrt{5} \leqq x < 0$ und $0 < x \leqq \sqrt{5}$,
f ist streng monoton wachsend für $x \leqq -\sqrt{5}$ und $x \geqq \sqrt{5}$.
g) Schnittpunkte mit den Achsen: $N_1(-3\,|\,0)$; $N_2(-1\,|\,0)$; $N_3(1\,|\,0)$; $N_4(3\,|\,0)$; $S(0\,|\,0{,}9)$
Hoch- und Tiefpunkte: $T_1(-\sqrt{5}\,|\,-1{,}6)$; $H(0\,|\,0{,}9)$; $T_2(\sqrt{5}\,|\,-1{,}6)$
Verhalten für $x \to \infty$: $f(x) \to +\infty$
Verhalten für $x \to -\infty$: $f(x) \to +\infty$
f ist streng monoton fallend für $x \leqq -\sqrt{5}$ und $0 \leqq x \leqq \sqrt{5}$,
f ist streng monoton wachsend für $x \geqq \sqrt{5}$ und $-\sqrt{5} \leqq x \leqq 0$.
h) Definitionsmenge $(0; \infty)$;
Schnittpunkte mit den Achsen: $N_1(0\,|\,0)$; $N_2(4\,|\,0)$
Hoch- und Tiefpunkte: $T(1\,|\,-1)$
Verhalten für $x \to \infty$: $f(x) \to \infty$
f ist streng monoton fallend für $0 \leqq x \leqq 1$,
f ist streng monoton wachsend für $x \geqq 1$.

a)
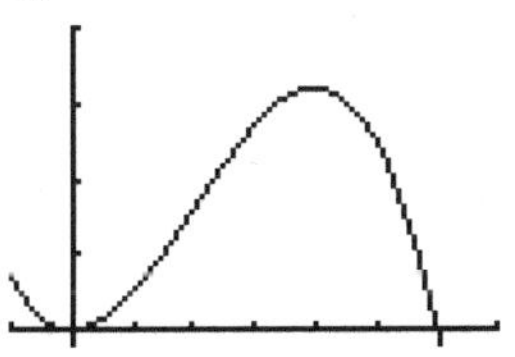
b)
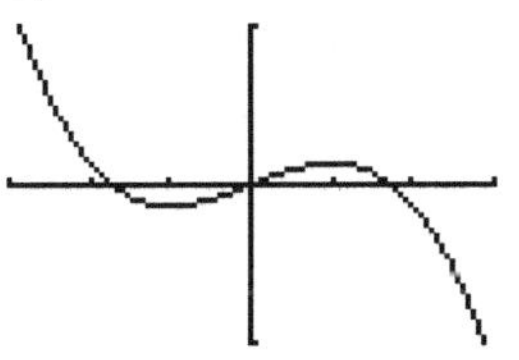
c)
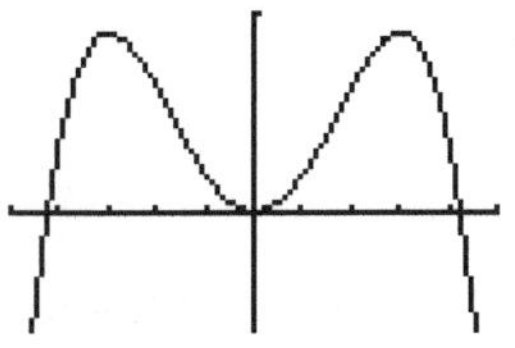
d)
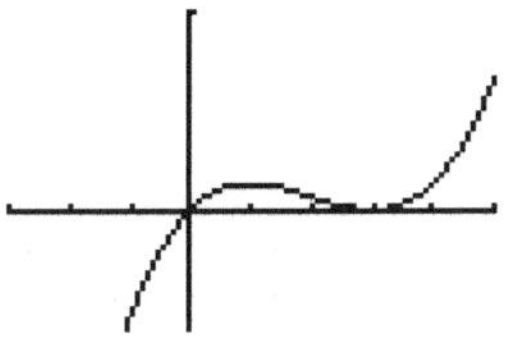
e)
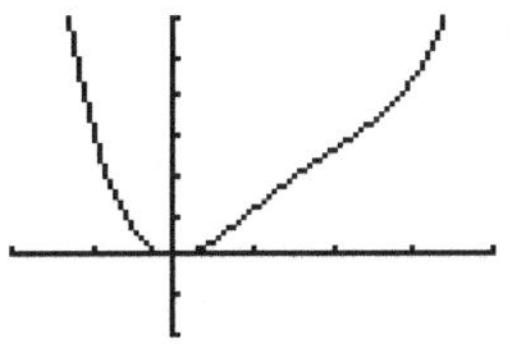
f)
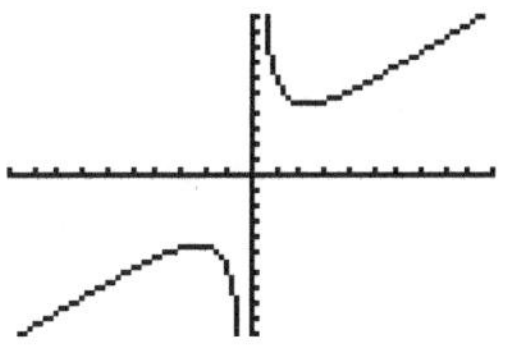
g)
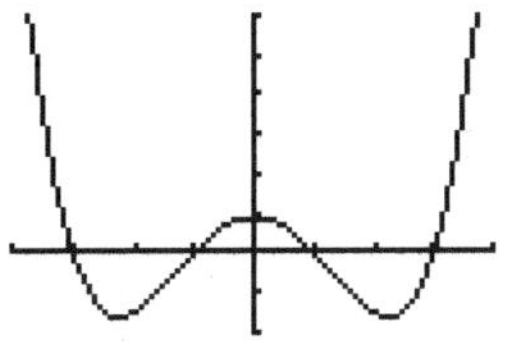
h)
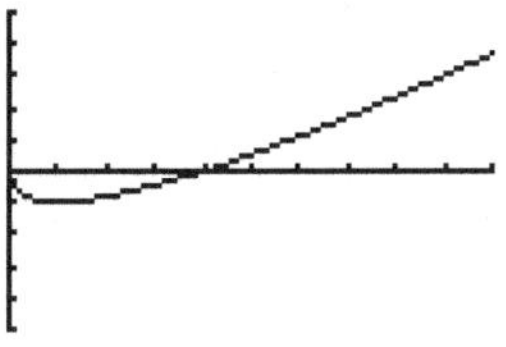

2 Individuelle Lösungen; Lösungsvorschläge:
a) $f(x) = (x-1)^2$
b) $f(x) = -x^3$
c) $f(x) = -x^3 + 3x$

3 A: Richtig, weil $f'(x) \leqq 0$ für alle x aus $[0; 2]$ gilt.
B: Falsch, weil zwar $f'(1) = 0$ gilt, aber in einer Umgebung von $x = 1$ $f'(x) > 0$ ist. Die Funktion f ist also z. B. im Bereich $[-2; 0]$ monoton wachsend und kann daher kein Extremum bei $x = -1$ haben.
C: Richtig, denn bei $x = 0$ gilt $f'(x) = 0$ mit VZW von + nach −, also hat der Graph von f bei $x = 0$ einen Hochpunkt, und bei $x = 2$ gilt $f'(x) = 0$ mit VZW von − nach +, also hat der Graph von f bei $x = 2$ einen Tiefpunkt.
D: Das kann man nicht ohne weiteres entscheiden. Zwar ist f in $[-2; 0]$ monoton wachsend, da dort $f'(x) \geqq 0$ gilt. Wenn $f(-2)$ kleiner oder gleich 0 ist, ist die Aussage D falsch. Wenn $f(-2)$ größer als 0 ist, ist die Aussage D richtig.

4 a) $f_a(x) = x^3 - a \cdot x$: Schnittpunkte mit den Achsen: $N_1(-\sqrt{a}\,|\,0)$; $N_2(0\,|\,0)$; $N_3(\sqrt{a}\,|\,0)$
Hoch- und Tiefpunkte: $T\left(-\frac{\sqrt{3a}}{3}\,\middle|\,-\frac{2}{9}a\sqrt{3a}\right)$; $H\left(\frac{\sqrt{3a}}{3}\,\middle|\,\frac{2}{9}a\sqrt{3a}\right)$.
b) $f_a(x) = x^2 - a \cdot x - 1$: Schnittpunkte mit den Achsen:
$N_1\left(\frac{a - \sqrt{a^2+4}}{2}\,\middle|\,0\right)$; $N_2\left(\frac{a + \sqrt{a^2+4}}{2}\,\middle|\,0\right)$
Hoch- und Tiefpunkte: $T\left(\frac{a}{2}\,\middle|\,-1 - \frac{a^2}{4}\right)$.
c) $f_a(x) = a^2 \cdot x^4 - x^2$: Schnittpunkte mit den Achsen: $N_1\left(-\frac{1}{a}\,\middle|\,0\right)$; $N_2(0\,|\,0)$; $N_3\left(\frac{1}{a}\,\middle|\,0\right)$.
Hoch- und Tiefpunkte: $T_1\left(-\frac{\sqrt{2}}{2a}\,\middle|\,-\frac{1}{4a^2}\right)$; $H(0\,|\,0)$; $T_2\left(\frac{\sqrt{2}}{2a}\,\middle|\,-\frac{1}{4a^2}\right)$.
d) $f_a(x) = x + \frac{a^2}{x}$: Schnittpunkte mit den Achsen: keine
Hoch- und Tiefpunkte: $H(-a\,|\,-2a)$; $T(a\,|\,2a)$.

5 Quelle zum Aufgabentext: „Atommüll oder Der Abschied von einem teuren Traum, rororo aktuell, Hamburg 1977"
a) Die Funktion M ist streng monoton wachsend, die Funktion R streng monoton fallend.
Die Summenfunktion ist streng monoton fallend für Kosten kleiner als z und streng monoton steigend für Kosten größer als z; sie hat also bei z ein lokales und wegen des Monotonieverhaltens von M und R sogar ein globales Minimum. Die Kosten sind also bei dem Wert z minimal. Da S bei z ein Minimum hat, gilt $S'(z) = 0$ und daher wegen der Summenregel $M'(z) + R'(z) = 0$, woraus $M'(z) = -R'(z)$ folgt.
b) $S(x) = ax^2 + \frac{b}{x}$, $S'(x) = 2ax - \frac{b}{x^2}$. $S'(z) = 0$ hat die Lösung $z = \left(\frac{b}{2a}\right)^{\frac{1}{3}}$.

Seite 66

6 a) $f_t(x) = x \cdot (x - t)$; $f_t(x) = 0$ und $f_t'(x) = 0$ haben für alle t mindestens eine Lösung, also gibt es für alle t mindestens einen Schnittpunkt mit der x-Achse und einen Tiefpunkt, weil der Graph von f_t eine nach oben geöffnete Parabel ist.
b) $f_t(x) = x + \frac{t}{x}$; mindestens einen Schnittpunkt mit der x-Achse: $f_t(x) = 0$, falls $x = \pm\sqrt{-t}$. Also gibt es mindestens eine Lösung, wenn $t \leqq 0$.
Mindestens ein Hoch- oder Tiefpunkt: $f_t'(x) = 0$, falls $x = \pm\sqrt{t}$. Also gibt es mindestens eine Lösung, wenn $t > 0$. Wegen der VZW gilt dann $H(-\sqrt{t}\,|\,-2\sqrt{t})$ und $T(\sqrt{t}\,|\,2\sqrt{t})$.
c) $f_t(x) = t \cdot x^2 - x - 1$; mindestens einen Schnittpunkt mit der x-Achse: $f_t(x) = 0$, falls $x = \frac{1 \pm \sqrt{4t+1}}{2t}$ $(t \neq 0)$. Also gibt es mindestens eine Lösung, wenn $4t + 1 \geqq 0$, also bei $t \geqq -\frac{1}{4}$. Bei $t = 0$ ist $f_t(x) = -x - 1$, also gibt es bei $t = 0$ einen Schnittpunkt mit der x-Achse.
Mindestens einen Hoch- oder Tiefpunkt: $f_t'(x) = 0$ hat immer eine Lösung, wenn $t \neq 0$. Bei $t > 0$ ist der Graph von f_t eine nach oben geöffnete Parabel, also gibt es einen Tiefpunkt für $t > 0$. Entsprechend gibt es für $t < 0$ einen Hochpunkt. Bei $t = 0$ gibt es keine Hoch- oder Tiefpunkte.
d) $f_t(x) = x^4 - 2x^2 + t$; der Summand t bestimmt den y-Achsenschnittpunkt des Graphen von f_t. Der Graph ergibt sich durch Verschieben des Graphen der Funktion g mit $g(x) = x^4 - 2x^2$ um t in Richtung der y-Achse. Da der Graph von g die Extrempunkte $T_1(-1\,|\,-1)$; $H(0\,|\,0)$ und $T_2(1\,|\,-1)$ hat, hat der Graph von f_t die Extrempunkte $T_1(-1\,|\,-1 + t)$; $H(0\,|\,t)$ und $T_2(1\,|\,-1 + t)$. Die Tiefpunkte sind dabei globale Tiefpunkte. Eine Nullstelle kann f_t also nur haben, wenn $-1 + t \leqq 0$, also wenn $t \leqq 1$ ist. Alternativ kann man auch mithilfe einer Substitution die Nullstellen $\pm\sqrt{1 \pm \sqrt{1 - t}}$ berechnen und gelangt zum selben Ergebnis.

7 a) $f_u(x) = x^3 - 3x + u$: $H(-1\,|\,u + 2)$; $T(1\,|\,u - 2)$. Für $u = -2$ liegt H, für $u = 2$ liegt T auf der x-Achse. Für $u = 2$ oder $u = -2$ berührt der Graph also die x-Achse.
b) $f_u(x) = x^3 - 3u \cdot x + 4$: Nur für $u \geqq 0$ gibt es Punkte mit waagrechter Tangente, nämlich $P_1(\sqrt{u}\,|\,4 - 2u\sqrt{u})$ und $P_2(-\sqrt{u}\,|\,4 + 2u\sqrt{u})$. Nur P_1 kann auf der x-Achse liegen, weil $u \geqq 0$. Die Gleichung $4 - 2u\sqrt{u} = 0$ hat die Lösung $u = 2^{\frac{2}{3}}$. Für diesen Wert von u berührt der Graph die x-Achse.

8 a) $f(x) = x^2 - 2x + 4$: Der Graph von f ist eine nach oben geöffnete Parabel mit dem Tiefpunkt $(1\,|\,3)$. Daher kann er die Gerade $y = c$ nur schneiden, wenn c mindestens 3 ist. Es gibt zwei Schnittpunkte, wenn $c > 3$, und einen Schnittpunkt, wenn $c = 3$.
b) (Druckfehler im 1. Druck der 1. Auflage des Schülerbuches. Es muss heißen: $f(x) = x^3 - \frac{3}{2}x^2 - 18x + 1$)
$f(x) = x^3 - \frac{3}{2}x^2 - 18x + 1$: Der Graph von f hat die Extrempunkte $H(-2\,|\,23)$ und $T(3\,|\,-39{,}5)$. Außerdem gilt für $x \to \infty$: $f(x) \to +\infty$ und für $x \to -\infty$: $f(x) \to -\infty$, sodass alle y-Werte vorkommen. Daher hat der Graph von f mit $y = c$ immer mindestens einen Schnittpunkt. Zwei Schnittpunkte gibt es für $c = 23$ oder $c = -39{,}5$, denn dieses sind gerade die Extremwerte. Drei Schnittpunkte gibt es für alle c mit $-39{,}5 < c < 23$.

9 a) $\frac{2}{x^2} - \frac{2}{x^2 + 1} > 0$
1. Möglichkeit: Man berechnet die Differenz $\frac{2}{x^2} - \frac{2}{x^2 + 1} = \frac{2}{x^4 + x^2}$. Da Zähler und Nenner nur positive Zahlen enthalten, ist auch der Bruch für alle $x > 0$ positiv:
2. Möglichkeit: Da für alle x gilt: $x^2 + 1 > x^2$, ergibt sich für die Kehrwerte $\frac{2}{x^2 + 1} < \frac{2}{x^2}$ und daraus die Behauptung.
b) $f_a(x) = x \cdot (x^2 - a^2) = 0$ hat die für $a \neq 0$ verschiedenen Lösungen $x = -a$ und $x = 0$ und $x = a$, also gibt es die drei Achsenschnittpunkte $N_1(-a\,|\,0)$, $N_2(0\,|\,0)$ und $N_3(a\,|\,0)$.
$f_a'(x) = 3x^2 - a^2 = 0$ hat für $a \neq 0$ die Lösungen $x = \pm\frac{a}{\sqrt{3}}$. Für $a > 0$ gilt: Für $x < -\frac{a}{\sqrt{3}}$ ist $f_a'(x) > 0$, für $-\frac{a}{\sqrt{3}} < x < \frac{a}{\sqrt{3}}$ ist $f_a'(x) < 0$ und für $x > \frac{a}{\sqrt{3}}$ ist $f_a'(x) > 0$. Aufgrund der damit verbundenen Vorzeichenwechsel ist bei $-\frac{a}{\sqrt{3}}$ ein Maximum und bei $\frac{a}{\sqrt{3}}$ ein Minimum. Weitere Extrema kann es nicht geben, weil die Gleichung $f_a'(x) = 0$ keine weiteren Lösungen hat. Entsprechend schließt man für $a < 0$. Also hat der Graph von f_a genau einen Hoch- und einen Tiefpunkt.

10 a) Richtig, da $(x - 1) \cdot (x + 2)^2 = x^3 + 3x^2 - 4$.
b) Falsch, da f bei $x = 1$ ein Extremum hat, g aber nicht.
c) Falsch: $f(x) = \frac{x^2 - 2x + 1}{x} = x - 2 + \frac{1}{x}$; $f'(x) = 1 - \frac{1}{x^2}$;
$g(x) = x^3 - 2x^2 + x$; $g'(x) = 3x^2 - 4x + 1$

$f'(x) = 0$ und $g'(x) = 0$ haben zwar die gemeinsame Lösung $x = 1$ (und dort haben f und g beide ein Minimum), aber die verschiedenen Lösungen $x = -1$ (Maximum von f) bzw. $x = \frac{1}{3}$ (Maximum von g).

11 a) Die Formel $V = \frac{1}{3}\pi x^2 y = 1$ liefert $y = \frac{3}{\pi x^2}$. Also ist $y = \frac{3}{\pi}$ für $x = 1$, $y = \frac{3}{100\pi}$ für $x = 10$ und $y = \frac{3}{10\,000\pi}$ für $x = 100$. Für $x \to \infty$ gilt $y \to 0$.
b) $y > 100$ ergibt sich für $x < \sqrt{\frac{3}{100\pi}} \approx 0{,}0977$.
Für $y \to \infty$ gilt $x \to 0$.
c) Die Formel für den Mantel (s = Mantellinie) wird umgeformt:
$M(x) = \pi x s = \pi x\sqrt{x^2 + y^2} = \pi x\sqrt{x^2 + \frac{9}{\pi^2 x^4}}$.
Für $x \to \infty$ und $x \to 0$ gilt daher $M(x) \to \infty$.
Man zeichnet mit dem GTR den Graphen von M(x), z.B. im Bereich $0 \leqq x \leqq 2$ und $0 \leqq y \leqq 10$. Man erkennt, dass M das Minimum 4,188 bei $x = 0{,}877$ hat (gerundet).

12 Der Formelsammlung entnimmt man die Formel $V = \frac{1}{3}\pi h^2(3r - h)$ für das Volumen eines Kugelabschnitts mit Radius r und Höhe h. Hier ist $r = 14\,\text{dm}$, $V = 5000\,\text{dm}^3$ und h gesucht. Es ist daher für $h = x\,\text{dm}$ die Gleichung $5000 = \frac{1}{3}\pi x^2(42 - x)$ zu lösen. Die Gleichung kann nicht ohne weiteres rechnerisch gelöst werden, daher wird sie näherungsweise (siehe Lerneinheit 1) mit dem GTR grafisch gelöst: $x = 12{,}8$ (gerundet).
Das Öl steht also 128 cm hoch in dem Tank.

13 Der Punkt A bei Flusskilometer 314,5 am Fluss f habe vom Spritzenhaus S den Abstand $a = 600\,(\text{m})$. Der Punkt B am Fluss habe vom brennenden Haus H den Abstand $b = 300\,(\text{m})$. Der Abstand von A und B beträgt 1500 (m). Das Feuerwehrauto fährt geradlinig zur Tankstelle T am Fluss und von dort geradlinig nach H. Haben A und T den Abstand x, so hat der Gesamtweg STH die Länge $L(x) = \sqrt{a^2 + x^2} + \sqrt{(1500 - x)^2 + b^2}$.
Mit dem GTR bestimmt man das Minimum dieser Funktion bei $x = 1000$ (gerundet).
Mit dem Strahlensatz kann man den Wert 1000 auch exakt berechnen, wenn man bedenkt, dass sich der kürzeste Weg ergibt, wenn man H an f spiegelt und das Spiegelbild mit S verbindet.

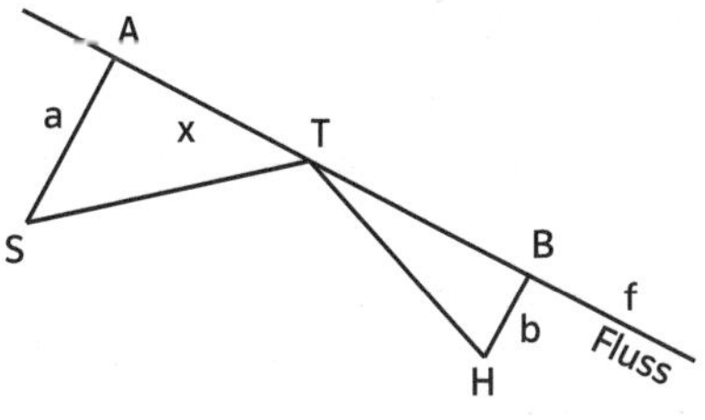

Seite 67

14 Die Pipeline wird geradlinig zum Punkt X am Ufer und von dort geradlinig nach R verlegt (siehe Skizze). Die Kosten (in Tausend Euro) betragen $K(x) = 400\sqrt{8^2 + x^2} + 850\sqrt{10^2 + (15 - x)^2}$.
a) Liegt X auf der geradlinigen Verbindung von B und R, so lässt sich x z.B. mit dem Strahlensatz berechnen: $\frac{15}{x} = \frac{18}{8}$; Lösung $x = \frac{20}{3}$.
Kosten: 15 230 Tausend Euro (gerundet).
b) Mit dem GTR bestimmt man das Minimum $K_{min} = 14\,595$ der Funktion K bei $x = 10{,}9$ (gerundet). Die minimalen Kosten betragen also etwa 14 600 Tausend Euro, wenn man den Punkt am Ufer an der Stelle $x = 10{,}9\,(\text{km})$ wählt. Man spart dann gegenüber a) etwa 635 000 €, also rund 4,2 %. Bemerkenswert ist noch, dass hier ein sehr „flaches Minimum" vorliegt: Wenn man x etwas verändert, bleiben die Kosten fast gleich, z.B. $K(10) = 14\,626$, $K(12) = 14\,643$. Im Bereich 1 km um die optimale Stelle ändern sich die Kosten also nur recht wenig.

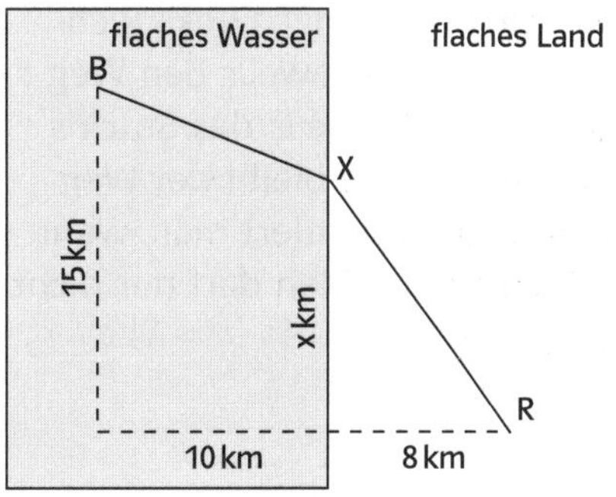

15 Bemerkenswert an der (analytischen) Lösung von a) und b) ist einerseits, dass eine nicht differenzierbare Funktion untersucht wird. Das Minimum kann also nicht durch Ableiten bestimmt werden. Zum anderen sieht man, dass man eine plausible Erklärung finden kann, die ohne Rechnung und Hilfsmittel zum Ziel führt und außerdem einen Grund für die Lage des Minimums gibt.
a) Lösung mit GTR:
Die Abstandssumme beträgt
$S(x) = |x| + |x - 20| + |x - 28| + |x - 58| + |x - 90|$.
Die senkrechten Striche sind Betragstriche.
Mithilfe der abs-Funktion wird der Term in den GTR eingegeben und sein Minimum bestimmt. Der Graph ist stückweise linear und hat sein Minimum bei $x = 28$. Der gesuchte Punkt ist $X(28\,|\,0)$, also bei Q.
Lösung ohne GTR:
Man kann vermuten, dass bei Q die Abstandssumme am kleinsten ist. Geht man nämlich von Q aus ein Stück s nach links Richtung P, so spart man bei O und P jeweils den Weg s, aber dafür muss man nach Q, R, S jeweils das Stück s zusätzlich zurück-

legen. Insgesamt wird der Weg um s länger. Entsprechend argumentiert man, wenn man ein Stück nach rechts geht.

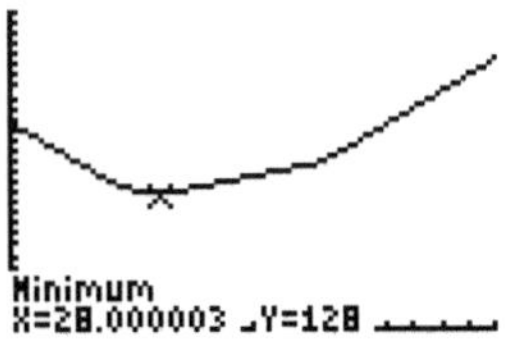

b) Lösung mit GTR:
Die Abstandssumme beträgt:
$S(x) = |x| + |x - 20| + |x - 28| + |x - 58|$.
Mithilfe der abs-Funktion wird der Term in den GTR eingegeben und sein Minimum bestimmt. Der GTR gibt das Minimum bei $x = 25{,}96$ (gerundet) aus, aber der minimale Wert 66 ergibt sich für alle x zwischen 20 und 28, weil die Funktion S dort konstant ist. X liegt also irgendwo zwischen P und Q.
Lösung ohne GTR:
Nach der Lösung von a) kann man vermuten, dass bei einem Punkt links von Q und rechts von P die Abstandssumme am kleinsten ist. Geht man von X zwischen P und Q aus ein Stück s nach links Richtung P, so spart man bei O und P jeweils den Weg s, dafür muss man nach Q und R jeweils das Stück s zusätzlich zurücklegen. Insgesamt bleibt der Weg also gleich. Entsprechend argumentiert man, wenn man ein Stück nach rechts geht. Man darf nur nicht über P bzw. Q hinausgehen.

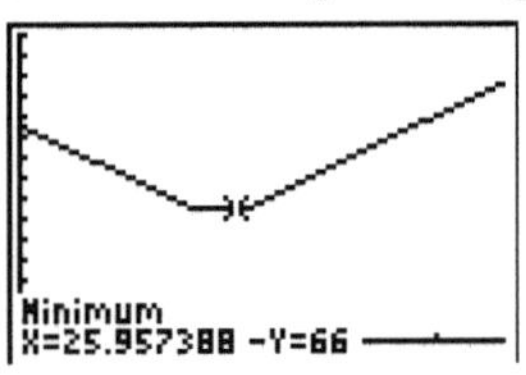

c) Nun ist
$S(x) = \sqrt{x^2 + 4} + \sqrt{(x - 20)^2 + 4} + \sqrt{(x - 28)^2 + 4}$
$+ \sqrt{(x - 58)^2 + 4} + \sqrt{(x - 90)^2 + 4}$
Der GTR gibt das Minimum bei $x = 28{,}058$ (gerundet) aus, also ist $X(28{,}058 \mid 2)$.
Gegenüber a) hat sich der x-Wert kaum verändert.

16 X: Anzahl der roten Kugeln bei dreimaligem Ziehen aus der Urne.
Wahrscheinlichkeitsverteilung für X:

a	0	1	2	3
P(x) = a	$\left(\frac{16}{x+16}\right)^3$	$3 \cdot \left(\frac{16}{x+16}\right)^2 \cdot \frac{x}{x+16}$	$3 \cdot \frac{16}{x+16} \cdot \left(\frac{x}{x+16}\right)^2$	$\left(\frac{x}{x+16}\right)^3$

$E(X) = 3 \cdot \left(\frac{16}{x+16}\right)^2 \cdot \frac{x}{x+16} + 6 \cdot \frac{16}{x+16} \cdot \left(\frac{x}{x+16}\right)^2$
$+ 3 \cdot \left(\frac{x}{x+16}\right)^3$

Diese Funktion kann in den GTR eingegeben werden. Dann wird die Schnittstelle des Graphen von E(X) mit dem Graphen der Funktion g mit $g(x) = 1$ bestimmt. Man erhält $x = 8$. Also müssen 8 rote Kugeln in der Urne liegen. Das Ergebnis kann auch durch gezieltes Raten und Bestätigen bestimmt werden.

Exkursion: Entdeckungen – Iterationsverfahren zur Bestimmung von Nullstellen

Seite 69

1 Lösungen gerundet auf vier Dezimalstellen, außerdem sind bei a) bis c) jeweils vier Schritte mit dem Newtonverfahren angegeben. Es können auch andere Startwerte x_0 gewählt werden.
a) $f(x) = x^2 - 2$: Nullstelle 1,4142

Schritt	x_n	$f(x_n)$	$f'(x_n)$
0	2,000 000	2,000 000	4,000 000
1	1,500 000	0,250 000	3,000 000
2	1,416 667	0,006 944	2,833 333
3	1,414 216	0,000 006	2,828 431
4	1,414 214	0,000 000	2,828 427

b) $f(x) = x^3 + x - 1$: Nullstelle 0,6823

Schritt	x_n	$f(x_n)$	$f'(x_n)$
0	2,000 000	9,000 000	13,000 000
1	1,307 692	2,543 924	6,130 178
2	0,892 709	0,604 134	3,390 786
3	0,714 539	0,079 359	2,531 700
4	0,683 193	0,002 075	2,400 259

c) $f(x) = x^5 + x^2 - 2x + 2$: Nullstelle: −1,4826

Schritt	x_n	$f(x_n)$	$f'(x_n)$
0	−1,500 000	−0,343 750	20,312 500
1	−1,483 077	−0,009 271	19,223 225
2	−1,482 595	−0,000 007	19,192 741
3	−1,482 594	0,000 000	19,192 716
4	−1,482 594	0,000 000	19,192 776

d) $f(x) = 2x + \frac{1}{x^2}$: Nullstelle −0,7937
e) $f(x) = 1 + \sqrt{x} - x$: Nullstelle 2,6180
f) $f(x) = x(x - 1)(x + 1) - 1$: Nullstelle 1,3247

2 Lösungen auf 6 Dezimalstellen gerundet. Mit dem Newtonverfahren erhält man je nach Startwert die verschiedenen Lösungen.
a) $f(x) = x^4 + x^3 - x^2 - x - 1$:
Nullstellen −1,512 876; 1,178 724
b) $f(x) = x^3 - 2{,}2x^2 - 3{,}2x - 0{,}8$:
Nullstellen −0,713 492; −0,344 185; 3,257 678

3 Gleichung $x^3 = x + 5$ bzw. $x^3 - x - 5 = 0$,
Lösung $x = 1{,}904161$ (gerundet)

4 Gleichung $(10 + x)(9 + x)(1 + x) = 180$ bzw.
$x^3 + 20x^2 + 109x - 90 = 0$
Lösung $x = 0{,}725583$ (gerundet)

5 a) Siehe Tabelle. Es können auch andere Startwerte x_0 gewählt werden.
b) $f(x) = x^2 - a$; $f'(x) = 2x$
Das Newtonverfahren ergibt $x_n = x_{n-1} - \frac{x_{n-1}^2 - a}{2x_{n-1}}$
$= x_{n-1} - \frac{1}{2}x_{n-1} + \frac{1}{2}\frac{a}{x_{n-1}} = \frac{1}{2}\left(x_{n-1} + \frac{a}{x_{n-1}}\right)$,
also ergibt sich daraus das Heronverfahren.

Schritt	x_n
0	2,000000
1	1,500000
2	1,416667
3	1,414216
4	1,414214
5	1,414214

III Geraden im Raum – Vektoren

1 Punkte im Raum

Seite 76

1

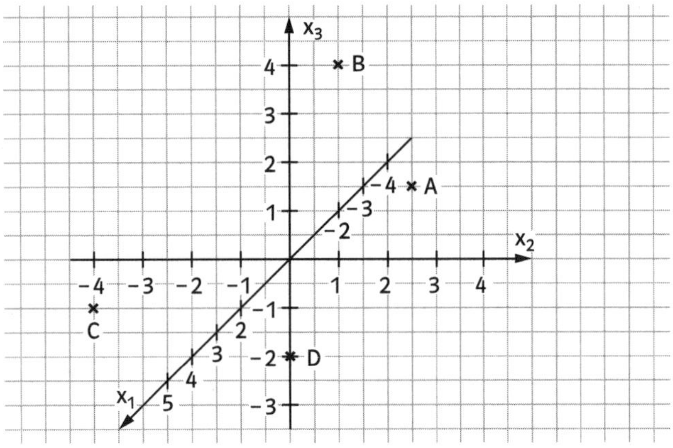

2

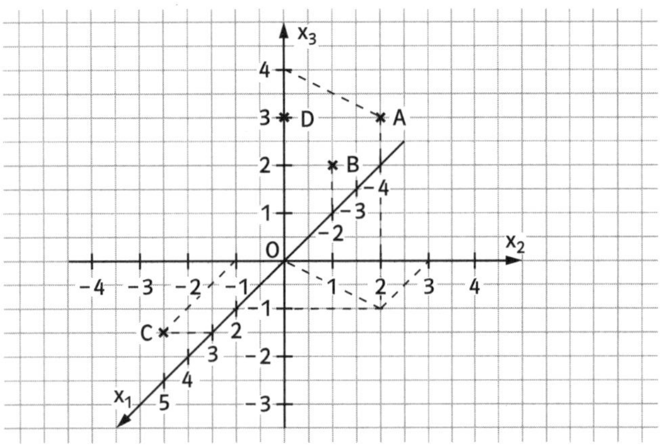

3 a) Die Strecke muss ganz in der x_2x_3-Ebene liegen.
b) Strecken, die nicht in der Zeichenebene des Heftes liegen, also alle Strecken, die nicht in der x_2x_3-Ebene liegen.

4 a)

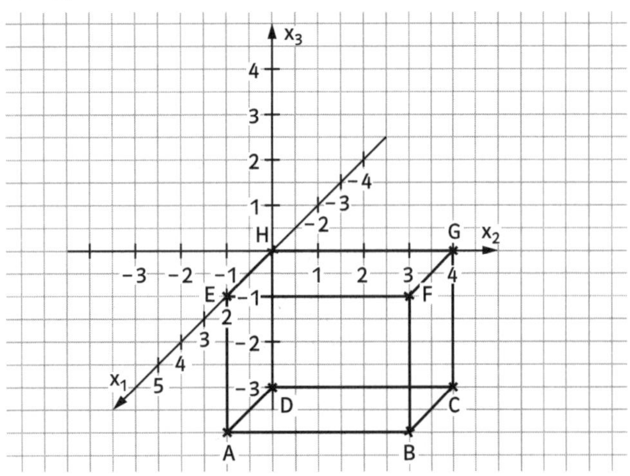

b) A(2 | 0 | −3); B(2 | 4 | −3); C(0 | 4 | −3); D(0 | 0 | −3); E(2 | 0 | 0); F(2 | 4 | 0); G(0 | 4 | 0); H(0 | 0 | 0)

5 a) Diese Punkte liegen in der x_2x_3-Ebene (x_1x_3-Ebene; x_1x_2-Ebene).
b) Diese Punkte liegen auf der x_1-Achse.

6 P(2 | 3 | 0), Q(4 | 4 | 0), R(0 | 3 | 1), S(0 | −2 | −1), T(2 | 0 | 2), U(3 | 0 | −1)

7 a) Mittelpunkt der Kante AB: M_1(1 | 2,5 | 1)
Mittelpunkt der Kante BC: M_2(−0,5 | 4 | 1)
Mittelpunkt der Kante CD: M_3(−2 | 2,5 | 1)
Mittelpunkt der Kante AD: M_4(−0,5 | 1 | 1)
Mittelpunkt der Kante EF: M_5(1 | 2,5 | 3)
Mittelpunkt der Kante FG: M_6(−0,5 | 4 | 3)
Mittelpunkt der Kante GH: M_7(−2 | 2,5 | 3)
Mittelpunkt der Kante EH: M_8(−0,5 | 1 | 3)
Mittelpunkt der Kante AE: M_9(1 | 1 | 2)
Mittelpunkt der Kante BF: M_{10}(1 | 4 | 2)
Mittelpunkt der Kante CG: M_{11}(−2 | 4 | 2)
Mittelpunkt der Kante DH: M_{12}(−2 | 1 | 2)
b) Diagonalenschnittpunkt des Vierecks ABFE:
S_1(1 | 2,5 | 2)
Diagonalenschnittpunkt des Vierecks DCGH:
S_2(−2 | 2,5 | 2)
Diagonalenschnittpunkt des Vierecks BCGF:
S_3(−0,5 | 4 | 2)
Diagonalenschnittpunkt des Vierecks ADHE:
S_4(−0,5 | 1 | 2)

8 a)

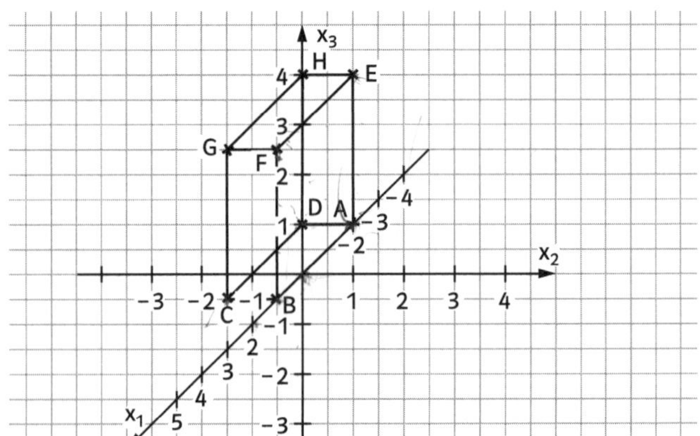

b) E(−2 | 0 | 3); F(1 | 0 | 3); D(−2 | −1 | 0); H(−2 | −1 | 3)
c) $\overline{BD} = \sqrt{1^2 + 3^2}\,\text{cm} = \sqrt{10}\,\text{cm}$
$\overline{BH} = \sqrt{1^2 + 3^2 + 3^2}\,\text{cm} = \sqrt{19}\,\text{cm}$
(Druckfehler im 1. Druck der 1. Auflage des Schülerbuches: Dort sind die Punkte G und H vertauscht.)

9

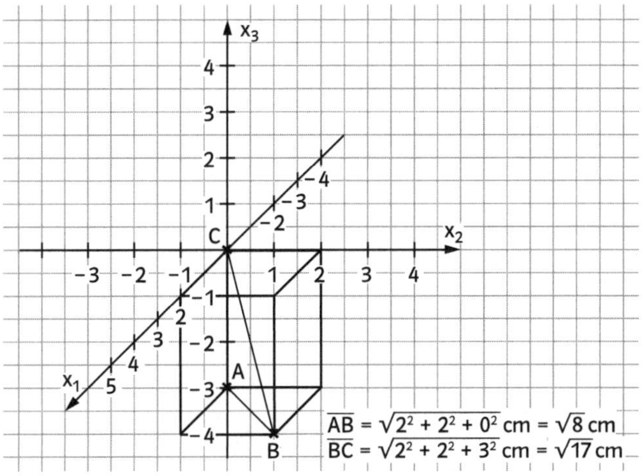

Seite 77

10 a) A(2 | 0 | 0), B(−1 | 2 | 1), C(−2 | 3 | −4), D(3 | 4 | 2)
b) A(−2 | 0 | 0), B(1 | 2 | −1), C(2 | 3 | 4), D(−3 | 4 | −2)
c) A(2 | 0 | 0), B(−1 | −2 | −1), C(−2 | −3 | 4), D(3 | −4 | −2)

11 Zum Beispiel A(0 | 1 | 1) und B(0 | −2 | −2).

12 Die x_2-Koordinate der Punkte ist 5 oder −5.

13 Individuelle Lösung.

14 Individuelle Lösung.

15 a) Zum Beispiel A(1 | 5 | 1) und B(1 | −5 | 1).
b) Zum Beispiel A(1 | 1 | 4) und B(1 | 1 | −4).

16 a) P(1 | 1,5 | 1), Q(1 | 3 | 1)
b) Zum Beispiel A(1 | 7 | 1), B(1 | 8 | 1), C(1 | 9 | 1).
c) Die x_1-Koordinate und die x_3-Koordinate sind stets 1. Die x_2-Koordinate ist eine (beliebig wählbare) reelle Zahl.

17 S(−1 | 5 | 6)

2 Vektoren

Seite 80

1

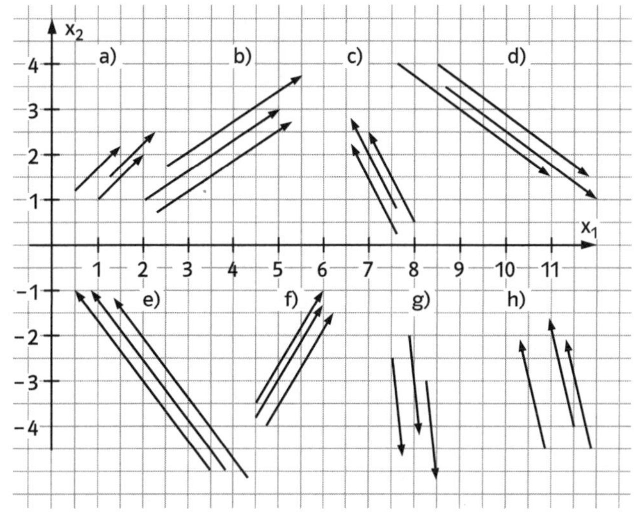

2

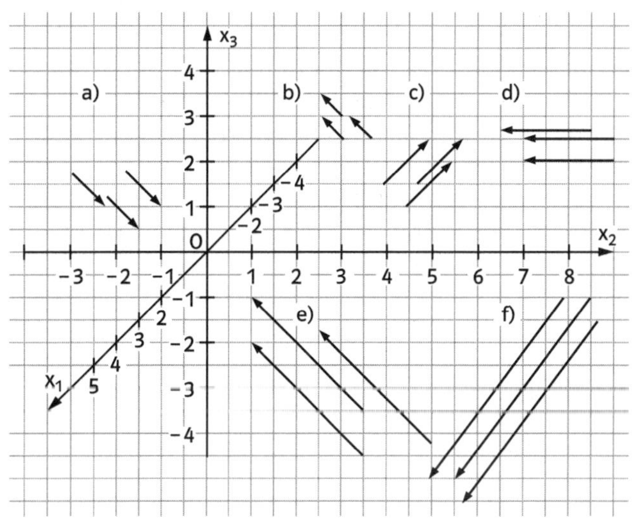

3 a) $\overrightarrow{AB} = \begin{pmatrix} 2 \\ 4 \\ 0 \end{pmatrix}$, $\overrightarrow{BA} = \begin{pmatrix} -2 \\ -4 \\ 0 \end{pmatrix}$ b) $\overrightarrow{AB} = \begin{pmatrix} -1 \\ 1 \\ 3 \end{pmatrix}$, $\overrightarrow{BA} = \begin{pmatrix} 1 \\ -1 \\ -3 \end{pmatrix}$

c) $\overrightarrow{AB} = \begin{pmatrix} 3 \\ -4 \\ 1 \end{pmatrix}$, $\overrightarrow{BA} = \begin{pmatrix} -3 \\ 4 \\ -1 \end{pmatrix}$ d) $\overrightarrow{AB} = \begin{pmatrix} 1 \\ -3 \\ -2 \end{pmatrix}$, $\overrightarrow{BA} = \begin{pmatrix} -1 \\ 3 \\ 2 \end{pmatrix}$

e) $\overrightarrow{AB} = \begin{pmatrix} 6 \\ 6 \\ -1 \end{pmatrix}$, $\overrightarrow{BA} = \begin{pmatrix} -6 \\ -6 \\ 1 \end{pmatrix}$

f) $\overrightarrow{AB} = \begin{pmatrix} 1{,}5 \\ -4{,}3 \\ 5 \end{pmatrix}$, $\overrightarrow{BA} = \begin{pmatrix} -1{,}5 \\ 4{,}3 \\ -5 \end{pmatrix}$

4 a) B(4 | −2 | 6) b) B(−15 | 10 | 34)
c) A(−19 | 12 | 28) d) A(31 | −70 | −184)

5 a) P(−2 | 1 | −3) b) P(2 | 0 | −2)
c) P(1 | −1 | 1) d) P(1 | −3 | −1)
Bezüglich des Vektors $\overrightarrow{BA}$: nur Vorzeichenwechsel bei den Koordinaten der Punkte von a) – d).

6

	$\overrightarrow{AB}$	$\overrightarrow{DC}$	$\overrightarrow{AD}$	$\overrightarrow{BC}$	Parallelogramm?
a)	$\begin{pmatrix}7\\3\\2\end{pmatrix}$	$\begin{pmatrix}7\\3\\2\end{pmatrix}$	$\begin{pmatrix}4\\1\\0\end{pmatrix}$	$\begin{pmatrix}4\\1\\0\end{pmatrix}$	ja
b)	$\begin{pmatrix}2\\4\\1\end{pmatrix}$	$\begin{pmatrix}2\\4\\1\end{pmatrix}$	$\begin{pmatrix}7\\3\\5\end{pmatrix}$	$\begin{pmatrix}7\\3\\5\end{pmatrix}$	ja
c)	$\begin{pmatrix}4\\7\\-6\end{pmatrix}$	$\begin{pmatrix}-7\\-1\\-7\end{pmatrix}$	$\begin{pmatrix}6\\2\\1\end{pmatrix}$	$\begin{pmatrix}-5\\-6\\0\end{pmatrix}$	nein

7 a) Viereck ABCD mit D(18 | −14 | 56)
Viereck ABDC mit D(−18 | 22 | −46)
b) Viereck ABCD mit D(−109 | 201 | 17)
Viereck ABDC mit D(111 | −197 | −11)

Seite 81

8 a) Individuelle Lösung.
b) Meersburg: Der Ballon landet in der Schweiz.
Wasserburg: Der Ballon schafft es gerade bis zum Strand südlich von Rheinspitz.
c) Individuelle Lösung (Koordinaten verdoppeln sich / Richtung des neuen Vektors ist der Richtung des alten Vektors entgegengesetzt).

9 a) – c) Individuelle Lösung.
d) Der große Pfeil ist dreimal so lang wie der kleine Pfeil.

10 a) Individuelle Lösung.
b) Man benötigt zwei Vektoren.

11 $M_1(2 | 4 | -1)$, $M_2(2 | 6 | 0{,}5)$, $M_3(1 | 4 | 0{,}5)$, $M_4(2 | 2 | 0{,}5)$

a) $\overrightarrow{M_1M_2} = \begin{pmatrix}0\\2\\1{,}5\end{pmatrix}$ b) $\overrightarrow{M_2M_3} = \begin{pmatrix}-1\\-2\\0\end{pmatrix}$

c) $\overrightarrow{M_3M_4} = \begin{pmatrix}1\\-2\\0\end{pmatrix}$ d) $\overrightarrow{M_4M_1} = \begin{pmatrix}0\\2\\-1{,}5\end{pmatrix}$

3 Rechnen mit Vektoren

Seite 84

1 a) $\begin{pmatrix}4\\4\end{pmatrix}$ b) $\begin{pmatrix}2\\-1\end{pmatrix}$ c) $\begin{pmatrix}3\\5\end{pmatrix}$ d) $\begin{pmatrix}1\\5\end{pmatrix}$

2 a) $\begin{pmatrix}7\\1\\-2\end{pmatrix}$ b) $\begin{pmatrix}1\\1\\1\end{pmatrix}$ c) $\begin{pmatrix}0\\1\\-9\end{pmatrix}$ d) $\begin{pmatrix}9\\-2\\5\end{pmatrix}$

3 a) $\begin{pmatrix}7\\14\\35\end{pmatrix}$ b) $\begin{pmatrix}-3\\0\\-33\end{pmatrix}$ c) $\begin{pmatrix}10\\-5\\5\end{pmatrix}$ d) $\begin{pmatrix}2\\3\\4\end{pmatrix}$
e) $\begin{pmatrix}-7{,}5\\-8{,}25\\-9\end{pmatrix}$ f) $\begin{pmatrix}0\\0\\0\end{pmatrix}$

4 a) $\frac{1}{4}\begin{pmatrix}2\\12\\1\end{pmatrix}$ b) $\frac{1}{10}\begin{pmatrix}50\\4\\15\end{pmatrix}$ c) $4\cdot\begin{pmatrix}-2\\3\\9\end{pmatrix}$ d) $13\cdot\begin{pmatrix}3\\0\\-4\end{pmatrix}$
e) $\frac{1}{24}\begin{pmatrix}288\\-20\\-3\end{pmatrix}$ f) $\frac{1}{66}\begin{pmatrix}18\\-15\\14\end{pmatrix}$

5

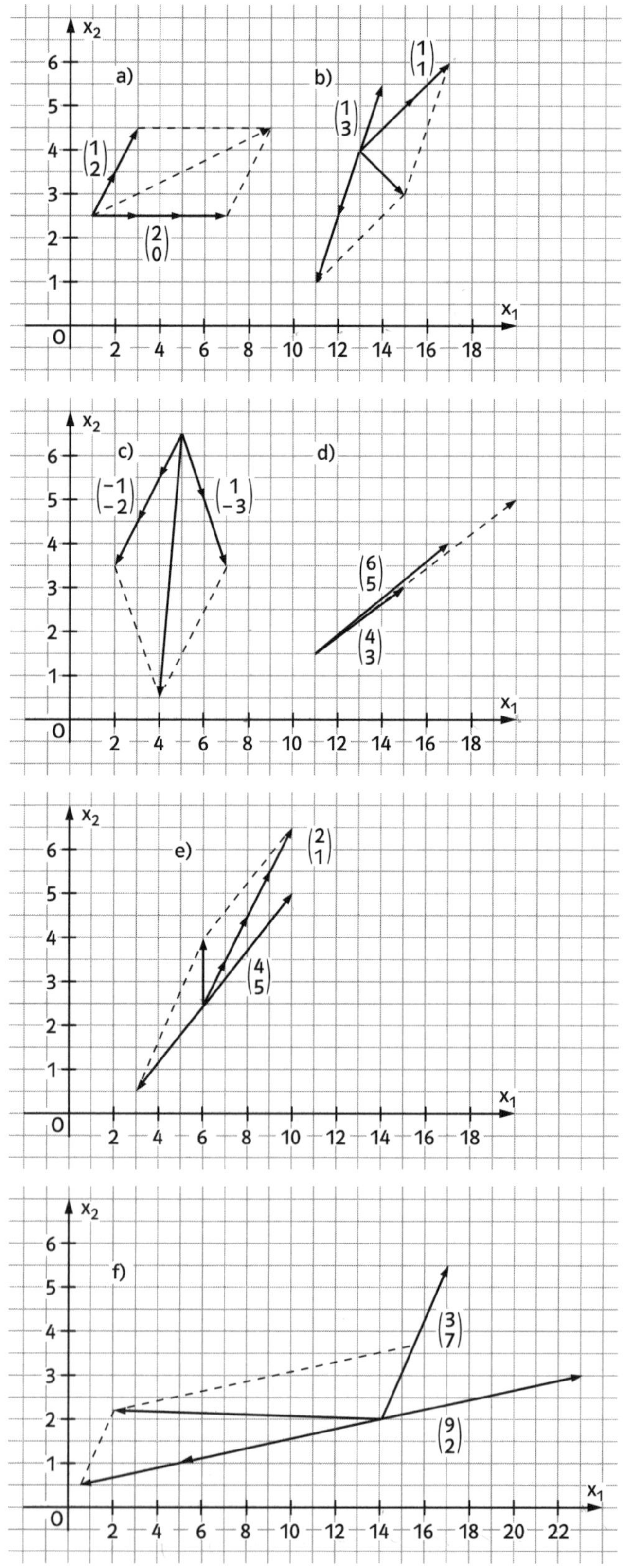

6 Zur Kontrolle der jeweiligen Zeichnung:
Der Ergebnisvektor
a) ist Ortsvektor des Punktes P(1 | 1 | 0)
b) ist Ortsvektor des Punktes P(0 | 1 | 1)
c) ist Ortsvektor des Punktes P(2 | 0 | 2)
d) ist Ortsvektor des Punktes P(2 | 0 | −1)
e) ist Ortsvektor des Punktes P(0 | 1 | 0)
f) ist Ortsvektor des Punktes P(2 | 2 | −4)

7 a) $\begin{pmatrix}-1\\2\\-7\end{pmatrix}$ b) $\begin{pmatrix}40\\-8\\4\end{pmatrix}$ c) $\begin{pmatrix}40\\20\\-10\end{pmatrix}$ d) $\begin{pmatrix}5\\4\\3\end{pmatrix}$

e) $\begin{pmatrix}-2\\16\\10\end{pmatrix}$ f) $\begin{pmatrix}6{,}4\\30\\17\end{pmatrix}$ g) $\begin{pmatrix}10\\-0{,}5\\7{,}5\end{pmatrix}$ h) $\begin{pmatrix}2\\-1{,}8\\1{,}8\end{pmatrix}$

8 a) $12\vec{a}$ b) $10\vec{d} - 10\vec{e} = 10(\vec{d} - \vec{e})$
c) $-2{,}7\vec{u} - 2{,}7\vec{v}$ d) $22{,}8\vec{a} + 8{,}4\vec{b} - 11{,}1\vec{c}$
e) $3\vec{a} + 2\vec{b}$ f) $-\vec{u} + \vec{v}$
g) $4\vec{a} + 8\vec{b}$ h) $-3\vec{a} + 3\vec{b}$
i) $9\vec{a} + 6\vec{b}$ j) $10\vec{a} - 2\vec{b}$
k) $2\vec{u} - 10\vec{v}$

9 Individuelle Lösung.

Seite 85

10 a) $M_a(2|2)$ $M_b(0{,}5|1{,}5)$ $M_c(1{,}5|0{,}5)$
b) $M_a(2|2|3)$ $M_b(0{,}5|1{,}5|2)$ $M_c(1{,}5|0{,}5|1)$
c) $M_a(3|3{,}5)$ $M_b(1{,}5|4)$ $M_c(2{,}5|2{,}5)$
d) $M_a(2|3|3)$ $M_b(2|3|2{,}5)$ $M_c(1|1|0{,}5)$

11 a) $S\left(3\,\middle|\,4\tfrac{1}{3}\right)$ b) $S\left(\tfrac{1}{3}\,\middle|\,2\tfrac{2}{3}\,\middle|\,\tfrac{2}{3}\right)$

12 M(5,5 | 6 | 6,5)

13 Individuelle Lösung.

Seite 86

15 a) $\overrightarrow{AG} = \vec{a} + \vec{b} + \vec{c}$ b) $\overrightarrow{BH} = -\vec{a} + \vec{b} + \vec{c}$
c) $\overrightarrow{EC} = \vec{a} + \vec{b} - \vec{c}$ d) $\overrightarrow{BM} = \frac{1}{2}\cdot(\vec{b} - \vec{a})$
e) $\overrightarrow{ME} = -\frac{1}{2}\vec{a} - \frac{1}{2}\vec{b} + c$

16 $\vec{a} = \begin{pmatrix}a_1\\a_2\end{pmatrix}$, $\vec{b} = \begin{pmatrix}b_1\\b_2\end{pmatrix}$, $\vec{c} = \begin{pmatrix}c_1\\c_2\end{pmatrix}$

a) $(\vec{a} + \vec{b}) + \vec{c} = \left(\begin{pmatrix}a_1\\a_2\end{pmatrix} + \begin{pmatrix}b_1\\b_2\end{pmatrix}\right) + \begin{pmatrix}c_1\\c_2\end{pmatrix} = \begin{pmatrix}a_1+b_1\\a_2+b_2\end{pmatrix} + \begin{pmatrix}c_1\\c_2\end{pmatrix}$

$= \begin{pmatrix}a_1+b_1+c_1\\a_2+b_2+c_2\end{pmatrix} = \begin{pmatrix}a_1+(b_1+c_1)\\a_2+(b_2+c_2)\end{pmatrix} = \begin{pmatrix}a_1\\a_2\end{pmatrix} + \begin{pmatrix}b_1+c_1\\b_2+c_2\end{pmatrix}$

$= \begin{pmatrix}a_1\\a_2\end{pmatrix} + \left(\begin{pmatrix}b_1\\b_2\end{pmatrix} + \begin{pmatrix}c_1\\c_2\end{pmatrix}\right) = \vec{a} + (\vec{b} + \vec{c})$

b) $r\cdot(s\cdot\vec{a}) = r\cdot\left(s\cdot\begin{pmatrix}a_1\\a_2\end{pmatrix}\right) = r\cdot\begin{pmatrix}s\cdot a_1\\s\cdot a_2\end{pmatrix} = \begin{pmatrix}r\cdot s\cdot a_1\\r\cdot s\cdot a_1\end{pmatrix} = \begin{pmatrix}s\cdot r\cdot a_1\\s\cdot r\cdot a_2\end{pmatrix}$

$= s\cdot\begin{pmatrix}r\cdot a_1\\r\cdot a_2\end{pmatrix} = s\cdot\left(r\cdot\begin{pmatrix}a_1\\a_2\end{pmatrix}\right) = s\cdot(r\cdot\vec{a})$

c) $r\cdot(\vec{a} + \vec{b}) = r\cdot\left(\begin{pmatrix}a_1\\a_2\end{pmatrix} + \begin{pmatrix}b_1\\b_2\end{pmatrix}\right) = r\cdot\begin{pmatrix}a_1+b_1\\a_2+b_2\end{pmatrix}$

$= \begin{pmatrix}r\cdot(a_1+b_1)\\r\cdot(a_2+b_2)\end{pmatrix} = \begin{pmatrix}r\cdot a_1 + r\cdot b_1\\r\cdot a_2 + r\cdot b_2\end{pmatrix} = \begin{pmatrix}r\cdot a_1\\r\cdot a_2\end{pmatrix} + \begin{pmatrix}r\cdot b_1\\r\cdot b_2\end{pmatrix}$

$= r\cdot\begin{pmatrix}a_1\\a_2\end{pmatrix} + r\cdot\begin{pmatrix}b_1\\b_2\end{pmatrix} = r\cdot\vec{a} + r\cdot\vec{b}$

$(r+s)\cdot\vec{a} = (r+s)\begin{pmatrix}a_1\\a_2\end{pmatrix} = \begin{pmatrix}(r+s)\cdot a_1\\(r+s)\cdot a_2\end{pmatrix} = \begin{pmatrix}r\cdot a_1 + s\cdot a_1\\r\cdot a_2 + s\cdot a_2\end{pmatrix}$

$= \begin{pmatrix}r\cdot a_1\\r\cdot a_2\end{pmatrix} = \begin{pmatrix}s\cdot a_1\\s\cdot a_2\end{pmatrix} = r\cdot\begin{pmatrix}a_1\\a_2\end{pmatrix} + s\cdot\begin{pmatrix}a_1\\a_2\end{pmatrix} = r\cdot\vec{a} + s\cdot\vec{a}$

17 a) Sie liegen auf der x_1-Achse.
b) Sie liegen in der x_1x_2-Ebene
c) Sie liegen in der x_1x_3-Ebene.
d) Sie liegen in der x_2x_3-Ebene.

4 Geraden

Seite 89

1 a) g: $\vec{x} = t\cdot\begin{pmatrix}2\\3\end{pmatrix}$ b) g: $\vec{x} = \begin{pmatrix}-2\\3\end{pmatrix} + t\cdot\begin{pmatrix}7\\-6\end{pmatrix}$

c) g: $\vec{x} = \begin{pmatrix}2\\0\\1\end{pmatrix} + t\cdot\begin{pmatrix}1\\0\\1\end{pmatrix}$

2

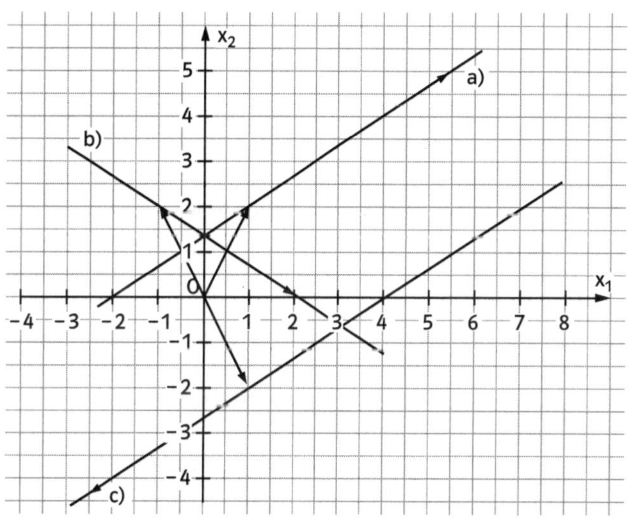

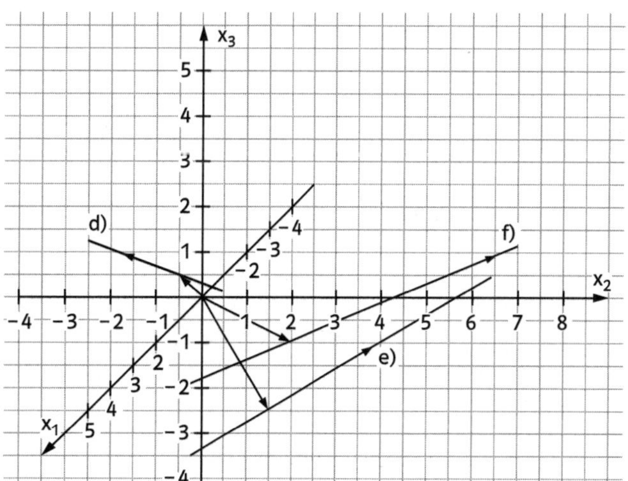

3 a) nein b) ja $(t = -1)$
c) ja $(t = -1)$ d) nein

4 a) z.B. $P(1|-3|2)$ $(t = 0)$
$Q(3|-1|4)$ $(t = 1)$
b) $R(4|0|5)$ $(t = 1{,}5)$
c) $S(0|-4|1)$ $(t = -0{,}5)$
d) Siehe Zeichnung.

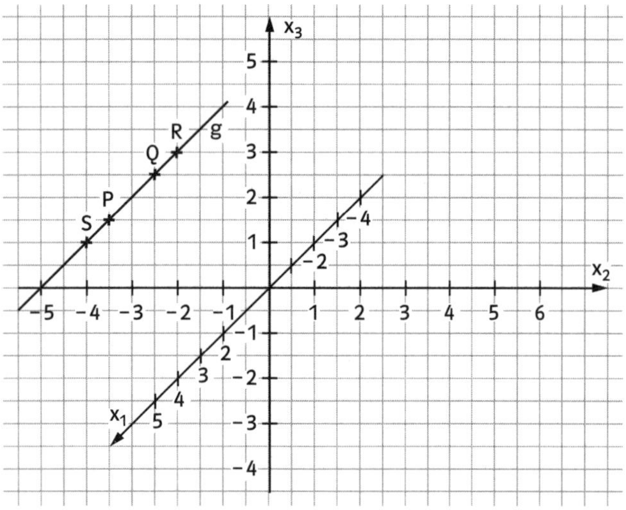

5 Individuelle Lösung.

6 w_1: $\vec{x} = t\cdot\begin{pmatrix}1\\1\end{pmatrix}$ w_2: $\vec{x} = t\cdot\begin{pmatrix}-1\\1\end{pmatrix}$

Seite 90

7 a) g: $\vec{x} = t\cdot\begin{pmatrix}1\\0\\0\end{pmatrix}$ b) g: $\vec{x} = t\cdot\begin{pmatrix}0\\1\\0\end{pmatrix}$
c) g: $\vec{x} = t\cdot\begin{pmatrix}0\\0\\1\end{pmatrix}$

8 a) Eine der Winkelhalbierenden zwischen der x_1-Achse und der x_3-Achse.
b) Eine der Winkelhalbierenden zwischen der x_2-Achse und der x_3-Achse.
c) Eine Gerade, deren senkrechte Projektion auf die Koordinatenebenen jeweils eine der entsprechenden Winkelhalbierenden ergibt.

9 a) g: $\vec{x} = \begin{pmatrix}-4\\1\\0\end{pmatrix} + t\begin{pmatrix}3\\4\\0\end{pmatrix}$; h: $\vec{x} = \begin{pmatrix}-4\\1\\3\end{pmatrix} + t\begin{pmatrix}3\\2\\-3\end{pmatrix}$;
i: $\vec{x} = \begin{pmatrix}-4\\5\\3\end{pmatrix} + t\begin{pmatrix}0\\4\\-3\end{pmatrix}$; j: $\vec{x} = \begin{pmatrix}-1\\1\\0\end{pmatrix} + t\begin{pmatrix}0\\4\\3\end{pmatrix}$
b) g: $\vec{x} = \begin{pmatrix}-2\\5\\3\end{pmatrix} + t\begin{pmatrix}2\\-2\\1\end{pmatrix}$; h: $\vec{x} = \begin{pmatrix}-2\\5\\3\end{pmatrix} + t\begin{pmatrix}-1\\1\\0\end{pmatrix}$;
i: $\vec{x} = \begin{pmatrix}-6\\5\\3\end{pmatrix} + t\begin{pmatrix}2\\2\\-1\end{pmatrix}$; j: $\vec{x} = \begin{pmatrix}-6\\5\\3\end{pmatrix} + t\begin{pmatrix}2\\-1\\-3\end{pmatrix}$

Seite 91

10 a) z.B.: $\vec{x} = \begin{pmatrix}2\\3\\4\end{pmatrix} + t\cdot\begin{pmatrix}-1\\-4\\-2\end{pmatrix}$; $\vec{x} = \begin{pmatrix}2\\3\\4\end{pmatrix} + t\cdot\begin{pmatrix}1\\4\\2\end{pmatrix}$;
$\vec{x} = \begin{pmatrix}1\\-1\\2\end{pmatrix} + t\cdot\begin{pmatrix}1\\4\\2\end{pmatrix}$

b) Man erhält die Ortsvektoren von Punkten der Geraden, wenn man für t Zahlen einsetzt.
c) $P(0|-5|0)$

11 a) ja b) nein c) nein d) ja

12 Individuelle Lösung (je nach gewählter Lage des Quaders im Koordinatensystem).

13 a) $\vec{x} = \begin{pmatrix}1\\5\end{pmatrix} + t\cdot\begin{pmatrix}7\\-2\end{pmatrix}$ mit $0 \leqq t \leqq 1$
b) Individuelle Lösung.

14 a) $y = \frac{1}{4}x + 3$ $\vec{x} = \begin{pmatrix}0\\3\end{pmatrix} + t\cdot\begin{pmatrix}4\\1\end{pmatrix}$
b) Der Quotient aus der y-Koordinate und der x-Koordinate des Richtungsvektors ist die Steigung der Geraden (mit x-Koordinate $\neq 0$).
c) Ja, man drückt die Steigung als Bruch aus. Der Zähler des Bruches entspricht der y-Koordinate und der Nenner des Bruches entspricht der x-Koordinate eines Richtungsvektors.

5 Lage von Geraden

Seite 94

1 a) $S\left(-\frac{1}{3}\middle|-\frac{2}{3}\right)$ b) $S(0|5)$
c) $S(3|-2|4)$ d) $S(3|-13|9)$

2 Die Geraden g und h
a) schneiden sich nicht.
b) schneiden sich nicht.
c) schneiden sich nicht.
d) schneiden sich nicht.

3 Die Geraden g und h schneiden sich im Punkt $S(1|2|3)$ (s. Stützvektor).
Die Geraden h und i haben den gleichen Richtungsvektor.
Also müssen laut Aufgabenstellung die Geraden g und i zueinander windschief sein.

Seite 95

4 a) g, h parallel und verschieden
b) g = h
c) g, h schneiden sich in S(0 | 3)
d) g = h

5 a) r = 3, s = −2, A(2 | 1); r = 4, t = 0, B(5 | −1); s = −1, t = 1, C(3 | 4)
b) r = −1, $s = \frac{1}{2}$, A(2 | −3 | 1); r = 3, t = −1, B(−6 | 5 | 5); s = −1, t = 0, C(5 | 3 | −8)

6 a) g und h sind parallel und verschieden.
b) g und h sind windschief.
c) g und h schneiden sich in S(2 | 1 | 3).
d) g und h schneiden sich in S(−5 | −15 | 1).

Seite 96

7 a) h: $\vec{x} = \begin{pmatrix}1\\0\\0\end{pmatrix} + t\cdot\begin{pmatrix}-7\\3\\1\end{pmatrix}$; i: $\vec{x} = t\cdot\begin{pmatrix}7\\3\\1\end{pmatrix}$;

j: $\vec{x} = \begin{pmatrix}0\\0\\1\end{pmatrix} + t\cdot\begin{pmatrix}-7\\3\\1\end{pmatrix}$

b) h: $\vec{x} = \begin{pmatrix}2\\2\\1\end{pmatrix} + t\cdot\begin{pmatrix}-1\\2\\0\end{pmatrix}$; i: $\vec{x} = t\cdot\begin{pmatrix}1\\2\\0\end{pmatrix}$;

j: $\vec{x} = \begin{pmatrix}1\\0\\0\end{pmatrix} + t\cdot\begin{pmatrix}-1\\2\\0\end{pmatrix}$

c) h: $\vec{x} = \begin{pmatrix}2\\3\\6\end{pmatrix} + t\cdot\begin{pmatrix}-1\\0\\5\end{pmatrix}$; i: $\vec{x} = t\cdot\begin{pmatrix}1\\0\\5\end{pmatrix}$; j: $\vec{x} = \begin{pmatrix}0\\1\\0\end{pmatrix} + t\cdot\begin{pmatrix}-1\\0\\5\end{pmatrix}$

8 Individuelle Lösung.

9 a) Die Geraden g: $\vec{x} = \begin{pmatrix}2\\2\\0\end{pmatrix} + r\begin{pmatrix}-2\\2\\2\end{pmatrix}$ und

h: $\vec{x} = \begin{pmatrix}0\\1\\2\end{pmatrix} + s\begin{pmatrix}1\\3\\-2\end{pmatrix}$ sind windschief.

b) Die Geraden g: $\vec{x} = \begin{pmatrix}0\\0\\2\end{pmatrix} + r\begin{pmatrix}1{,}5\\4\\-2\end{pmatrix}$ und

h: $\vec{x} = \begin{pmatrix}3\\0\\0\end{pmatrix} + s\begin{pmatrix}-3\\4\\1\end{pmatrix}$ schneiden sich in $S\left(1\middle|\frac{8}{3}\middle|\frac{2}{3}\right)$.

10 a) Man kann das Koordinatensystem so legen, dass der Ursprung in der hinteren, unteren, verdeckten Ecke des Würfels liegt und die Koordinatenachsen entlang der angrenzenden Würfelkanten verlaufen. Eine Einheit ist die Kantenlänge eines kleinen Würfels.
Eckpunkte: (0 | 0 | 0); (0 | 3 | 0); (3 | 3 | 0); (3 | 0 | 0); (0 | 0 | 3); (0 | 3 | 3); (3 | 3 | 3); (3 | 0 | 3)

b) P_1(3 | 0 | 2); P_2(3 | 0 | 1); E_1(3 | 3 | 3); E_2(0 | 3 | 3); E_3(2 | 2 | 2)

Gerade g durch E_1 und E_3: $\vec{x} = t\cdot\begin{pmatrix}1\\1\\1\end{pmatrix}$

Gerade h durch P_1 und E_2: $\vec{x} = \begin{pmatrix}3\\0\\2\end{pmatrix} + t\cdot\begin{pmatrix}-3\\3\\1\end{pmatrix}$

Gerade i durch P_2 und E_2: $\vec{x} = \begin{pmatrix}3\\0\\1\end{pmatrix} + t\cdot\begin{pmatrix}-3\\3\\2\end{pmatrix}$

g und h sind zueinander windschief.
g und i sind zueinander windschief.
h und i schneiden sich in E_2.

11 Teilt man die y-Koordinate des Richtungsvektors durch die x-Koordinate des Richtungsvektors, so erhält man 3,5. Da dies auch die Steigung der anderen Geraden ist, schneiden sich die beiden Geraden nicht.

Wiederholen – Vertiefen – Vernetzen

Seite 97

1 Die Punkte liegen auf „Raumdiagonalen". Das heißt: Die senkrechten Projektionen dieser Geraden auf die Koordinatenebenen ergeben die jeweiligen Winkelhalbierenden zwischen den Achsen.

2 Individuelle Lösungen (je nach Wahl des Koordinatensystems).

3 a) A′(2 | 0 | 0), B′(−1 | 2 | 1), C′(−2 | 3 | −4), D′(3 | 4 | 2)
b) A′(−2 | 0 | 0), B′(1 | 2 | −1), C′(2 | 3 | 4), D′(−3 | 4 | −2)

4 $\vec{c} = -\vec{b}$; $\vec{d} = -\vec{a}$; $\vec{e} = \vec{b} - \vec{a}$
b) $\vec{a} = -\vec{d}$; $\vec{b} = \vec{e} - \vec{d}$; $\vec{c} = \vec{d} - \vec{e}$

5 Individuelle Lösungen (je nach Wahl des Koordinatensystems).

Die Lösungen der Aufgaben 6 bis 8 befinden sich im Schulbuch auf S. 211.

Seite 98

9 Individuelle Lösungen (je nach Wahl des Koordinatensystems).

10 Individuelle Lösungen (je nach Wahl des Koordinatensystems).

11 a) $\vec{x} = t\begin{pmatrix}4\\1\end{pmatrix}$ b) $\vec{x} = \begin{pmatrix}0\\-1\\2\end{pmatrix} + t\begin{pmatrix}-7\\0\\3\end{pmatrix}$

12 a = 1; Schnittpunkt $S\left(\frac{2}{3}\middle|\frac{2}{3}\middle|\frac{5}{3}\right)$
$\left(a = \frac{2}{3};\ S(1{,}5\,|\,1{,}5\,|\,1)\right)$

Seite 99

13 Definiert man ein Koordinatensystem so, dass der Ursprung mit der hinteren linken Würfelecke zusammenfällt und wählt man als Längeneinheit die Länge einer Würfelkante, dann sind folgende Geraden zu betrachten:

g: $\vec{x} = t\cdot\begin{pmatrix}1\\1\\1\end{pmatrix}$ und h: $\vec{x} = \begin{pmatrix}1\\0{,}5\\0\end{pmatrix} + t\cdot\begin{pmatrix}-1\\0\\1\end{pmatrix}$;
g und h schneiden sich im Punkt S(0,5 | 0,5 | 0,5).

14 Die Geraden g: $\vec{x} = \begin{pmatrix}-3\\0\\0\end{pmatrix} + s\begin{pmatrix}0\\6\\5\end{pmatrix}$ und

h: $\vec{x} = \begin{pmatrix}-6\\4\\0\end{pmatrix} + t\begin{pmatrix}4{,}5\\-3{,}5\\2{,}5\end{pmatrix}$ sind windschief.

15 g, h schneiden sich in $S\left(\frac{2}{3}\middle|\frac{7}{3}\middle|\frac{2}{3}\right)$;
g, i schneiden sich in $T\left(1\middle|3\middle|\frac{1}{2}\right)$;
g, k sind windschief.
h, i schneiden sich in E;
h, k schneiden sich in B;
i, k sind windschief.

16 a) Für t = −1 schneiden sich g_{-1} und h_{-1} in S(−1 | 9 | 2) (r = 2; s = −3).
Für t ≠ −1 sind g_t und h_t windschief.
Beachten Sie: Für t = −2 sind g_{-2} und h_{-2} parallel.
b) Für $t = \frac{5}{2}$ schneiden sich $g_{\frac{5}{2}}$ und $h_{\frac{5}{2}}$ in $S\left(\frac{5}{3}\middle|\frac{20}{3}\middle|\frac{16}{3}\right)$ $\left(r = -\frac{4}{9};\ s = \frac{1}{3}\right)$.
Für t ≠ −2 und $t \neq \frac{5}{2}$ sind g_t und h_t windschief.

17 a) $a = -\frac{3}{4}$; b = 9; $c = \frac{13}{4}$; $d = \frac{4}{3}$
b) b = 9; $d = \frac{4}{3}$; weiterhin muss gelten $a \neq -\frac{3}{4}$ oder $c \neq \frac{13}{4}$.
c) Ist b = 9 und $d \neq \frac{4}{3}$, dann muss 3a + c = 1 gelten, damit ein Schnittpunkt existiert.
Ist b ≠ 9 und $d \neq \frac{4}{3}$, dann lautet die Bedingung für die Existenz eines Schnittpunkts:
abd + 3cd − 12a + b − 4c − 3d − 5 = 0.
d) b = 9; $d \neq \frac{4}{3}$; 3a + c ≠ 1 oder b ≠ 9; $d \neq \frac{4}{3}$;
abd + 3cd − 12a + b − 4c − 3d − 5 ≠ 0

18 a) Der Punkt P hat die x_3-Koordinate 0.
b) Die Gerade h durchstößt die x_1x_2-Ebene im Punkt R(−12 | 38 | 0), die x_2x_3-Ebene im Punkt S(0 | 8 | 6) und die x_1x_3-Ebene im Punkt $R\left(3\frac{1}{5}\middle|0\middle|7\frac{3}{5}\right)$.
c) z. B.: $\vec{x} = \begin{pmatrix}0\\0\\1\end{pmatrix} + r\cdot\begin{pmatrix}1\\0\\0\end{pmatrix}$

d) z. B.: $\vec{x} = \begin{pmatrix}1\\0\\1\end{pmatrix} + r\cdot\begin{pmatrix}0\\1\\0\end{pmatrix}$

Exkursion: Entdeckungen – Vektoren in anderen Zusammenhängen

Seite 100

1 Werden a Pakete 1 und b Pakete 2 und c Pakete 3 bestellt, so ist die gesuchte Gleichung
$\vec{x} = a\cdot\begin{pmatrix}2\\4\\3\\1\end{pmatrix} + b\cdot\begin{pmatrix}3\\5\\1\\1\end{pmatrix} + c\cdot\begin{pmatrix}1\\1\\3\\5\end{pmatrix}$

Seite 101

2 Der Mann wird mit ca. 6,6 kN in die Richtung der Diagonalen des Parallelogramms gezogen, bei dem die Hundeleinen jeweils eine Seite festlegen.

3 Das Boot würde mit $\sqrt{26}\,\frac{km}{h}$, also ca. $5{,}1\,\frac{km}{h}$, relativ zum stehenden Wasser fahren. Seine Richtung wäre „schräg" zum Ufer und „schräg" entgegen der ursprünglichen Fließrichtung des Wassers.

IV Funktionsklassen

1 Exponentialfunktionen

Seite 107

1 a) $f(x) = 3^x$, monoton zunehmend
b) $f(x) = 0{,}25^x$, monoton abnehmend
c) $f(x) = \sqrt{6}^x$, monoton zunehmend
d) $f(x) = \left(\frac{1}{3}\right)^x$, monoton abnehmend

2 $f(x) = \left(5^{\frac{1}{3}}\right)^x$; $f(0{,}8) = 1{,}536$; $f(-1{,}25) = 0{,}511$

3 a) $f\left(\frac{3}{24}\right) = 19{,}8721$; $f\left(\frac{4}{24}\right) = 19{,}8298$;
$f\left(\frac{8}{24}\right) = 19{,}6610$; $f\left(\frac{16}{24}\right) = 19{,}3277$; $f(1) = 19$
b) $f(-1) = 21{,}0526$: $f(-2) = 22{,}1607$; $f(-3) = 23{,}3270$
c) tägliche Abnahme: 5%
wöchentliche Abnahme: 30,17%

Seite 108

4 Fig. 1: $f(x) = 2\cdot 3^x$, Fig. 2: $f(x) = 0{,}5\cdot 2^x$,
Fig. 3: $f(x) = 4\cdot 1{,}5^x$, Fig. 4: $f(x) = \left(\frac{1}{5}\right)^x$

5 a) $3000\cdot 1{,}04^{500} = 9{,}85\cdot 10^{11}$. Der Betrag ist auf fast eine Billion Dollar angewachsen.
b) Nach gut 148 Jahren erreichte das Guthaben die Millionengrenze.
c) Jeweils alle 17,7 Jahre verdoppelt sich das Kapital.

6 a) $K(t) = 1000\cdot 1{,}025^t$
b) Nach einem Jahr 1025 €, nach zwei Jahren 1050,62 € und nach dreieinhalb Jahren 1090,27 €

7 a) Bei der Funktion, die zum blauen Graphen gehört, ist der Wachstumsfaktor am größten, bei der Funktion, die zum grünen Graphen gehört, ist er am kleinsten.
b) Der Wachstumsfaktor der einen Funktion ist der Kehrwert des Wachstumsfaktors der anderen.
c) Beim grünen und blauen Graphen ist der zugehörige Anfangswert identisch, der zum roten Graphen gehörende Anfangswert ist doppelt so groß.

8 a) $f(t) = 12\,000\cdot 4^x$; $f(1{,}25) = 67\,882{,}25$. Anfang April waren rund 68 000 Artikel online.
b) $f(1{,}53) = 100\,000$. Etwa Mitte 2004 waren 100 000 Artikel online.

2 Ganzrationale Funktionen

Seite 110

1 a) $x = 4{,}8$;
b) $\frac{1}{2} + \frac{\sqrt{57}}{6}$, $\frac{1}{2} - \frac{\sqrt{57}}{6}$;
c) $x_1 = \frac{1}{2}$; $x_2 = 2$;
d) $x = 0$;
e) $x = 3$;
f) $x_1 = -\sqrt{2}$; $x_2 = \sqrt{2}$

2 a) $x^2 + 5x - 2$;
b) $2x^2 - 6x + 3$
c) $x^2 - 3x - 2$;
d) $x^3 - 4x - 1$

Seite 111

3 a) Polynomdivision: $f(x)$: $(x - 2) = x^2 - 3x - 5$
Nullstellen: 2, $\frac{3}{2} + \frac{\sqrt{29}}{2}$, $\frac{3}{2} - \frac{\sqrt{29}}{2}$
b) Polynomdivision: $f(x)$: $(x + 3) = 3x^2 - 24x + 6$
Nullstellen: -3, $4 + \sqrt{14}$, $4 - \sqrt{14}$
c) x Ausklammern liefert $x_1 = 0$
Polynomdivision: $(x^3 - x^2 - 7x - 2) : (x + 2)$
$= x^2 - 3x - 1$
Nullstellen: 0, -2, $\frac{3}{2} + \frac{\sqrt{13}}{2}$, $\frac{3}{2} - \frac{\sqrt{13}}{2}$
d) Polynomdivision: $f(x)$: $(x - 2) = x^4 + 3x^2 - 10$
Nullstellen: 2, $\sqrt{2}$, $-\sqrt{2}$

4 a) $x_1 = -1{,}320$
b) $x_1 = -0{,}4746$; $x_2 = 1{,}395$
c) $x_1 = -2{,}659$; $x_2 = 1{,}292$; $x_3 = 2{,}096$
d) $x_1 = -2{,}43$; $x_2 = -0{,}940$; $x_3 = 0{,}940$; $x_4 = 2{,}43$

5 f(x): Graph A); g(x): Graph C);
h(x): Graph B); i(x): Graph D)

6 a) Individuelle Lösung.
b) vier Nullstellen: $f(x) = x^4 - 5x^2 + \sqrt{6}$
Mehr als vier Nullstellen sind nicht möglich, da der höchste Grad 4 ist.

7 a) f_1: $x_1 = 0$; $x_2 = \sqrt{2}$; $x_3 = -\sqrt{2}$
f_2: $x = 2$
f_3: $x_1 = 0$; $x_2 = -\sqrt{6}$; $x^3 = \sqrt{6}$
b) zum Beispiel
$f(x) = (x - 4)x^2 + 5$ oder $f(x) = (x - 4)^3 + 5$

8 a) Polynomdivison: $f(x)$: $(x + 2) = x^2 - 4x + 5$
$x^2 - 4x + 5 = 0$ besitzt keine weitere Lösung
b) Gleichung für g: $y = 2x + 4$
Schnittpunkte: $S_1\,(-2\,|\,0)$; $S_2\,(1\,|\,6)$; $S_3\,(3\,|\,10)$

9 a) $t = 2$: $x_1 = 0$
$t = 10$: $x_1 = 0$; $x_2 = 1$; $x_3 = 4$
$t = -10$: $x_1 = -4$; $x_2 = -1$; $x_3 = 0$

b) Ausklammern von x ergibt die Nullstelle $x_1 = 0$.
$2x^2 - tx + 8$ führt mit der abc-Formel auf
$x_{2/3} = \frac{t \pm \sqrt{t^2 - 64}}{4}$.
Hieraus ergeben sich zwei weitere Lösungen, wenn die Diskriminante größer als 0 ist, also $|t| > 8$.
c) Die Polynomdivision $(2x^2 - tx + 8) : (x - 2)$ darf keinen Rest haben.
Hieraus ergibt sich $t = 8$.

3 Eigenschaften ganzrationaler Funktionen

Seite 113

1 a) symmetrisch zur y-Achse
b), c) und e) weder symmetrisch zu y-Achse noch zum Ursprung
d) und f) symmetrisch zum Ursprung

Seite 114

2 a)

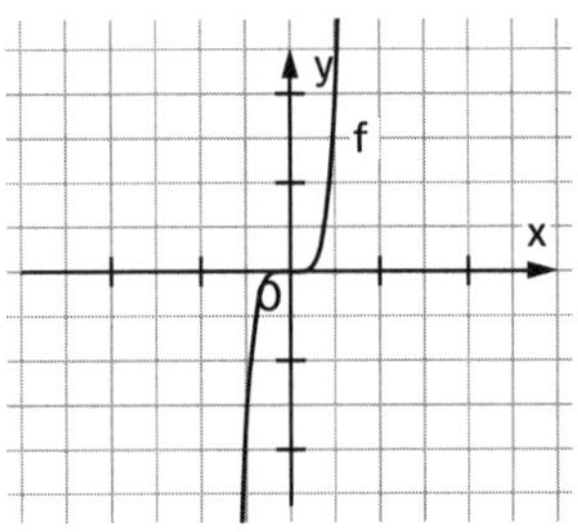

b)

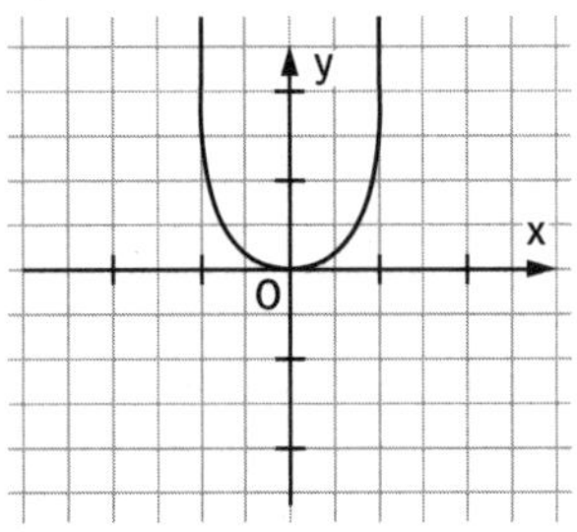

c)

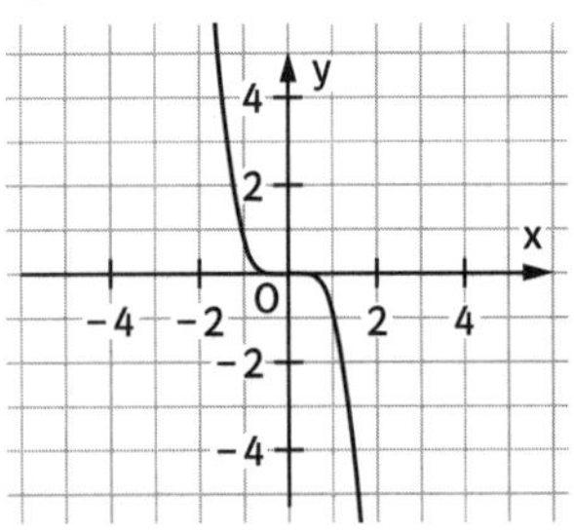

d)

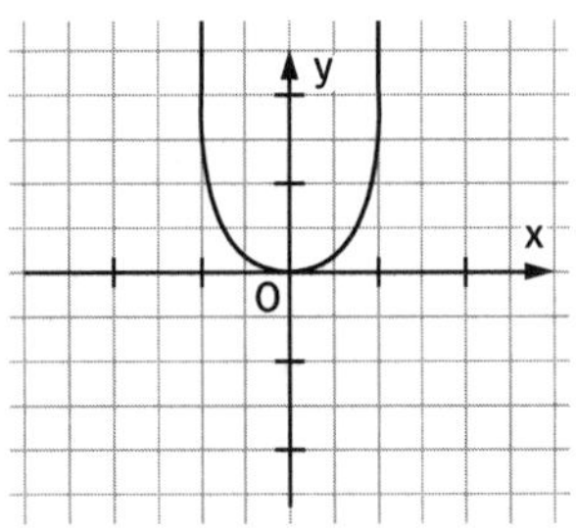

e)

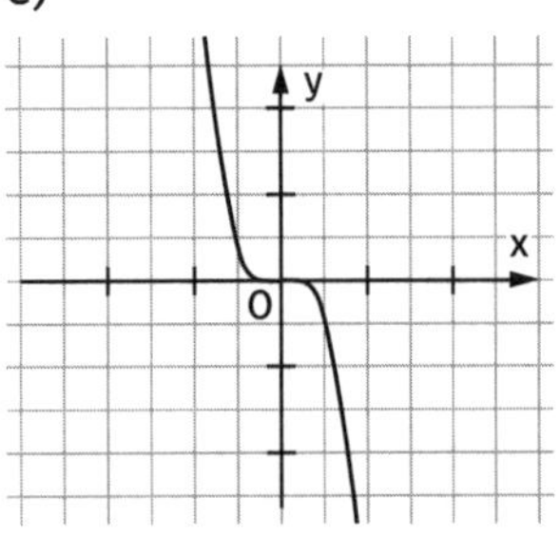

f)

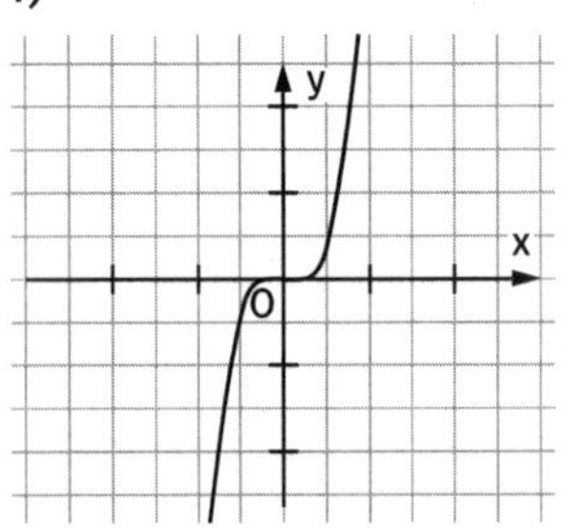

3 a) $f(x) = -2x^3 + 5x^2 + 4x - 3$
Für $x \to \infty$ gilt $f(x) \to -\infty$ und für $x \to -\infty$ gilt $f(x) \to \infty$.
Für x nahe 0 verhält sich der Graph von f wie die Gerade mit der Gleichung $y = 4x - 3$.
Nullstellen: $x_1 = 0{,}5$; $x_2 = -1$; $x_3 = 3$

Skizze:

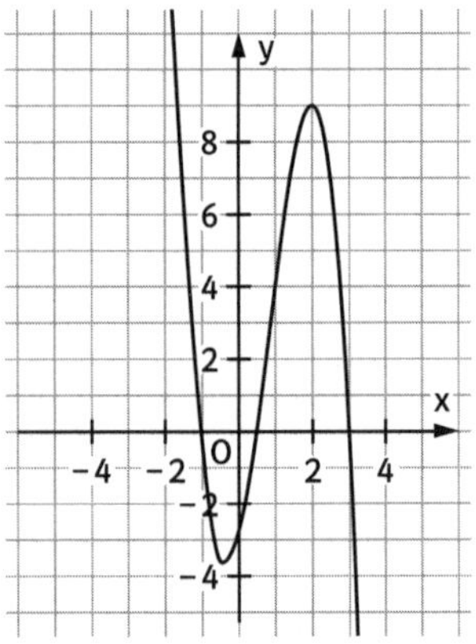

b) $f(x) = x^4 + 6x^3 + 7x^2 - 12x - 18$
für $x \to \pm\infty$ gilt $f(x) \to \infty$
Für x nahe 0 verhält sich der Graph von f wie die Gerade mit der Gleichung $y = -12x - 18$.
Nullstellen: $x_1 = -\sqrt{2}$; $x_2 = \sqrt{2}$; $x_3 = -3$
Skizze:

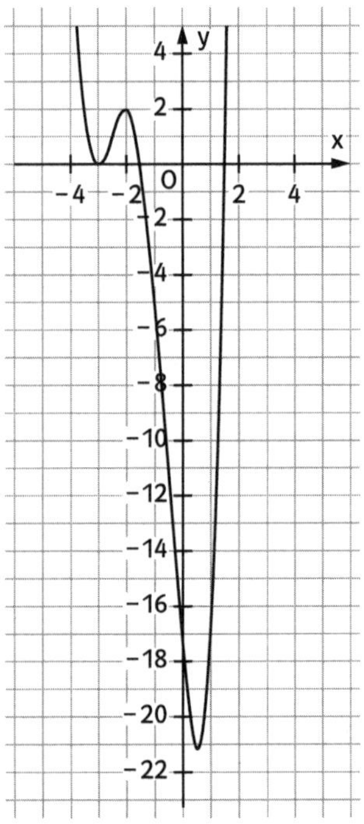

c) $f(x) = x^2(x - 1)$
Für $x \to \infty$ gilt $f(x) \to \infty$ und für $x \to -\infty$ gilt $f(x) \to -\infty$
Für x nahe 0 verhält sich der Graph von f wie die Parabel mit der Gleichung $y = -x^2$.
Nullstellen: $x_1 = 0$; $x_2 = 1$
Skizze:

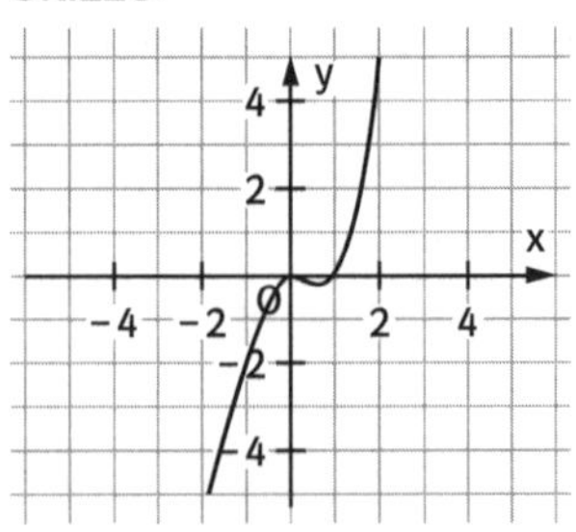

d) $f(x) = -x^2(x^2 - 2)$
Für $x \to \pm\infty$ gilt $f(x) \to -\infty$.
Für x nahe 0 verhält sich der Graph von f wie die Parabel mit der Gleichung $y = 2x^2$.
Nullstellen: $x_1 = 0;\ x_2 - \sqrt{2};\ x_3 = \sqrt{2}$
Skizze:

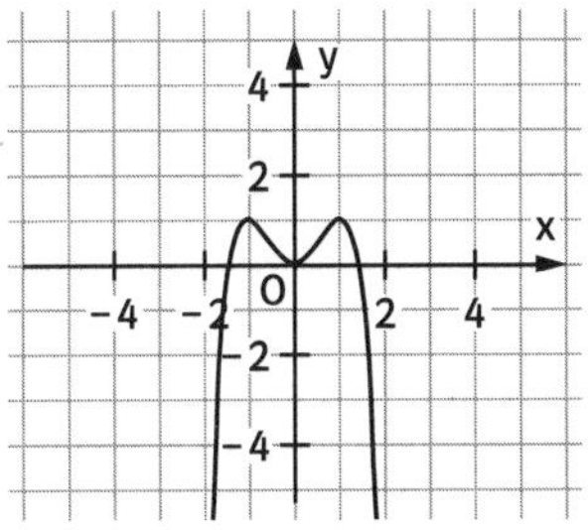

4 Individuelle Lösungen.

5 a) 1); 5) b) 2); 3); 4); 5)

6 Lösungsvorschläge:
a) $f(x) = -x^2$
b) $f(x) = -x^4 + x^2$
c) $f(x) = x^3$
d) $f(x) = x^5 - x$

Seite 115

7 a) Für für $x \to \pm\infty$ gilt entweder $f(x) \to \infty$ oder $f(x) \to -\infty$.
Im ersten Fall müsste f zunächst ein Minimum haben, dann ein Maximum. Damit f(x) für $x \to \infty$ aber wieder gegen ∞ strebt, muss f ein weiteres Minimum besitzen.
Skizze:

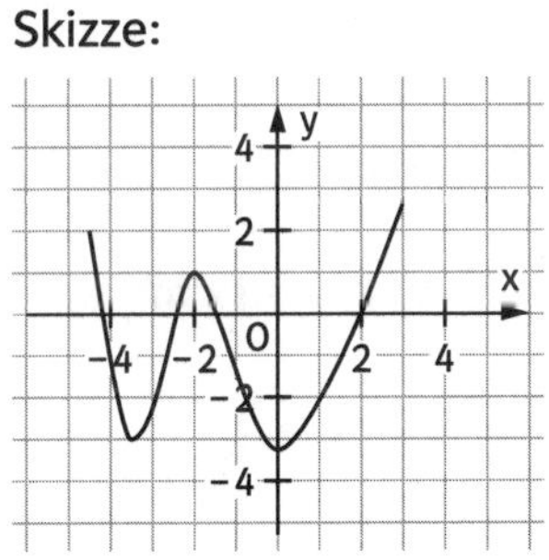

b) Eine Funktion mit ungeradem Grad wechselt wegen ihres Verhaltens für große x mindestens einmal das Vorzeichen. Also muss der Graph mindestens einmal die x-Achse schneiden. Somit hat die Funktion mindestens eine Nullstelle.

8 $y_1 = x^3 + x$
$y_2 = x^4 - 0{,}5x^3 - 3x^2 + 2$
$y_3 = -x^5 + 3x^3 - 1{,}5x$
$y_4 = -x^5 - 0{,}5x^4 + x^3 + 2x^2 - 1$

9 a) Der angezeigte Graph sieht aus wie der Graph einer ganzrationalen Funktion mit ungeradem Grad, z. B. Grad 3.
b) z. B. $X_{min} = -70;\ X_{max} = 20;\ Y_{min} = -15\,000;\ Y_{max} = 10\,000$
Die Extremstelle zwischen 0 und 1 ist bei dieser Skalierung der y-Achse allerdings nicht mehr zu erkennen.
c) z. B. $f(x) = \frac{1}{50}x^5 + \frac{1}{2}x^4 - x^2 + 1$

10 Es kommen y_1, y_3 und y_5 in Frage.

11 a) Punktsymmetrie für $t = 0$
b) Achsensymmetrie für $t = 1$
c) Punktsymmetrie für ungerade t
d) Achsensymmetrie für $t = 2$

4 Verschieben und Strecken von Graphen

Seite 117

1 a) Streckung in y-Richtung mit dem Faktor 2
b) Streckung in y-Richtung mit dem Faktor 1,5
c) Stauchung in y-Richtung mit dem Faktor $\frac{1}{6}$
d) Spiegelung an der x-Achse und Stauchung mit dem Faktor 0,5

Seite 118

2 a) $f(x) = (x - 1)^2 + 2$ b) $f(x) = (x - 2)^2 + 1$
c) $f(x) = \frac{1}{x+1} + 2$ d) $f(x) = 5^{x-2} - 3$
e) $f(x) = \frac{1}{\left(x - \frac{1}{2}\right)^2} - \frac{5}{2}$ f) $f(x) = \left(x - \sqrt{2}\right)^4 - 3$

3 $g(x) = 3^x - 2$

4 a) $g(x) = 2(x^4 - 2x^2) - 1 = 2x^4 - 4x^2 - 1$

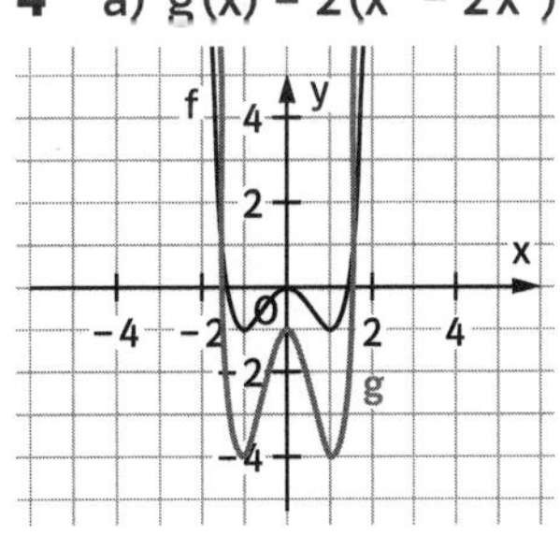

b) $g(x) = -f(x - 1) = -(x - 1)^4 + 2(x - 1)^2$
$= -x^4 + 4x^3 - 4x^2 + 1$

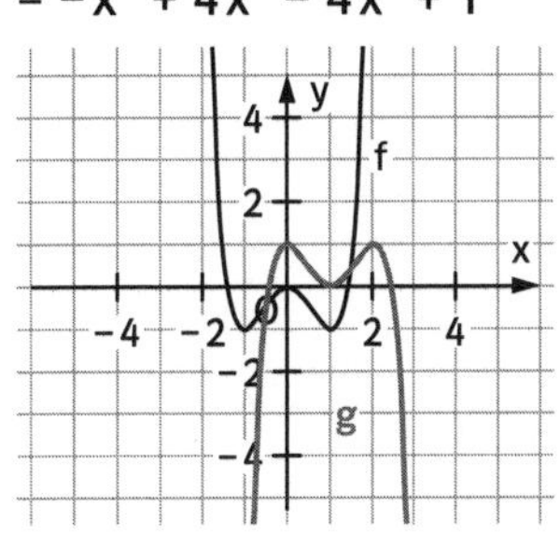

5 a) $f(x) = (x-2)^3 - 2(x-2)^2 + 3$
b) $f(x) = (x+1)^3 - 2(x+1)^2 + 4$
c) $f(x) = (x+2)^3 - 2(x+2)^2 - 2$
d) $f(x) = (x-1)^3 - 2(x-1)^2 + 1$

6 a) Man erhält den Graphen von g, wenn man den Graphen von f mit dem Faktor 0,2 in y-Richtung staucht.
$g(x) = 0{,}2x^3 - 0{,}6x^2$
b) Man erhält den Graphen von h, indem man den Graphen von f um 1 nach rechts und um 3 nach unten verschiebt.
$h(x) = (x+1)^3 - 3(x+1)^2 - 3 = x^3 - 3x - 5$
c)

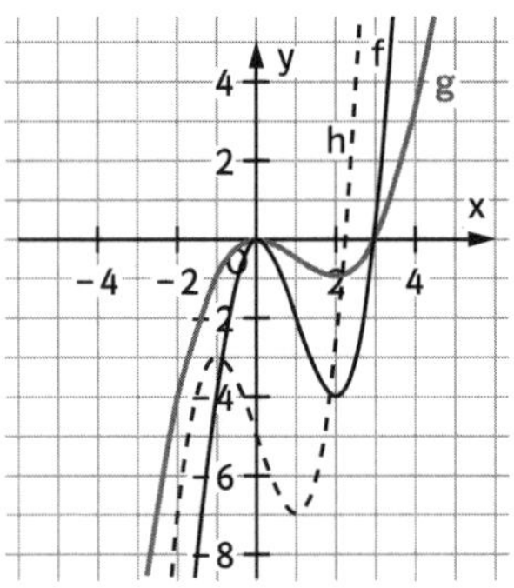

5 Sinus- und Kosinusfunktion

Seite 121

1 30° und $\frac{3\pi}{4}$ besitzen keine Entsprechung.
Es gehören zusammen: $\frac{\pi}{2}$ und 90° sowie $\frac{\pi}{4}$; 45°; $\frac{9\pi}{4}$ und $-\frac{7\pi}{4}$.

2 a) 0,7547 b) −0,0192 c) −0,5000
d) 0,7071 e) −0,6018 f) 0,5000

3 a) > 0 b) > 0 c) > 0 d) < 0
e) < 0 f) > 0 g) > 0 h) < 0

4 a) $x_1 = 0{,}3576$; $x_2 = 2{,}7840$
b) $x_1 = 2{,}1895$; $x_2 = 4{,}094$
c) $x_1 = 3{,}4150$; $x_2 = 6{,}0098$
d) $x_1 = 0{,}8763$; $x_2 = 5{,}4069$

5 Es gehören zusammen:
1): $\sin(30°)$; $\cos\left(\frac{7\pi}{3}\right)$
2): $\sin\left(\frac{\pi}{4}\right)$; $\cos\left(-\frac{\pi}{4}\right)$; $\cos\left(\frac{\pi}{4}\right)$
3): $\cos(3\pi)$
4): $\cos(0)$; $\sin(90°)$

6 a) Sinusfunktion
Extrempunkte:
$T_1\left(-\frac{\pi}{2}\middle|-1\right)$; $H_1\left(\frac{\pi}{2}\middle|1\right)$; $T_2\left(\frac{3\pi}{2}\middle|-1\right)$; $H_2\left(\frac{5\pi}{2}\middle|1\right)$
Schnittpunkte mit der x-Achse:
$S_1(-\pi|0)$; $S_2(0|0)$; $S_3(\pi|0)$; $S_4(2\pi|0)$; $S_5(3\pi|0)$
b) Kosinusfunktion
Extrempunkte:
$T_1(-\pi|-1)$; $H_1(0|1)$; $T_2(\pi|-1)$; $H_2(2\pi|1)$; $T_3(3\pi|-1)$
Schnittpunkte mit der x-Achse:
$S_2\left(-\frac{\pi}{2}\middle|0\right)$; $S_2\left(\frac{\pi}{2}\middle|0\right)$; $S_3\left(\frac{3\pi}{2}\middle|0\right)$; $S_4\left(\frac{5\pi}{2}\middle|0\right)$

7 a) gelb: $\sin(\pi - x) = -\sin(\pi + x)$
grün: $\sin\left(\frac{\pi}{2} - x\right) = \sin\left(\frac{\pi}{2} + x\right)$
b) zum Beispiel:
$\cos(x) = \cos(-x)$; $\cos\left(\frac{\pi}{2} - x\right) = -\cos\left(\frac{\pi}{2} + x\right)$

8 a) 1) $\sin\left(\frac{\pi}{2}\right) = 1$; $\cos(0) = 1 \Longrightarrow b = 0$
2) $\sin\left(\frac{3\pi}{4}\right) = \frac{1}{2}\sqrt{2}$; $\cos\left(\frac{\pi}{4}\right) \Longrightarrow b = \frac{\pi}{4}$
(3) $\sin(1{,}9043) = 0{,}9449$; $\cos(0{,}3335) = 0{,}9449$
$\Longrightarrow b = 0{,}3335$
4) $\sin(2{,}5555) = 0{,}5531$; $\cos(0{,}9847) = 2{,}5555$
$\Longrightarrow b = 0{,}9847$
b) Die Differenz zwischen a und b beträgt immer $\frac{\pi}{2}$.

Seite 122

9 a) Fig. 1: $\sin(x) = \sin(2\pi - x)$ und
$\cos(x) = -\cos(2\pi - x)$
Fig. 2: $\sin(x) = -\sin(\pi + x)$ und
$\cos(x) = -\cos(\pi + x)$
b) Individuelle Lösungen.

10 Sinusfunktion: 2); 3); 4); 5); 6); 7); 8)
Kosinusfunktion: 1); 2); 8)

11 1. Quartett: $\alpha = 60°$; $\sin(x) = \frac{1}{2}\sqrt{3}$;
$\cos(x) = \frac{1}{2}$; $x = \frac{\pi}{3}$
2. Quartett: $\sin(x) = 0{,}14$; $\alpha = 171{,}89°$;
$\cos(x) = -0{,}99$; $x = 3$
3. Quartett: $\sin(x) = -0{,}84$; $x = -1$; $\alpha = 302{,}70°$;
$\cos(x) = -0{,}54$
4. Quartett: $\cos(x) = \frac{1}{2}\sqrt{3}$; $\alpha = -30°$; $x = \frac{11\pi}{6}$;
$\sin(x) = -\frac{1}{2}$

6 Ableitung der Sinus- und Kosinusfunktion

Seite 124

1 a) $f'(x) = 12 \cdot \cos(x)$ b) $f'(x) = 2 \cdot \sin(x)$
c) $f'(x) = -\sqrt{5} \cdot \sin(x)$ d) $f'(x) = \frac{1}{\pi} \cdot \cos(x)$
e) $f'(x) = 15x^2 - \cos(x)$ f) $f'(x) = -2 \cdot \sin(x) - \cos(x)$

2 a) 9 b) 0 c) 5
d) 2π e) $-\frac{1}{\pi^2} - \frac{1}{2}$ f) $-\frac{4}{\pi^3} - 2$

3 a) $y = \frac{\sqrt{2}}{2}x - \frac{7\sqrt{2}\pi}{8} + \frac{\sqrt{2}}{2}$
b) $y = \frac{3}{2}x - \frac{5\pi}{2} - \frac{3\sqrt{3}}{2}$
c) $y = (1 + \sqrt{2})x - \frac{1}{4}\sqrt{2}\pi + \sqrt{2}$

4 a) $H\left(\frac{\pi}{2}\middle|1\right)$; $T\left(\frac{3\pi}{2}\middle|-1\right)$
b) $H\left(\frac{\pi}{4}\middle|\sqrt{2}\right)$; $T\left(\frac{5\pi}{4}\middle|-\sqrt{2}\right)$
c) $H(2{,}0344\,|\,2{,}2361)$; $T(5{,}1760\,|\,-2{,}2361)$
d) $H(0{,}5236\,|\,4{,}5113)$; $T(2{,}6180\,|\,1{,}7719)$

5 a) $\cos(x) = 1$, also $x_1 = 0$ und $x_2 = 2\pi$, also $P_1(0\,|\,0)$; $P_2(2\pi\,|\,0)$
b) $\cos(x) = 0$, also $x_1 = \frac{\pi}{2}$, $x_2 = \frac{3\pi}{2}$, also $P_1\left(\frac{\pi}{2}\middle|1\right)$; $P_2\left(\frac{3\pi}{2}\middle|-1\right)$
c) $\cos(x) = \frac{1}{2}$, also $x_1 = \frac{\pi}{3}$; also $x_2 = \frac{5\pi}{3}$, also $P_1\left(\frac{\pi}{3}\middle|\frac{1}{2}\sqrt{3}\right)$; $P_2\left(\frac{5\pi}{3}\middle|-\frac{1}{2}\sqrt{3}\right)$

6 Die Ableitung der Sinusfunktion ist die Kosinusfunktion. Da der Kosinus nur Werte zwischen −1 und 1 annimmt, kann die Steigung des Graphen der Sinusfunktion nie größer als 1 sein.
Entsprechend ist die minimale Steigung −1.

7 a) $f'(x) = 1 + \cos(x)$; $f'(x) = 2 \Longrightarrow x = 0 + 2\pi k$; $k \in \mathbb{Z}$
$g'(x) = 1 - \sin(x)$; $g'(x) = 2 \Longrightarrow x = \frac{3\pi}{2} + 2\pi k$; $k \in \mathbb{Z}$
b) Da die Kosinusfunktion für alle x gößer oder gleich −1 ist, kann f′ nie kleiner als 0 werden. Also besitzt die Ableitungsfunktion keinen VZW. Also besitzt der Graph von f keine Extrempunkte.
Da die Sinusfunktion immer größer oder gleich 1 ist, kann auch g′ nie negativ werden und somit besitzt g′ keinen VZW und der Graph von g keine Extrempunkte.

8 a) $P(0{,}7391\,|\,1{,}3472)$; $Q(0{,}7391\,|\,0{,}5462)$
b) $P_1(-0{,}8489\,|\,0{,}5711)$; $Q_1(-0{,}8489\,|\,-0{,}6118)$
$P_2(0{,}3231\,|\,2{,}2140)$; $Q_2(0{,}3231\,|\,0{,}0337)$

9 a) Das Pendel befindet sich in Nulllage für $s(t) = 0$, also π; 2π; …
b) Die Ausschläge sind maximal, wenn $|s(t)|$ maximal ist, also wenn die Sinusfunktion die Werte 1 bzw. −1 annimmt, also für $t = \frac{\pi}{2}$; $\frac{3\pi}{2}$; $\frac{5\pi}{2}$; …
Die Momentangeschwindigkeit v(t) entspricht der Ableitung von s: $v(t) = s'(t) = a \cdot \cos(t)$. Für die oben angegebenen Zeitpunkte ergibt sich $v(t) = 0$.
c) $v(0) = v(2\pi) = \ldots = a$
$v(\pi) = v(3\pi) = \ldots = -a$. Negative Geschwindigkeit bedeutet, dass das Pendel in die andere Richtung schwingt.

10 Die zum roten und zum schwarzen Graphen gehörenden Funktionen besitzen die Sinusfunktion als Ableitungsfunktion.

7 Periode und Amplitude

Seite 126

1

	Amplitude	Periode
a)	1	2π
b)	4	2π
c)	1	2
d)	2	20π
e)	1	1
f)	0,5	4π
g)	2	4
h)	$\frac{1}{3}$	3

2 a) Stauchung in x-Richtung mit dem Faktor $\frac{1}{\pi}$.
b) Streckung in y-Richtung mit dem Faktor 2 und Verschiebung um 1 nach oben.
c) Stauchung mit dem Faktor $\frac{2}{3}$ in x-Richtung und Verschiebung um 3 nach unten.
d) Streckung mit dem Faktor 2 in y-Richtung, Stauchung mit dem Faktor $\frac{3}{\pi}$ in x-Richtung und Verschiebung um 1 nach unten.

3 a) $f(x) = 3\sin(x)$ b) $f(x) = 0{,}5\sin(2x)$
c) $f(x) = \sin(\pi x)$ d) $f(x) = 4\sin\left(\frac{2\pi}{3}x\right)$

4

	Amplitude	Periode	Funktionsgleichung
a)	2	2π	$f(x) = 2\sin(x)$
b)	1	4π	$f(x) = \sin\left(\frac{1}{2}x\right)$
c)	0,5	$\frac{2\pi}{3}$	$f(x) = 0{,}5\sin(3x)$
d)	1,5	2	$f(x) = 1{,}5\sin(\pi x)$
e)	2	8	$f(x) = 2\sin\left(\frac{\pi}{4}x\right)$
f)	1	6	$f(x) = \sin\left(\frac{\pi}{3}x\right)$

5

	Amplitude	Periode	Extrempunkte
a)	2	3π	$H\left(\frac{3}{4}\pi\middle|2\right)$; $T\left(\frac{9}{4}\pi\middle|-2\right)$
b)	1	$\frac{\pi}{2}$	$H\left(\frac{\pi}{8}\middle|0\right)$; $T\left(\frac{3\pi}{8}\middle|-2\right)$
c)	25	$\frac{2}{3}$	$H\left(\frac{1}{6}\middle|21\right)$; $T\left(\frac{1}{2}\middle|-29\right)$

6 a) $f(x) = \sin(2x)$ b) $f(x) = \sin\left(\frac{1}{2}x\right) + 1$
c) $f(x) = \sin(\pi x) - 2$

7 a) $f(x) = \sin(x) - 1$ b) $f(x) = 2\sin(\pi x)$
c) $3\sin(1{,}5x) + 1$ d) $f(x) = \sin\left(\frac{\pi}{20}x\right) + \pi$
e) $f(x) = 2\sin\left(\frac{1}{2}x\right) + 3$ f) $f(x) = 1{,}5\sin\left(\frac{\pi}{5}x\right) + 4{,}5$

8 a) $f(x) = \sin\left(\frac{2\pi}{3}x\right) + 1$ b) $f(x) = 1{,}5\sin(x + \pi)$
c) $f(x) = \frac{1}{2}\sin\left(\frac{1}{2}x\right) - 1$

Wiederholen – Vertiefen – Vernetzen

Seite 127

1 Bei der ersten Zahlenreihe B(t) handelt es sich vermutlich um lineares Wachstum, weil die Differenzen aufeinanderfolgender Werte fast konstant sind (ca. 2,96).
Der Prozess kann mit einem Funktionsterm wie $2{,}96x + 8{,}14$ beschrieben werden.
Die zweite Zahlenreihe C(t) wächst exponentiell, weil Quotienten aufeinanderfolgender Werte fast konstant sind (ca. 1,07).
Der Prozess kann mit einem Funktionsterm wie $6 \cdot 1{,}07^x$ beschrieben werden.

2 $y_1 = 3^x$, $y_2 = \frac{1}{3^x}$, $y_3 = 3 \cdot 2^x$

3 a) $f(x) = 2 \cdot 1{,}5^x$; $g(x) = x + 2$; $h(x) = x^2 + 2$
b) $f(x) = \sqrt{3}^x$; $g(x) = x + 1$; $h(x) = \frac{1}{2}x^2 + 1$
c) $f(x) = 0{,}5 \cdot 2^x$; $g(x) = x$; $h(x) = \frac{1}{3}x^2 + \frac{2}{3}$

4 a) 5 Graphen sind symmetrisch, also $p = \frac{5}{10} = 0{,}5$.
b) Dies trifft auf 2 Funktionen zu, also $p = 0{,}2$.
c) Die 1. Bedingung trifft auf 6 Funktionen zu, die 2. Bedingung auf zwei weitere, also $p = 0{,}8$.
d) Der Graph geht nicht durch den Ursprung und ist nicht symmetrisch zur y-Achse. $p = 0{,}2$

5 a) $f(x) = x^2 - 1$
b) $f(x) = -x^2 \cdot (x - 1) \cdot (x + 1)$
c) $f(x) = x \cdot (x - 1) \cdot (x + 1)$
d) Eine ganzrationale Funktion vom Grad n hat höchstens n Nullstellen. Wenn der Grad kleiner als 3 ist, kann die Funktion also nicht 3 Nullstellen haben.

Seite 128

6 a) rot: $f(x) = 2^x$, blau: $g(x) = 0{,}5x^2 + 1$
b) $f(0) = 2$; $f(1) = 5{,}5$ ergibt $f(x) = 2 \cdot 2{,}75^x$

7 a) Polynomdivision $f(x) : (x - 2) = x^2 - \frac{1}{2}x - 3$
weitere Nullstellen: $x_2 = -1{,}5$; $x_3 = 2$
Zerlegung: $f(x) = (x - 2)^2(x + 1{,}5)$
Polynomdivision $g(x) : (x - 2) = x^2 + 6x + 9$
weitere Nullstelle: $x_2 = -3$
Zerlegnung: $g(x) = (x - 2)(x + 3)^2$
b) Skizzen:

f

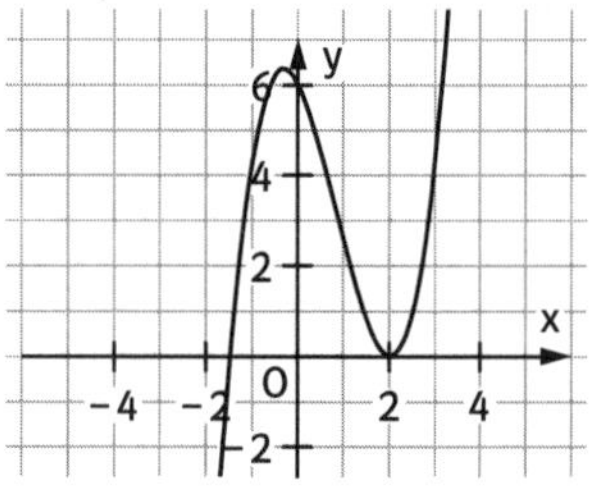

g

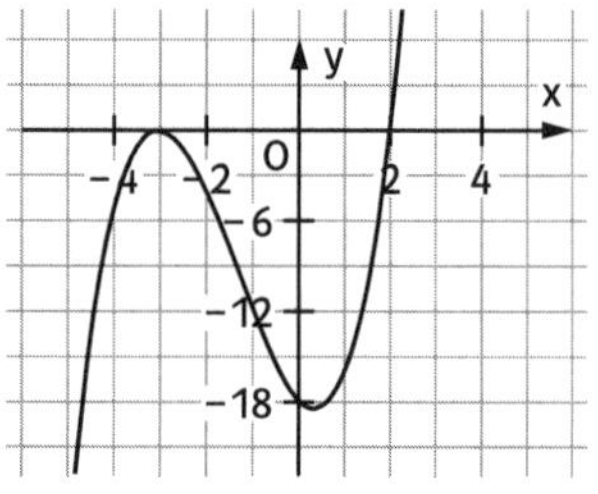

c) Die Kurve schneidet die x-Achse nicht, sondern berührt sie nur.
d) … so gilt $f'(x_1) = 0$, weil der Graph die x-Achse nur berührt und nicht schneidet.
e) blau: $f(x) = (x + 2)^2(x - 2)$
rot: $g(x) = (x + 3)(x + 1)(x - 2)^2$

8 Wegen des eingezeichneten rechten Winkels stimmen die Winkel im blauen und im roten Dreieck überein. Außerdem ist die Seitenlänge der Hypotenuse 1. Damit sind die Dreiecke nach dem Kongruenzsatz wsw kongruent.
Wenn x der zum blauen Dreieck gehörende Winkel im Bogenmaß ist, dann entspricht die Gegenkathete im blauen Dreieck gerade $\sin(x)$. Der Winkel im roten Dreieck ist dann $\frac{\pi}{2} - x$. Die Ankathete in diesem Dreieck entspricht dann $\cos\left(\frac{\pi}{2} - x\right)$ bzw. $\cos\left(x - \frac{\pi}{2}\right)$. Wegen der Kongruenz der Dreiecke gilt $\sin(x) = \cos\left(x - \frac{\pi}{2}\right)$.
b) $\sin\left(\frac{7\pi}{6}\right) = \cos\left(\frac{2\pi}{3}\right)$
$\sin\left(\frac{2\pi}{3}\right) = \cos\left(\frac{\pi}{6}\right)$
$\sin\left(\frac{\pi}{2}\right) = \cos(0)$
c) Man erhält den Graphen der Sinusfunktion, indem man den Graphen der Kosinusfunktion um $\frac{\pi}{2}$ nach rechts verschiebt.

9 a) $2\sin\left(3x + \frac{\pi}{2}\right)$
b) $\sin\left(-2x + \frac{\pi}{2}\right)$
c) $-2\sin\left(x + \frac{3\pi}{2}\right)$

Seite 129

10 Doseninhalt (V in l, r in dm): $V(r) = 4\pi r^3$
Kosten der Limonade in € (in Abhängigkeit von r):
$L(r) = 0{,}15\,V(r) = 0{,}6\pi r^3$
Oberfläche der Dose (O in dm^2, r in dm):
$O(r) = 10\pi r^2$
Kosten der Dose in € (in Abhängigkeit von r):
$D(r) = 0{,}03 \cdot O(r) = 0{,}3\pi r^2$
a) $L(0{,}25) = 0{,}03$, $D(0{,}3) = 0{,}06$
Bei einem Radius von 2,5 cm kostet die Limonade 3 ct, das Blech für die Dose 6 ct.
Eine solche Dose fasst 0,2 l Limonade.
b) Für $r = 0{,}3$ dm passen ungefähr 0,33 l in die Dose. Dann kostet der Inhalt 5 ct, die Dose 8 ct.
c) Gesucht ist der Radius r mit $D(r) = L(r)$.
Für $r = 0{,}5$, also für einen Dosenradius von 5 cm, kosten die Limonade und das Blech für die Dose gleich viel. Für größere Radien ist das Blech günstiger als die Limonade. Eine Dose mit diesem Radius würde 1,57 l fassen.

11 Individuelle Lösungen.

12 a) z. B. $f(x) = x^3$
b) Der Graph von g ist punktsymmetrisch zum Punkt $P(1\,|\,2)$.
c) Der Funktionsterm für den um zwei nach rechts verschobenen Graphen lautet:
$i(x) = (x-2)^4 + 8(x-2)^3 + 21(x-2)^2 + 20(x-2) + 5$
Ausmultiplizieren ergibt:
$i(x) = x^4 - 3x^2 + 1$
In der Funktionsgleichung von i kommen nur gerade Zahlen vor. Deshalb ist der Graph von i symmetrisch zur y-Achse. Also ist der um 2 nach links verschobene Graph (das ist der Graph von h) symmetrisch zur Geraden mit der Gleichung $x = -2$.

13 a) Der Graph ist symmetrisch zur y-Achse.
b) y-Achse: $S_y\left(0\,\middle|\,-\frac{9}{8}\right)$
x-Achse: $S_1(-3\,|\,0)$, $S_2(3\,|\,0)$
c)

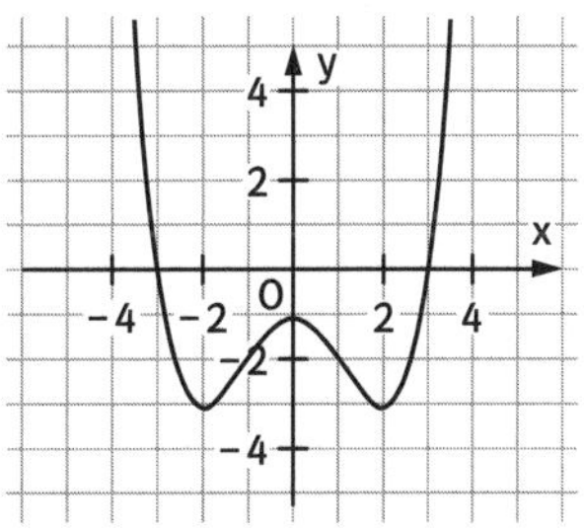

d) Man muss den Graphen um $\frac{9}{8}$ nach oben verschieben.
$S_1\left(-2\sqrt{2}\,|\,0\right)$; $S_2(0\,|\,0)$; $S_3\left(2\sqrt{2}\,|\,0\right)$

14 a)

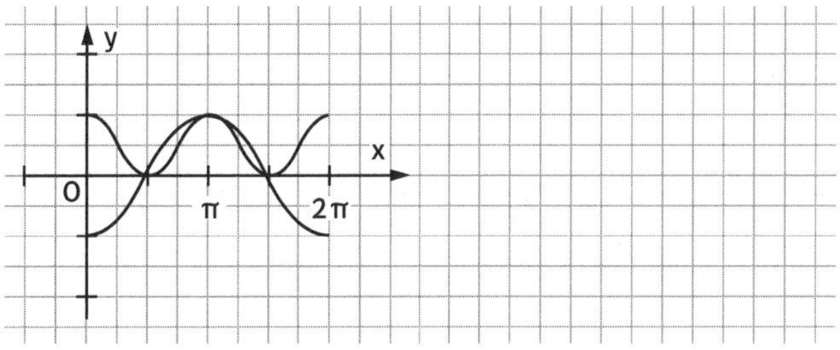

b)

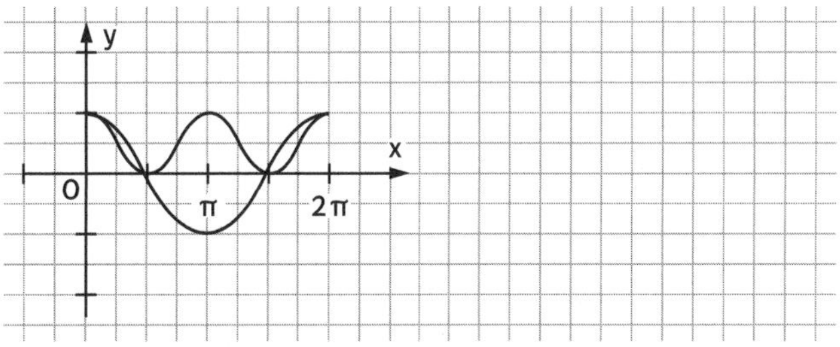

c) Der Graph ist eine Parallele zur x-Achse im Abstand 1. Daraus folgt die Gleichung
$\sin(x)^2 + \cos(x)^2 = 1$.
d) Im rechtwinkligen Dreieck im Einheitskreis entsprechen die Längen der Katheten gerade dem Sinus und dem Kosinus des entsprechenden Winkels.
Die Hypotenuse hat die Länge 1.
Der Satz des Pythagoras ergibt dann:
$\sin(x)^2 + \cos(x)^2 = 1$

Seite 130

15 a) $h\left(5\frac{1}{3}\right) \approx 3787$
Die Bergstation befindet sich in einer Höhe von 3787 m.
b) $h(2) = 1004$
Nach 2 Minuten befindet sich die Gondel in einer Höhe von 1004 m.
$h(x) = 2000$, $x \approx 3{,}7$
Nach etwa 3 Minuten und 42 Sekunden durchbricht die Gondel die 2000-m-Grenze.

16 Zu berechnen sind die Schnittpunkte des Graphen von f mit der Geraden $y = 0{,}4$.
Man erhält: $x_1 = 8{,}34$; $x_2 = 9{,}66$; $x_3 = 20{,}34$; $x_4 = 21{,}66$
Antwort: Zwischen 8.20 und 9.40 sowie zwischen 20.20 und 21.40 kann man zur Insel laufen.

17 Es gehören zusammen:
f, k und Graph 1)
g, h und Graph 2)
i, j und Graph 3)

Exkursion: Entdeckungen – Funktionen für besondere Fälle

Seite 131

1 a) $[2{,}2] = 2$; $[\sqrt{2}] = 1$; $\left[\frac{11}{4}\right] = 2$; $[17{,}5] = 17$;
$[3] = 3$; $[-5{,}2] = -6$; $[-2] = -2$; $-[\sqrt{5}] = -3$
b)

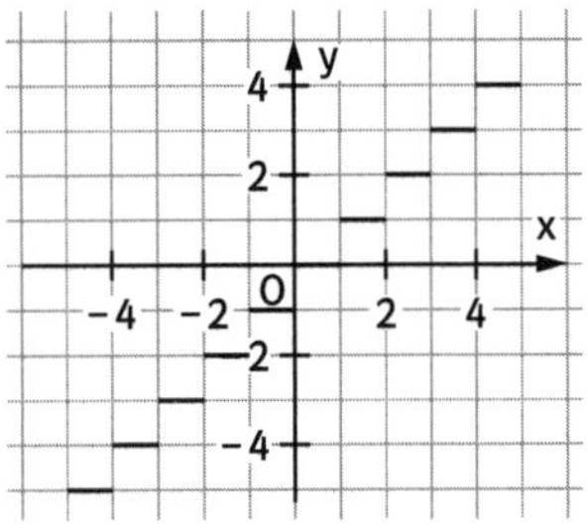

2 a) $f(x) = 0{,}19 \cdot [x]$
b) $f(t) = 3{,}5 + 1{,}5 \cdot [t]$

3 a) $f(0{,}54) = 0{,}5$; $f(0{,}58) = 0{,}6$; $f(0{,}55) = 0{,}6$;
$f(-0{,}54) = -0{,}5$; $f(-0{,}59) = -0{,}6$
Die Funktion bewirkt das Runden auf eine Dezimale
b) $f(x) = \frac{[100x + 0{,}5]}{100}$

4 $\min(10; 3) = 3$; $\min(-3; 3) = -3$;
$\min(\sqrt{2}; 1{,}5) = \sqrt{2}$; $\min(\pi; 3{,}14) = 3{,}14$

5 a) $f(0) = 0$; $f(2) = 6$; $f(3) = 7$; $f(4) = 7$

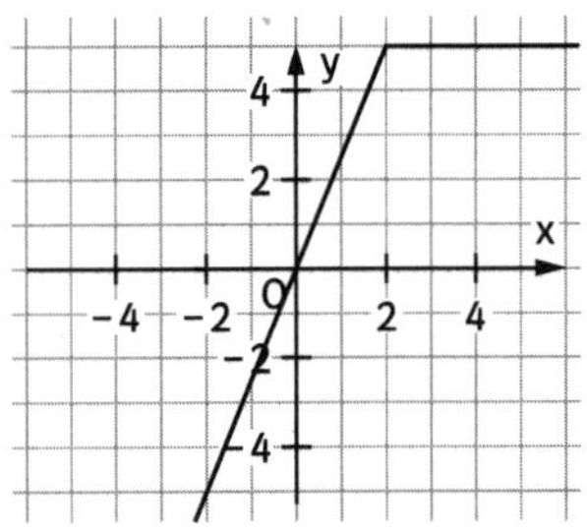

b) $f(t) = \min(3{,}5 + 1{,}536\,[t]; 9{,}5)$

V Wahrscheinlichkeitsrechnung – Binomialverteilung

1 Zufallsvariable und Erwartungswert

Seite 137

1 $E(X) = (-10)\cdot\frac{1}{4} + 0\cdot\frac{1}{6} + 5\cdot\frac{1}{2} + 10\cdot\frac{1}{12} = \frac{5}{6}$

2 Wahrscheinlichkeitsverteilung siehe Tabelle.

k	0	1	2	3
P(X = k)	11,76 %	36,74 %	38,23 %	13,27 %

$E(X) = 0{,}3674\cdot 1 + 0{,}3823\cdot 2 + 0{,}1327\cdot 3 = 1{,}53$
Diesen Wert erhält man auch intuitiv als $3\cdot 0{,}51$, denn hier liegt eine Binomialverteilung vor (siehe Lerneinheit 3 bzw. 4).
Interpretation: Für die einzelne Geburt hat der Erwartungswert nur die Bedeutung, dass wohl eher zwei Rüden als nur einer zu erwarten sind. Erst wenn man viele Geburten mit drei Welpen betrachtet, ist die Bedeutung von X, dass man durchschnittlich etwa 1,53 Rüden zu erwarten hat.

3 X: Geldwert der gezogenen Münzen (in Euro)
Wahrscheinlichkeitsverteilung von X:

k	1	1,5	2	2,5	3	4
P(X = k)	22 %	20 %	$3\frac{1}{3}$ %	32 %	$13\frac{1}{3}$ %	$9\frac{1}{3}$ %

$E(X) = 2{,}16$

4 a) $E(X) = -0{,}3$
b) Der Einsatz müsste 0,7 € betragen. Möglicher Lösungsweg:

g	−e	1 − e	2 − e	5 − e
P(X = g)	$\frac{2}{3}$	$\frac{1}{6}$	$\frac{1}{10}$	$\frac{1}{15}$

Man ersetzt in der Tabelle die Werte wie angegeben; dabei ist e der gesuchte Einsatz in €.
Damit ergibt sich die Gleichung:
$-\frac{2}{3}e + \frac{1}{6}(1 - e) + \frac{1}{10}(2 - e) + \frac{1}{15}(5 - e) = 0$
mit der Lösung $e = 0{,}7$.
c) Die maximale Auszahlung betrage m €, dann muss für m die Gleichung gelten:
$-\frac{2}{3} + \frac{1}{10} + \frac{m-1}{15} = 0$ mit der Lösung $m = 9{,}5$.

5 Die Summe der angegebenen Prozentzahlen beträgt 90 %, also sind auf 10 % der Seiten mindestens vier Druckfehler. Bezeichnet X die Zahl der Fehler pro Seite, so ist E(X) mindestens
$0{,}17\cdot 0 + 0{,}3\cdot 1 + 0{,}27\cdot 2 + 0{,}16\cdot 3 + 0{,}1\cdot 4 = 1{,}72$
Man kann also durchschnittlich mindestens etwa 1,7 Fehler pro Seite erwarten.

2 Bernoulli-Versuche

Seite 139

1 a) Ergebnisse z. B. „Wappen“, „Zahl“, Treffer (z. B.): „Wappen“, $p = \frac{1}{2}$
b) Ergebnisse z. B. „Eine Sechs fällt“, „Keine Sechs fällt“, Treffer (z. B.): „Eine Sechs fällt“, $p = \frac{1}{6}$
c) Ergebnisse z. B. „Bauteil funktioniert“, „Bauteil defekt“, Treffer (z. B.): „Bauteil funktioniert“; p kann aus einer Statistik bestimmt werden.
d) Ergebnisse z. B. „Das Medikament heilt die Krankheit“, „Das Medikament heilt die Krankheit nicht“, Treffer (z. B.): „Das Medikament heilt die Krankheit“; p kann aus einer Statistik bestimmt werden.

2 Vollständiger Baum bei einer Bernoulli-Kette mit Länge n = 4 siehe Fig.

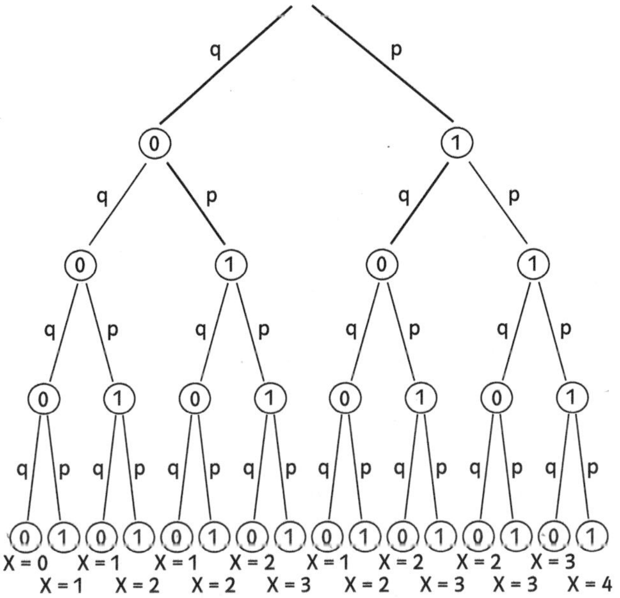

Es bezeichne X die Zahl der Einsen längs eines Pfades.
Dann liest man ab:
$\binom{4}{0} = 1$ (ein Pfad zu X = 0)
$\binom{4}{1} = 4$ (vier Pfade zu X = 1)
$\binom{4}{2} = 6$ (sechs Pfade zu X = 2)
$\binom{4}{3} = 4$ (vier Pfade zu X = 3)
$\binom{4}{4} = 1$ (ein Pfad zu X = 4)

3 Es liegt eine Bernoulli-Kette vor. Treffer: „Wappen fällt“, $p = \frac{1}{2}$, n = 6. X sei die Anzahl der Wappen.
a) $P(X = 3) = 0{,}3125$
b) $P(X \geqq 3) = 0{,}6563$
c) $P(X \leqq 3) = 0{,}6563$

4 Es liegt eine Bernoulli-Kette vor. Treffer: „Antwort richtig“, $p = \frac{1}{3}$, $n = 8$. X sei die Anzahl der richtigen Antworten.
a) $P(X = 4) = 0{,}1707$ b) $P(X \geqq 4) = 0{,}2586$
c) $P(X \leqq 3) = 0{,}7414$ d) $P(X > 4) = 0{,}0879$

Seite 140

5 Es liegt eine Bernoulli-Kette vor. Treffer: „Flasche enthält weniger als 495 cm³“, $p = 0{,}02$, $n = 20$.
X sei die Anzahl der Flaschen, die weniger als $495\,cm^3$ enthalten.
a) $P(X = 2) = 0{,}0528$ b) $P(X \geqq 2) = 0{,}0599$
c) $P(X \leqq 2) = 0{,}9929$

6 a) Es liegt eine Bernoulli-Kette vor.
Dabei entspricht Treffer: „Sechs gewürfelt“, $p = \frac{1}{6}$, $n = 5$.

r	0	1	2	3	4	5
P(X = r) (gerundet)	0,4019	0,4019	0,1608	0,0322	0,0032	0,0001

$E(X) = \frac{5}{6}$

b) Individuelle Ergebnisse. Die relativen Häufigkeiten sollten allerdings nahe bei der in a) ermittelten Verteilung liegen. Größere Abweichungen können aber noch auftreten.
c) Individuelle Ergebnisse. Die relativen Häufigkeiten sollten allerdings nahe bei der in b) ermittelten Verteilung liegen. Größere Abweichungen sollten nur noch bei $r > 2$ auftreten.

7 a) Treffer: „Wappen liegt unten“, Trefferwahrscheinlichkeit $p = \frac{1}{2}$, Länge der Kette $n = 5$.
b) Treffer: „Eine Sechs fällt“, Trefferwahrscheinlichkeit $p = \frac{1}{6}$, Länge der Kette $n = 6$.
c) Hier liegt keine Bernoulli-Kette vor, denn beim Ziehen der Lottozahlen ändert sich bei jeder Kugelentnahme die Wahrscheinlichkeit, d.h., die einzelnen Durchführungen sind nicht unabhängig.
Allgemein ist das Ziehen aus einer Urne ohne Zurücklegen keine Bernoulli-Kette, weil die Ziehungen nicht unabhängig voneinander sind.
d) Streng genommen liegt auch hier keine Bernoulli-Kette vor, denn eine Person kann nur einmal ausgewählt werden, d.h., die Wahrscheinlichkeit für die Auswahl einer Person mit Handybesitz ändert sich jedes Mal. Allerdings ist die Änderung so geringfügig, dass man mit guter Näherung doch von einer Bernoulli-Kette sprechen kann. Immer wenn man aus einer sehr großen Grundgesamtheit (hier Telefonteilnehmer) eine relativ kleine Anzahl auswählt (1000 ist hier relativ klein), so kann man näherungsweise von einer Bernoulli-Kette ausgehen. Hier bedeutet dann Treffer, dass ein Teilnehmer mit Handy ausgewählt wird. Die Trefferwahrscheinlichkeit p ist unbekannt. Sie kann einer Statistik entnommen werden, oder die Umfrage dient dazu, p als Schätzwert zu bestimmen. Länge der Kette $n = 1000$.

8 Bernoulli-Kette mit Treffer: „Patient wird geheilt“, $p = 0{,}75$, $n = 10$.
$P(X \geqq 5) = 0{,}9803$, $P(X \geqq 6) = 0{,}9219$.
Mit mehr als 95 % Wahrscheinlichkeit werden mindestens fünf der zehn Patienten geheilt.

Seite 141

9 a) siehe Fig.

```
                1
              1   1
            1   2   1
          1   3   3   1
        1   4   6   4   1
      1   5   10  10  5   1
    1   6   15  20  15  6   1
  1   7   21  35  35  21  7   1
1   8   28  56  70  56  28  8   1
```

b) $\binom{4}{1} = 4$, $\binom{5}{3} = 10$, $\binom{5}{5} = 1$, $\binom{6}{0} = 1$, $\binom{7}{3} = 35$
c) Im Baumdiagramm einer Bernoulli-Kette der Länge n ist die Zahl der Pfade mit r Einsen ebenso groß wie die Zahl der Pfade mit $n - r$ Einsen. Denn bei $n - r$ Einsen gibt es r Nullen. Die Zahl der Pfade mit r Nullen ist aber auch $\binom{n}{r}$. Denn welches Ergebnis des Bernoulli-Versuchs man mit 1 (Treffer) bzw. 0 (kein Treffer) bezeichnet, ist willkürlich (vgl. Aufgabe 7).
Anschauliche Bedeutung: Das Pascal'sche Dreieck ist „symmetrisch“.
d) Die Summe der Zahlen in der n-ten Zeile des Pascaldreiecks (wobei n die Nummer jeweils hinter der linken 1 ist) beträgt 2^n.
Begründung (nicht verlangt):
Stellt man sich die n Versuche der Bernoullikette nacheinander ausgeführt vor, so ist jedes Mal die Alternative Treffer – kein Treffer. Auf diese Weise entstehen die 2^n Ergebnisse im zugehörigen Baumdiagramm.
Andere Interpretation: Die Summe einer Zeile des Pascal'schen Dreiecks ergibt die Anzahl, auf wie viele Arten man die Zahlen 0 und 1 auf n Stellen anordnen kann. Das geht auf 2^n Arten. Denn das liefern ja die Pfade des zugehörigen Baumdiagramms.
e) Individuelle Lösungen.

10 a) $(a + b)^2 = 1a^2 + 2ab + 1b^2$,
$(a + b)^3 = 1a^3 + 3a^2b + 3ab^2 + 1b^3$,
$(a + b)^4 = 1a^4 + 4a^3b + 6a^2b^2 + 4ab^3 + 1b^4$
Die auftretenden Koeffizienten sind gerade die Zahlen im Pascal'schen Dreieck.

b) $(a+b)^5$
$= (a+b)^4 \cdot (a+b)$
$= (1 \cdot a^4 + 4 \cdot a^3 b + 6 \cdot a^2 b^2 + 4 \cdot a b^3 + 1 \cdot b^4) \cdot (a+b)$
$= 1 \cdot a^5 + (1+4) a^4 b + (4+6) a^3 b^2 + (6+4) a^2 b^3 + (4+1) a b^4 + 1 \cdot b^5$
$= 1 \cdot a^5 + 5 \cdot a^4 b + 10 \cdot a^3 b^2 + 10 \cdot a^2 b^3 + 5 \cdot a b^4 + 1 \cdot b^5$.
Jeweils zwei Terme ergeben zusammen (außer bei a^5 und b^5) den Koeffizienten für die nächste Zeile. Dabei werden gerade die Zahlen aus dem Pascal'schen Dreieck erzeugt.
c) $(a+b)^6 = 1 \cdot a^6 + 6 \cdot a^5 b + 15 \cdot a^4 b^2 + 20 \cdot a^3 b^3 + 15 \cdot a^2 b^4 + 6 \cdot a b^5 + 1 \cdot b^6$.
d) $(x+3)^4 = x^4 + 12x^3 + 54x^2 + 108x + 81$
$(a-b)^3 = a^3 - 3a^2 b + 3ab^2 - b^3$
$(x-1)^5 = x^5 - 5x^4 + 10x^3 - 10x^2 + 5x - 1$
$(2-x)^4 = x^4 - 8x^3 + 24x^2 - 32x + 16$

3 Binomialverteilung

Seite 143

Werte sind grundsätzlich auf vier Dezimalstellen gerundet, auch wenn ein Gleichheitszeichen verwendet wird.

1 a) $P(X = 4) = 0{,}1876$
$P(X \leqq 4) = 0{,}8356$
b) Das Gegenereignis zu „$X \geqq 3$" ist „$X \leqq 2$", also gilt $P(X \geqq 3) = 1 - P(X \leqq 2) = 0{,}6020$.
c) $P(X \leqq 5 \text{ und } X \geqq 1) = P(X \leqq 5) - P(X = 0) = 0{,}9038$.
$P(X \leqq 1 \text{ oder } X \geqq 5) = P(X \leqq 1) + P(X \geqq 5) = P(X \leqq 1) + 1 - P(X \leqq 4) = 0{,}3314$.

2 a) $P(X = 4) = 0{,}1747$
$P(X \leqq 4) = 0{,}8220$
$P(X \geqq 3) = 1 - P(X \leqq 2) = 0{,}5856$
$P(1 \leqq X \leqq 5) = P(X \leqq 5) - P(X = 0) = 0{,}8798$
$P(X \leqq 1 \text{ oder } X \geqq 5) = P(X \leqq 1) + P(X \geqq 5) = P(X \leqq 1) + 1 - P(X \leqq 4) = 0{,}3656$
b) $P(X = 4) = 0{,}1706$
$P(X \leqq 4) = 0{,}8179$
$P(X \geqq 3) = 1 - P(X \leqq 2) = 0{,}5802$
$P(1 \leqq X \leqq 5) = P(X \leqq 5) - P(X = 0) = 0{,}8716$
$P(X \leqq 1 \text{ oder } X \geqq 5) = P(X \leqq 1) + P(X \geqq 5) = P(X \leqq 1) + 1 - P(X \leqq 4) = 0{,}3768$

3 X: Anzahl der keimenden Blumenzwiebeln
$n = 12$, $p = 0{,}9$
a) $P(X = 12) = 0{,}2824$
b) $P(X = 10) = 0{,}2301$
c) $P(X \geqq 10) = 1 - P(X \leqq 9) = 0{,}8891$
d) $P(X \leqq 9) = 0{,}1109$
e) $P(7 \leqq X \leqq 11) = P(X \leqq 11) - P(X \leqq 6) = 0{,}7170$

Seite 144

4 X: Anzahl der Personen, die in der Kantine essen, $n = 100$, $p = 0{,}6$
a) $P(X = 60) = 0{,}0812$
b) $P(X < 60) = P(X \leqq 59) = 0{,}4567$
c) $P(X > 60) = 1 - P(X \leqq 60) = 0{,}4621$
d) $P(50 < X < 70) = P(X \leqq 69) - P(X \leqq 50) = 0{,}9481$
e) $P(X < 50 \text{ oder } X > 70) = P(X \leqq 49) + 1 - P(X \leqq 70) = 0{,}0315$
f) Die Kantine stellt somit etwas mehr Essen bereit als durchschnittlich gekauft werden. Um zu beurteilen, ob das meistens ausreicht, kann man die Wahrscheinlichkeit $P(X \leqq 65)$ berechnen. Man erhält dafür etwa 87%. Das bedeutet: Durchschnittlich werden an 87% aller Essenstage die bereitgestellten Essen ausreichen, aber an 13% der Tage nicht. Durch eine genauere Statistik (z. B. Berücksichtigung der Fragen: Welche Mahlzeiten sind besonders beliebt? – Sind Teile der Belegschaft an bestimmten Tagen nicht da? o. Ä.) kann weitgehend vermieden werden, dass zu wenige Essen da sind.

5 X: Anzahl der unbrauchbaren Schrauben, $p = 0{,}03$
A: $n = 12$, $P(X = 0) = 0{,}6938$
B: $n = 20$, $P(X \geqq 1) = 1 - P(X = 0) = 0{,}4562$
C: $n = 50$, $P(X > 1) = 1 - P(X \leqq 1) = 0{,}4447$
Also ist A am wahrscheinlichsten.

6 Lösungsvorschläge:
a) X: Anzahl der Sechsen bei zehn Würfen, $n = 10$, $p = \frac{1}{6}$
b) X: Anzahl defekter Werkstücke bei einer Stichprobe von 50, $n = 50$, $p = 0{,}02$
c) X: Trefferzahl bei 20 Würfen, $n = 20$, $p = 0{,}7$
d) Falls das Glücksrad z. B. ein rotes Feld enthält, das ein Viertel des Glücksrades einnimmt:
X: Anzahl von 10 Drehungen, bei denen Rot erscheint, $n = 10$, $p = 0{,}25$
e) X: Anzahl der Schülerinnen und Schüler einer Klasse mit 30 Schülern, welche die Zunge einrollen können, $n = 30$, $p = 0{,}7$ (geschätzt)
f) X: Anzahl der von 500 Zeichen richtig übertragenen Zeichen, $n = 500$, $p = 0{,}1$ (d. h. die Wahrscheinlichkeit für ein falsch empfangenes Zeichen beträgt 10%).

7 Es wird im Voraus ein Tipp angegeben, welche sechs Kugeln bei einem zufälligen Ziehen von sechs Kugeln aus der Schale entnommen werden. X sei die Zahl der richtig vorausgesagten Kugeln.
a) Jede Kugel wird nach dem Ziehen zurückgelegt. Durch das Zurücklegen ist bei jedem Zug die Wahrscheinlichkeit gleich, eine Kugel zu ziehen, die in

dem Tipp vorkommt. Daher ist die Ziehung eine Kette gleicher Bernoulli-Versuche: X ist binomialverteilt mit den Parametern $n = 6$, $p = \frac{6}{49}$.
b) Jede gezogene Kugel wird nach dem Ziehen nicht zurückgelegt (wie beim Lotto). Dadurch ändert sich bei jedem Zug die Wahrscheinlichkeit, eine Kugel zu ziehen, die in dem Tipp vorkommt. Daher ist die Ziehung keine Kette gleicher Bernoulli-Versuche: X ist nicht binomialverteilt (siehe Aufgabe 10 auf Seite 151 im Schülerbuch).

8 Lösungsvorschlag:
a) X: Anzahl der Würfe, bis eine Sechs fällt. Die Zufallsvariable ist nicht binomialverteilt, weil es keine feste Anzahl n von Würfen gibt; bei jedem Versuch wird man i.A. eine andere Wurfzahl benötigen.
b) X: Anzahl der Wähler der FDP. Streng genommen ändert sich durch die Befragung einer Person die Wahrscheinlichkeit, als Nächstes einen FDP-Wähler zu betragen (Ziehen ohne Zurücklegen, vgl. e)). Wenn die Zahl der Befragten klein ist im Vergleich mit der Einwohnerzahl der Stadt, ist X aber in guter Näherung binomialverteilt (n = Zahl der Befragten, p = Wähleranteil der FDP in der Stadt).
c) X: Anzahl der Rosinen in einem Brötchen. Jede Rosine hat die gleiche Chance $\frac{1}{10}$, in einem bestimmten Brötchen zu landen. Also ist X binomialverteilt mit $n = 20$, $p = \frac{1}{10}$.
d) X: Anzahl, wie oft Wappen oben liegt. Wenn die Münze immer zufällig geworfen wird, liegt eine Bernoulli-Kette vor. $n = 20$, p hängt ab davon, wie verbeult die Münze ist. Anders ist die Situation, wenn man 20 verbeulte Münzen wirft, weil dann die Werte von p nicht gleich sind für die einzelnen Münzen.
e) X: Anzahl der Gewinne. X ist nicht binomialverteilt, weil bei jedem Ziehen eines Loses die Wahrscheinlichkeit von der Zahl bereits gezogener Gewinnlose abhängt. (Ziehen ohne Zurücklegen)

Seite 145

9 a) $n = 30$; $P(X \geqq 7) = 1 - P(X \leqq 6) = 0{,}5008$
b) Man löst die Gleichung $1 - 0{,}78^n \geqq 0{,}75$; Lösung: $n \geqq 5{,}6$. Bei einer Kursstärke von mindestens 6 beträgt die Wahrscheinlichkeit mindestens 75 %, dass mindestens ein Raucher dabei ist.
c) Es muss gelten $P(X \geqq 5) = 1 - P(X \leqq 4) \geqq 0{,}95$. Man erhält durch Einsetzen verschiedener Werte für n in den GTR, dass die Kursstärke mindestens 39 betragen muss (siehe Fig.). Nach der ersten Eingabe des zugehörigen Terms kann man jeweils mit 2nd-Enter (TI83-84) die letzte Eingabe wiederholen und braucht dann nur die Werte für n neu einzugeben. Man kann auch aus einer Tabelle (vgl. Schülerbuch Seite 143) ablesen.

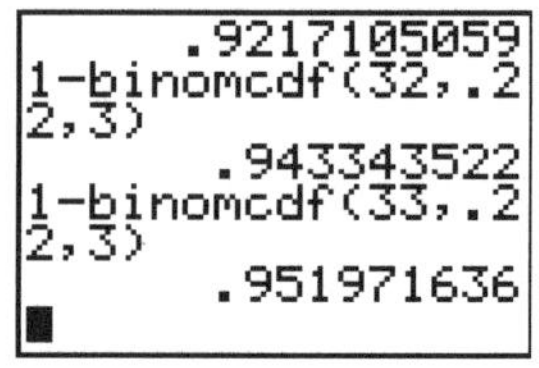

(Hinweis: In der ersten Auflage des Schülerbuchs steht „fünf Raucher" statt „vier Raucher". Bei fünf Rauchern beträgt die Kursstärke mindestens 39.)
Für eine grafische Lösungsmöglichkeit siehe den Hinweis bei Aufgabe 9, Lerneinheit 4.

10 a) $n = 6$; $P(X \geqq 1) = 1 - P(X = 0)$
$= 1 - (1 - 0{,}0186)^6 = 0{,}1065$
b) n ist gesucht; $P(X \geqq 1) = 1 - P(X = 0)$
$= 1 - (1 - 0{,}0186)^n \geqq 0{,}9$ (bzw. 0,99)
Die Ungleichung kann durch Logarithmieren oder mit dem GTR (Tabelle) gelöst werden. Frau Mayer muss mindestens 123-mal bzw. 246-mal tippen, damit sie mit mindestens 90 % bzw. 99 % mindestens einen Gewinn erzielt.
2. Teil (Frage in Klammern): n ist gesucht;
$P(X \geqq 3) = 1 - P(X \leqq 2) \geqq 0{,}9$ (bzw. 0,99)
Die Ungleichung kann mit dem GTR (Tabelle) gelöst werden. Frau Mayer muss mindestens 285-mal bzw. 449-mal tippen, damit sie mit mindestens 90 % bzw. 99 % mindestens drei Gewinne erzielt.

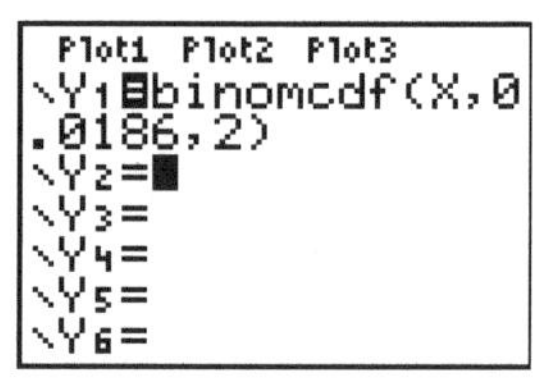

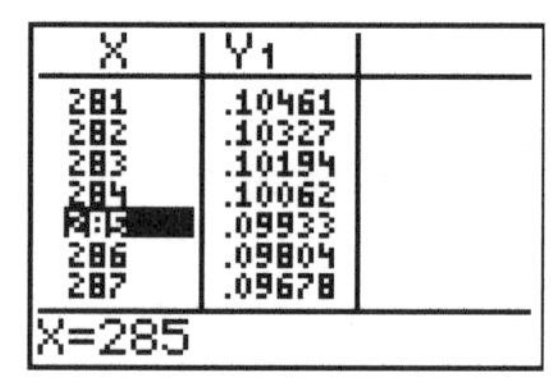

11 X: Anzahl nicht verbogener Nägel, $p = 0{,}8$
a) $n = 20$, $P(X \geqq 15) = 1 - P(X \leqq 14) = 0{,}8042$
b) Man verwendet eine Tabelle oder probiert mit verschiedenen Werten von n, bis $P(X \geqq 15) \geqq 0{,}95$:
$n = 21$, $P(X \geqq 15) = 0{,}8915$; $n = 22$, $P(X \geqq 15) = 0{,}9439$; $n = 23$, $P(X \geqq 15) = 0{,}9727$.
Herr Lehmann muss also mindestens 23 Nägel kaufen, wenn er mit mindestens 95 % Wahrscheinlichkeit ausreichend viele Nägel zur Verfügung haben will.

12 X: Anzahl der Infektionen, $n = 10$, $p = 0{,}02$
a) $P(X \geqq 1) = 1 - P(X = 0) = 1 - 0{,}98^{10} = 0{,}1829$
b) $p = 0{,}04$: $P(X \geqq 1) = 0{,}3352$; $p = 0{,}01$: $P(X \geqq 1) = 0{,}0956$
c) $W(p) = 1 - (1 - p)^{10}$; Graph siehe GTR-Bild.

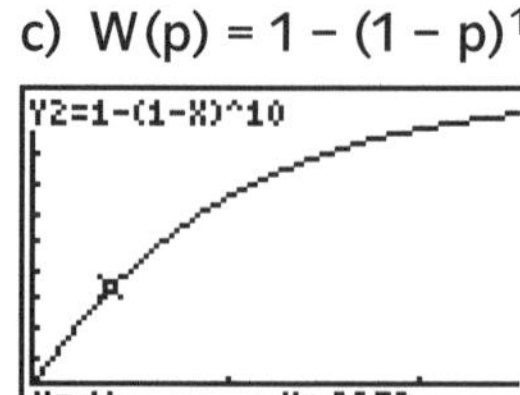

4 Graph und Erwartungswert der Binomialverteilung

Seite 148

1 Die Eigenschaften von S. 146/147 lassen sich gut erkennen.

a)

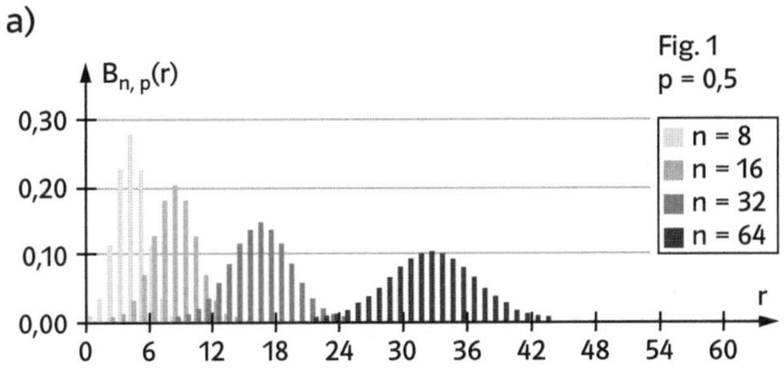

b)

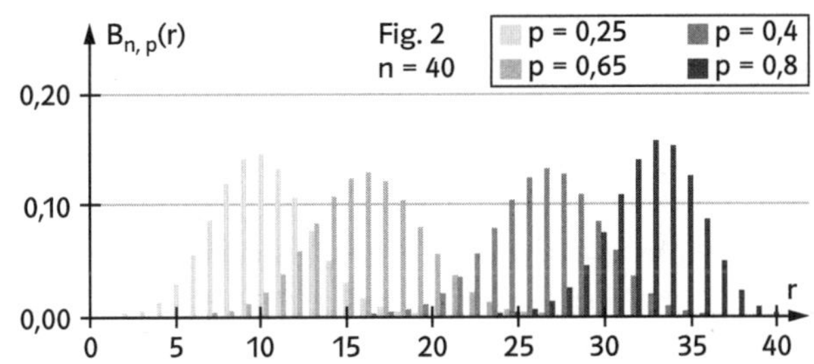

2 a) $n = 30$, $p = 0{,}3$ $\mu = 9$, $P(X = 9) = 0{,}1573$
b) $n = 15$, $p = 0{,}3$ $\mu = 4{,}5$, $P(X = 4) = 0{,}2186$
c) $n = 70$, $p = 0{,}9$ $\mu = 63$, $P(X = 63) = 0{,}1570$
d) $n = 77$, $p = 0{,}9$ $\mu = 69{,}3$, $P(X = 70) = 0{,}1507$

3 a) $\mu = 7{,}8$, also sind etwa 7 bis 8 Schülerinnen und Schüler zu erwarten, welche die Umwelt für ein zentrales Thema halten. Der wahre Wert kann natürlich abweichen.
b) $P(4{,}8 \leqq X \leqq 10{,}8) = P(5 \leqq X \leqq 10) = P(X \leqq 10) - P(X \leqq 4) - 0{,}7896$. Mit fast 80 % Wahrscheinlichkeit liegt die Zahl der Schüler, welche die Umwelt für ein zentrales Thema halten, im Bereich 5 bis 10.
c) Individuelle Lösung.

Seite 149

4 Linke Grafik: $n = 10$; $p = 0{,}8$. Kontrolle: $\mu = 8$, $P(X = \mu) = 0{,}3020$, $P(X = 6) = 0{,}0881$, $P(X = 10) = 0{,}1074$.
Rechte Grafik: $n = 20$; $p = 0{,}4$. Kontrolle: $\mu = 8$, $P(X = \mu) = 0{,}1797$, $P(X = 6) = 0{,}1244$, $P(X = 10) = 0{,}1171$.

5 Achtung: X ist nicht binomialverteilt, da sich bei jedem Ziehen die Wahrscheinlichkeit ändert. Daher darf μ eigentlich nicht mit der Formel $4 \cdot 0{,}7 = 2{,}8$ berechnet werden. Die Tabelle zeigt die Wahrscheinlichkeitsverteilung von X. So wird z. B. $P(X = 2)$ berechnet: $P(X = 2) = \binom{4}{2} \cdot \frac{7}{10} \cdot \frac{6}{9} \cdot \frac{3}{8} \cdot \frac{2}{7} = \frac{3}{10}$, denn es gibt wie bei der Binomialverteilung 6 Pfade, die auf „zwei rote" führen. Damit erhält man $E(X) = 1 \cdot \frac{1}{30} + 2 \cdot \frac{3}{10} + 3 \cdot \frac{1}{2} + 4 \cdot \frac{1}{6} = 2{,}8$. Das Ergebnis ist also gleich dem, welches man „unkritisch" erhält, wenn man einfach mit der Binomialverteilung rechnet. Das kann man allgemein beweisen: Der Erwartungswert für X beim Ziehen von n Kugeln aus einer Urne mit N Kugeln, von denen M Kugeln rot sind, beträgt $n \cdot \frac{M}{N}$, unabhängig davon, ob mit oder ohne Zurücklegen gezogen wird. Details siehe z. B. Lambacher Schweizer 73243 Stochastik, Seite 87 (Hypergeometrische Verteilung). Hier bietet sich Stoff für eine GFS.

r	0	1	2	3	4
P(X = r)	0	$\frac{1}{30}$	$\frac{3}{10}$	$\frac{1}{2}$	$\frac{1}{6}$

6 X: Auszahlung in Euro = Anzahl der Sechsen.
X ist binomialverteilt mit $n = 5$ und $p = \frac{1}{6}$. $E(X) = \frac{5}{6}$
a) Mittlerer Gewinn in Euro: $E(X) - 1 = -\frac{1}{6}$, zu erwartender Verlust bei 120 Spielen: 20 €
b) Man könnte z. B. mit sechs Würfeln würfeln.

7 Es gilt $P(X = 5 - r) = P(X = 5 + r)$ für $r = 0, \ldots, 5$, denn:
$P(X = 5 - r) = \binom{n}{5-r} \cdot 0{,}5^{5-r} \cdot 0{,}5^{n-(5-r)} = \binom{n}{5-r} \cdot 0{,}5^n$
$P(X = 5 + r) = \binom{n}{5+r} \cdot 0{,}5^{5+r} \cdot 0{,}5^{n-(5+r)} = \binom{n}{5+r} \cdot 0{,}5^n$
Beide Werte sind gleich, denn wegen der Symmetrie des Pascaldreiecks gilt $\binom{n}{5-r} = \binom{n}{5+r}$. Man sieht außerdem, dass die Aussage für alle n richtig ist, wenn man 5 durch μ ersetzt, allerdings nur, falls μ ganzzahlig ist.

8 a) $E(X) = 0 \cdot q^3 + 1 \cdot 3p(1-p)^2 + 2 \cdot 3p^2(1-p) + 3 \cdot p^3 = 3p(1 - 2p + p^2) + 6p^2(1-p) + 3p^3 = 3p$
b) $E(X) = 0 \cdot q^4 + 1 \cdot 4p(1-p)^3 + 2 \cdot 6p^2(1-p)^2 + 3 \cdot 4p^3(1-p) + 4 \cdot p^4 = 4p$.

9 a)

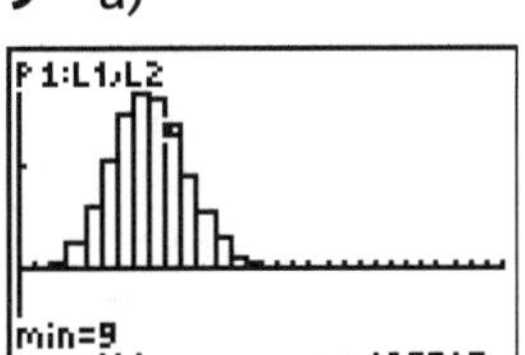

b)

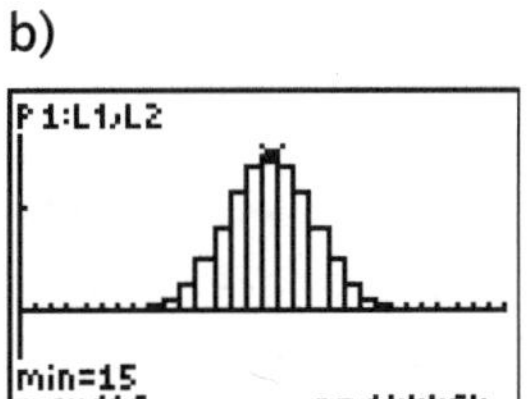

c)

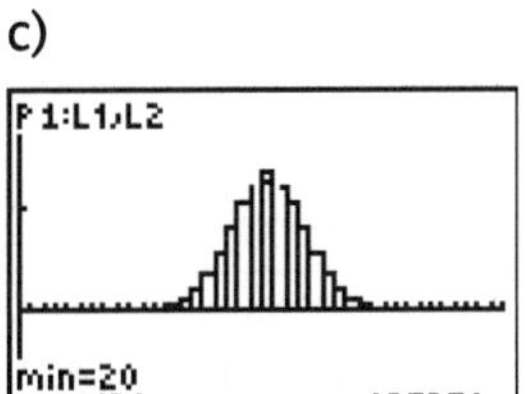

d)

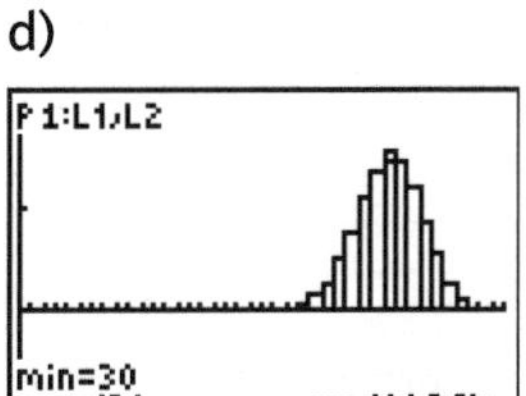

Hinweise:

1) Die in Aufgabe 9 an sich schönere Darstellung als die auf Seite 147 hat folgende Nachteile:
Die Eingabe ist aufwändiger und vor allem gibt es eine Fehlermeldung, wenn $n > 44$ und – wie es sinnvoll ist – xscl=1. Daher wird die Darstellung wie auf Seite 147 bevorzugt. Die Glockenform kommt dort besonders gut zur Geltung. Außerdem kann man so beim TI83/84 auch mehr als drei Graphen zeichnen. Bei beiden Varianten kann man mit der Trace-Taste wie dargestellt auch Werte abrufen.

2) Mit der grafischen Darstellung kann man Aufgaben wie auf Seite 145 Aufgabe 9c) auch grafisch lösen. Dazu verfährt man wie in den folgenden Figuren. Die Aufgabe kann so als Schnittproblem gelöst werden. Die Suche der Schnittstelle kann auch mithilfe der Trace-Taste erfolgen.

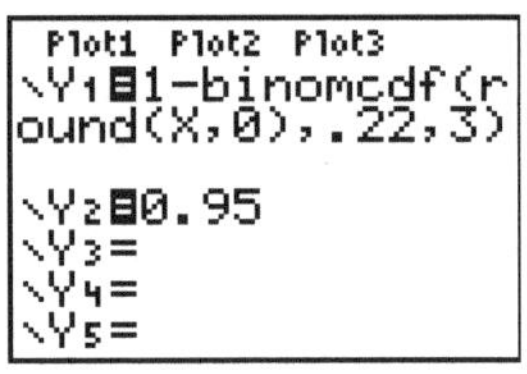

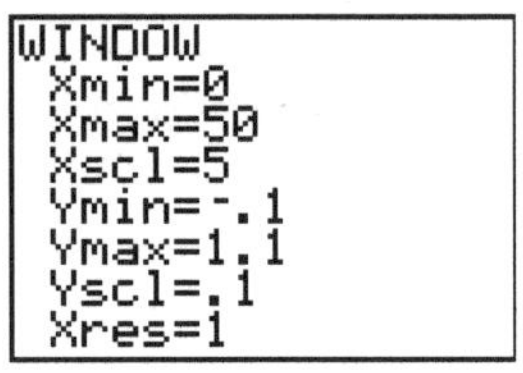

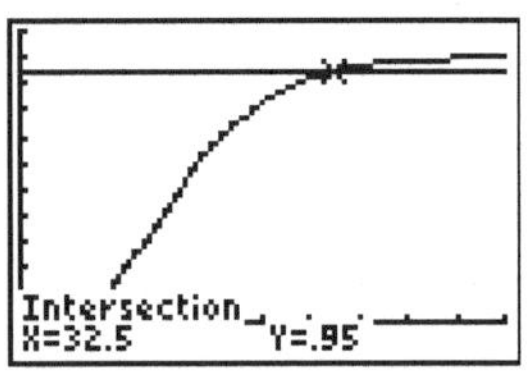

3) Es gibt eine dritte Möglichkeit, mit dem TI83/84 Graphen von Binomialverteilungen darzustellen. Dazu stellt man den Rechner mit der Mode-Taste um auf den Folgenmodus und verfährt wie in den folgenden Figuren (Beispiel $n = 50$, $p = 0{,}5$).
Man kann den Graph statt punktiert auch wie verbunden zeichnen, indem man als Zeichenstil „verbunden" wählt . Dazu bewegt man den Cursor auf das Feld links neben u(n) beim Funktionseingabefenster und betätigt die Enter-Taste.
Die Vorgehensweise eignet sich auch, um Aufgaben wie auf Seite 145 Aufgabe 9c) grafisch zu lösen, siehe Hinweis 2.
Nachteil dieser Darstellung ist, dass man dabei keine Funktionsgraphen der Form $y = f(x)$ hinzufügen kann, z. B. später eine angepasste Gaußglocke.

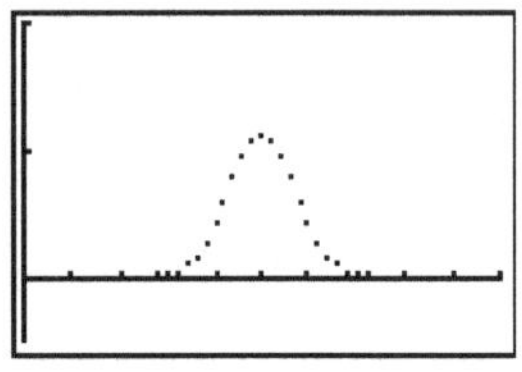

Wiederholen – Vertiefen – Vernetzen

Seite 150

1 X: Auszahlung in Cent. Wahrscheinlichkeitsverteilung von X siehe Tabelle.

k	0	10	12	15	16	18	20	24	25	30	36
P(X = k)	$\frac{17}{36}$	$\frac{2}{36}$	$\frac{4}{36}$	$\frac{2}{36}$	$\frac{1}{36}$	$\frac{2}{36}$	$\frac{2}{36}$	$\frac{2}{36}$	$\frac{1}{36}$	$\frac{2}{36}$	$\frac{1}{36}$

a) $E(X) = 9{,}97$ ct, also $E(\text{Gewinn}) = -10{,}03$ ct.
b) Der Einsatz müsste 9,97 ct betragen, also etwa 10 ct.

2 X: Anzahl der angetroffenen Personen, $p = 0{,}8$
a) $n = 50$, $P(X > 40) = 1 - P(X \leqq 40) = 0{,}4437$
b) $n = 100$, $P(X < 80) = P(X \leqq 79) = 0{,}4405$
c) $n = 200$, $P(150 \leqq X \leqq 170) = P(X \leqq 170)$
$- P(X \leqq 149) = 0{,}9372$
d) $\mu = 40$: $P(30 \leqq X \leqq 50) = 0{,}9997$
$\mu = 80$: $P(70 \leqq X \leqq 90) = 0{,}9916$
$\mu = 160$: $P(150 \leqq X \leqq 170) = 0{,}9372$

3 X: Anzahl der angetroffenen Personen, $p = 0{,}8$, a wird durch Probieren bestimmt:
$n = 50$, $\mu = 40$, $a = 5$
$n = 100$, $\mu = 80$, $a = 7$
$n = 200$, $\mu = 160$, $a = 11$

4 a) Wahrscheinlichkeitsverteilung siehe Tabelle.

k	0	1	2	3	4
P(X = k)	$\frac{1}{16}$	$\frac{4}{16}$	$\frac{6}{16}$	$\frac{4}{16}$	$\frac{1}{16}$

b) Man erwartet 1/4/6/4/1 Kugeln (aber bei der wirklichen Durchführung weicht das Ergebnis meist davon ab). Wenn in der Sammlung kein Galtonbrett vorhanden ist, kann man im Internet eine Simulation mit einem Applet durchführen, z. B. bei http://www.learn-line.nrw.de/angebote/eda/medio/galton/galton.exe.
c) Wenn man das Brett z. B. nach links neigt, wird die Wahrscheinlichkeit p_l für „links" zunehmen, die Wahrscheinlichkeit p_r für „rechts" abnehmen. Bei a) werden dann die Wahrscheinlichkeiten für 0 und 1 entsprechend der Bernoulli-Formel zunehmen, bei den anderen Werten abnehmen, bei b) entsprechend die erwarteten Anzahlen. Der Erwartungswert von X ist $4p_r$.

5 Individuelle Lösungen.

Seite 151

6 a)

n	P_max	r_max
12	0,266 278	2
24	0,195 137	5
48	0,137 863	10
96	0,098 036	21
192	0,069 438	42

b)

n	P_max	r_max
10	0,264 559	8
20	0,198 201	15
50	0,126 105	37
100	0,089 556	73
200	0,063 433	146

7 X: Anzahl der Hauptgewinne in einem bestimmten Eimer, $p = \frac{1}{8}$
a) $n = 6$; $P(X > 2) = 0{,}0291$
b) $n = 18$, durch Probieren bestimmt
c) $n = 30$, durch Probieren bestimmt

8 a) Schätzwert für die Wahrscheinlichkeit, dass ein Arzt einen Herzinfarkt erleidet, der Aspirin genommen hat: $\frac{104}{11\,037} \approx 0{,}94\,\%$
Schätzwert für die Wahrscheinlichkeit, dass ein Arzt einen Herzinfarkt erleidet, der kein Aspirin genommen hat: $\frac{189}{11\,034} \approx 1{,}71\,\%$
b) X: Anzahl der Ärzte, die einen Herzinfarkt erleiden, $n = 1000$, $p = 0{,}0094$, $P(X > 10) = 0{,}3420$
c) X: Anzahl der Ärzte, die einen Herzinfarkt erleiden, $n = 1000$, $p = 0{,}0171$, $P(X > 10) = 0{,}9545$

9 a) X: Anzahl der Patienten mit allergischer Reaktion, $n = 15$, $p = 0{,}05$
$P(X > 1) = 0{,}1710$
b) Y: Anzahl des Auftretens von $X > 1$, $n = 5$, $p = 0{,}1710$
$P(Y \geqq 2) = 0{,}2046$
c) Z: Anzahl der Patienten mit allergischer Reaktion, $n = 75$, $p = 0{,}05$
$P(3 \leqq Z \leqq 5) = 0{,}558$, die Angabe trifft also mit einer Wahrscheinlichkeit zu, die größer als $\frac{1}{2}$ ist. Man kann daher die Angabe glauben.

10 a) Bei jedem Ziehen ändern sich die Treffer-Wahrscheinlichkeiten (vgl. b)), es liegt also keine Bernoulli-Kette vor.
b) Man verwendet einen Baum mit sechs Stufen, auf jeder Stufe gibt es jeweils zwei Möglichkeiten (0 für kein Treffer, 1 für kein Treffer). Dann ist $\frac{6}{49} \cdot \frac{5}{48} \cdot \frac{43}{47} \cdot \frac{42}{46} \cdot \frac{41}{45} \cdot \frac{40}{44}$ die Wahrscheinlichkeit, dass die ersten beiden Kugeln Treffer sind und die letzten vier Kugeln keine Treffer sind. „X = 2“ tritt aber immer ein, wenn zwei Einsen auf den sechs Stufen vorkommen, also auf $\binom{6}{2}$ Arten. Das geschieht jeweils mit der gleichen Wahrscheinlichkeit, weil dabei nur die Zähler bei der oben bestimmten Wahrscheinlichkeit vertauscht werden.
c) Siehe Tabelle.

r	P(X = r)	P(Y = r)
0	0,4360	0,4567
1	0,4130	0,3824
2	0,1324	0,1334
3	0,0177	0,0248
4	0,0010	0,0026
5	1,845E-05	0,0001
6	7,1511E-08	3,3708E-06

d) $E(X) = \frac{36}{49} = 0{,}735$.
e) $P(Y = 2) = \binom{6}{2} \cdot \frac{6}{49} \cdot \frac{6}{49} \cdot \frac{43}{49} \cdot \frac{43}{49} \cdot \frac{43}{49} \cdot \frac{43}{49} = \binom{6}{2} \cdot \left(\frac{6}{49}\right)^2 \cdot \left(\frac{43}{49}\right)^4$.
W-Verteilung siehe Tabelle, $E(Y) = E(X)$. Man erkennt gut den (geringen) Unterschied, der dadurch zustande kommt, dass beim Lotto die Kugeln nicht zurückgelegt werden. E(X) und E(Y) sind aber gleich, weil man jeweils aus 49 Kugeln sechs zieht, wobei es nicht darauf ankommt, ob „mit oder ohne“ Zurücklegen gezogen wird (vgl. Aufgabe 5 auf Seite 149).

11 X: Anzahl der zum Flug erscheinenden Fluggäste, $n = 150$, $p = 0{,}95$
a) $P(X \leqq 145) = 0{,}8744$. Die Wahrscheinlichkeit, dass alle Fluggäste einen Platz bekommen, ist also mit fast 90 % sehr hoch.
b) $P(X > 146) = 0{,}0548$. Die Wahrscheinlichkeit, dass mehr als ein Fluggast entschädigt werden muss, ist also mit etwa 5 % sehr klein.

Seite 152

12 X: Anzahl der ausgeführten Buchungen, $n = 390$, $p = 0{,}88$
a) $P(X > 360) = 0{,}0022$
b) $P(X \leqq 358) = 0{,}9937$
c) Da es fast nie vorkommt, dass zu viele Buchungen angenommen werden, kann man die Zahl der Buchungen noch ohne großes Risiko erhöhen auf z. B. 400, denn für $n = 400$ ergibt sich $P(X > 360) = 0{,}0928$ bzw. $P(X \leqq 358) = 0{,}8415$.

13 X: Zahl der Würfe eines Würfels bis zur ersten Sechs. Achtung: X ist nicht binomialverteilt (vgl. Aufgabe 8 auf Seite 144).
a) $P(X \leqq 3) = \frac{1}{6} + \frac{5}{6} \cdot \frac{1}{6} + \left(\frac{5}{6}\right)^2 \cdot \frac{1}{6} = \frac{91}{216} \approx 42\,\%$.
(Vgl. Beispiel 2 auf Seite 47 im Lambacher Schweizer 3, # 734371.)
$P(X \geqq 6) = 1 - P(X \leqq 5)$
$= 1 - \left(\frac{1}{6} + \frac{5}{6} \cdot \frac{1}{6} + \left(\frac{5}{6}\right)^2 \cdot \frac{1}{6} + \left(\frac{5}{6}\right)^3 \cdot \frac{1}{6} + \left(\frac{5}{6}\right)^4 \cdot \frac{1}{6}\right) = \frac{3125}{7776}$
$\approx 40\,\%$.
b) $P(X \leqq 8) = 0{,}7674$; $P(X \leqq 9) = 0{,}8062$, also ist $a = 9$. Man muss also höchstens neunmal würfeln, um mit mindestens 80 % Wahrscheinlichkeit die erste Sechs zu erzielen.

14 X: Anzahl unbrauchbarer Dichtungen, $n = 50$, $p = 0{,}013$
$P(X > 2) = 2{,}74\,\%$. Der Zulieferer müsste etwa 2,7 % der Pakete als Verlust kalkulieren.

15 a) $1 - \left(\frac{11}{12}\right)^{12} = 0{,}648$
b) X: Anzahl von Schachteln mit nur einwandfreien Eiern, $n = 10$, $p = 0{,}648$
$P(X > 7) = 0{,}2573$
Zu erwartende Einnahmen pro Schachtel
$= (1 - 0{,}2573) \cdot 240\,\text{ct} + 0{,}2573 \cdot 120\,\text{ct} = 209\,\text{ct}$.

16 X: Anzahl fehlerfreier Chips, $n = 50$
a) Bedingung $P(X \geqq 40) \geqq 0{,}8$; p wird durch Probieren bestimmt: $p = 0{,}84 \Longrightarrow P(X \geqq 40) > 0{,}83$;
$p = 0{,}83 \Longrightarrow P(X \geqq 40) < 0{,}78$.
p muss also mindestens 0,84 sein.
b) Bedingung $P(X \geqq 40) \geqq 0{,}95$; p wird durch Probieren bestimmt: $p = 0{,}88 \Longrightarrow P(X \geqq 40) > 0{,}96$;
$p = 0{,}87 \Longrightarrow P(X \geqq 40) < 0{,}95$.
p muss also mindestens 0,88 sein.
Die Lösungen können auch mithilfe eines Graphen der „Funktion" $P(X \geqq 40)$ (GTR: 1-binomcdf(50,x,39)) bestimmt werden, indem man den Schnittpunkt mit $y = 0{,}8$ bzw. $y = 0{,}95$ bestimmt (vgl. Hinweise hinter Aufgabe 9 in Lerneinheit 4, Seite L 41).

17 X: Anzahl der Treffer, $n = 10$, $p = 0{,}25$
a) $P(X \geqq 3) = 0{,}4744$
b) Bedingung $P(X \geqq x) \leqq 0{,}05$; $x = 6$, aus der GTR-Tabelle der Werte 1-binomcdf(10,0.25,x-1) entnommen oder durch Probieren bestimmt.
c) X: Anzahl der Treffer, $p = 0{,}25$
Bedingung $P\left(X \geqq \frac{n}{2}\right) \leqq 0{,}05$; $n = 9$, siehe Tabelle

n	p		
10	0,25	0,4744072	P(X ≧ 3)
b)	6	0,01972771	
c)			
n	p	a (min. 50 %)	P(X ≧ a)
6	0,25	3	0,16943359
7		4	0,07055664
8		4	0,11381531
9		5	0,04892731
10		5	0,07812691
11		6	0,03432751
12		6	0,05440223
13		7	0,02429014
14		7	0,03827076

18 a) X: Zahl der Kontakte mit anderen Mitarbeitern, $n = 10$, $p = 0{,}05$ (für Ansteckung), Infektion bei „$X \geqq 1$", $P(X \geqq 1) = 1 - 0{,}95^{10} = 0{,}4013$

b) $f(x) = 1 - (1 - x)^{10}$, Graph siehe Fig.

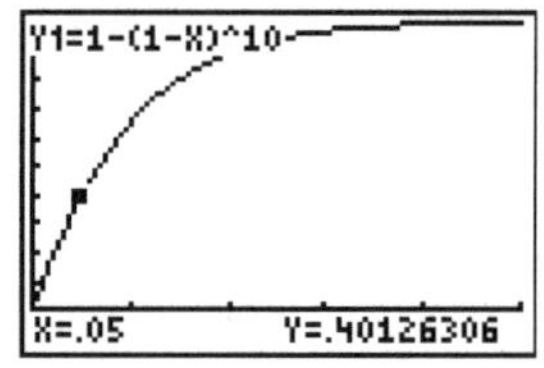

Seite 153

19 a) Vorgehen wie in der Bildfolge im Schulbuch S. 153, entsprechende Bildfolge siehe Fig. 1.
b) Da 100 Zufallszahlen erzeugt wurden, zeichnet man $100 \cdot B_{n;p}(r)$ z. B. als StatPlot ein (Fig. 2).
Alternativ kann man auch in den Mode seq umschalten (Folgenmodus) und dann die Kontur des Graphen wie in Fig. 3 erzeugen, um die Form der Graphen zu betonen. Dazu muss man den Zeichenstil auf „durchgezogen" umstellen.
Die Balken im Histogramm schwanken leicht um die durch die theoretische Verteilung vorgegebenen Werte.

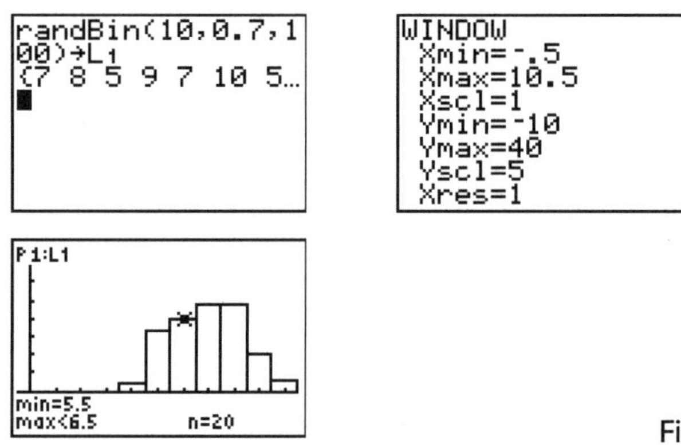

Fig. 1

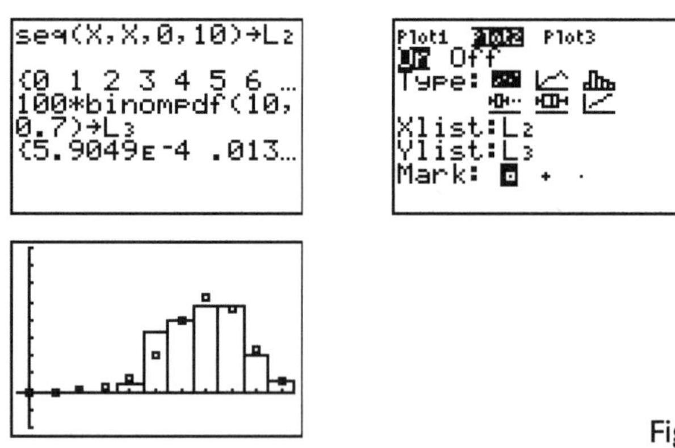

Fig. 2

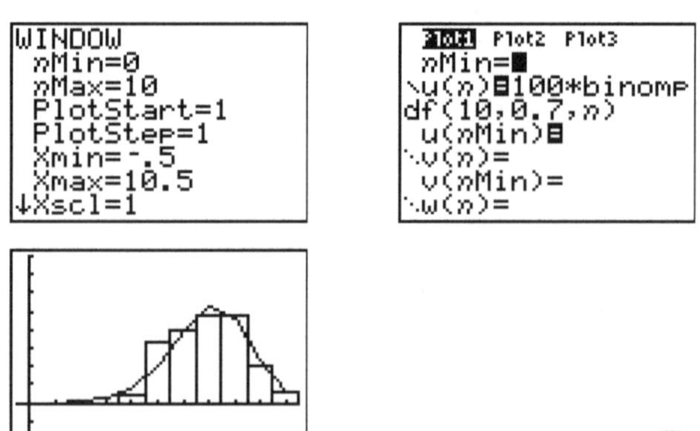

Fig. 3

20 a) Es wurde angenommen, dass der Stoff nach 9 Tagen komplett vergessen wurde.
X: Zahl der Tage, nach denen der Stoff vergessen ist. Die Mittelwertberechnung ist in der Tabelle dargestellt. In der rechten Spalte werden die Produkte „Tage x Prozentsatz vergessener Wörter" gebildet, die aufsummiert den Mittelwert 2,94 ergeben. Nach durchschnittlich etwa 2,9 Tagen wurde der Lernstoff vergessen.

Tage	vorhanden	vergessen	
0	100%		
1	75%	25%	0,25
2	48%	27%	0,54
3	25%	23%	0,69
4	15%	10%	0,4
5	11%	4%	0,2
6	10%	1%	0,06
7	7%	3%	0,21
8	3%	4%	0,32
9	0%	3%	0,27
		Mittelwert:	2,94

b) Individuelle Lösung.
c) Individuelle Lösung.

Exkursion: Entdeckungen – Streuung bei der Binomialverteilung

Seite 154

1 Ausführliche Bestimmung wie auf Seite 154 und die Formel liefern dasselbe Ergebnis.
a) $\sigma = 3{,}24$ (gerundet) b) $\sigma = 4$

2 Am besten wählt man p fest, z. B. $p = 0{,}5$, und lässt n quadratisch wachsen, z. B. $n = 20;\ 80;\ 180;\ 320$. σ wächst dann proportional zu n.

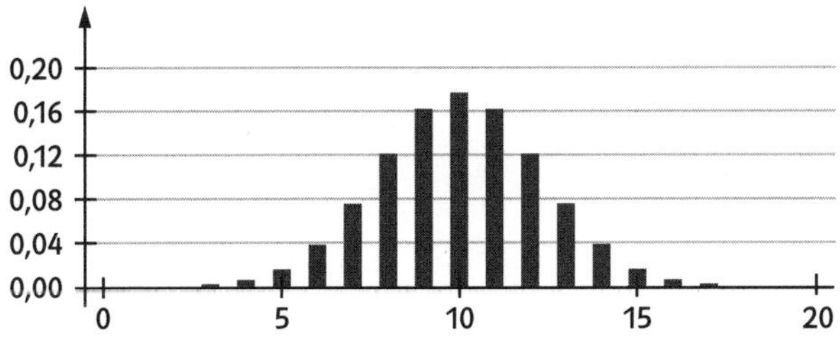

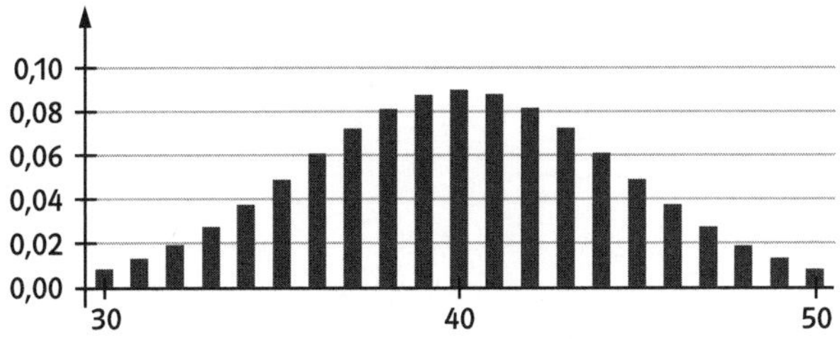

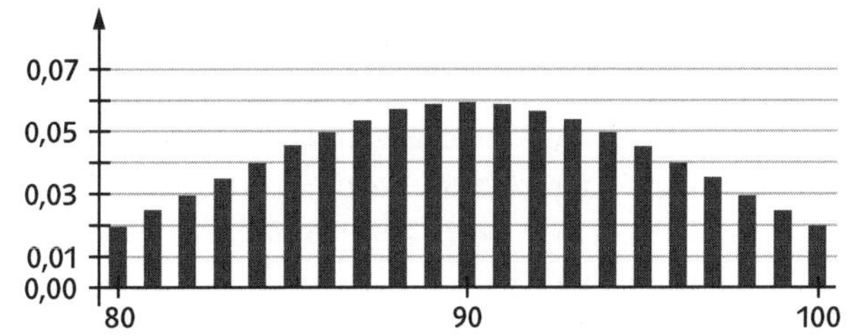

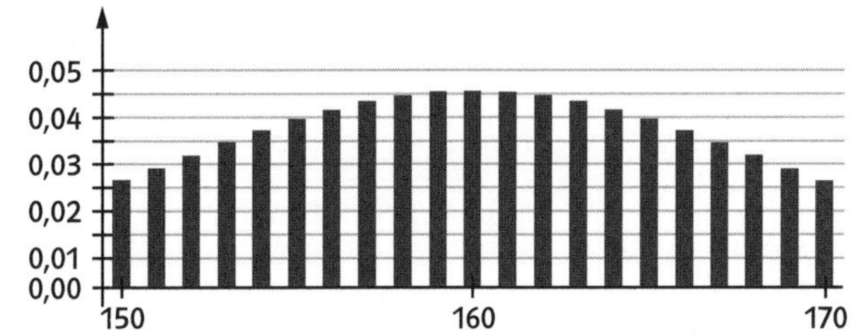

Die zugehörigen Graphen sind jeweils im Bereich $(\mu - 10;\ \mu + 10)$ dargestellt:

Seite 155

3 a) 0,7169 b) 0,6572
c) 0,6963 d) 0,6731

4 a) 0,6963 b) 0,6622
c) 0,6735 d) 0,6677

5 Fig. 1 zeigt die Eingabe in den Y=-Editor für den TI83/84 und die Einstellung des Tabellenfensters. Zuvor müssen n und p eingegeben werden (vgl. Seite 154).

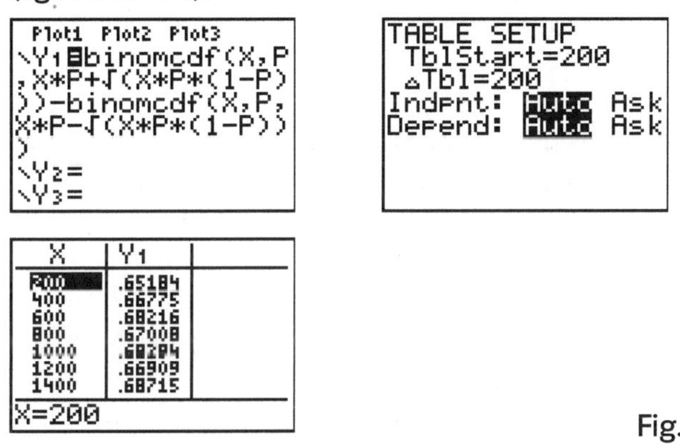

Fig. 1

Die Tabelle liefert dieselben Werte wie die für $p = 0{,}4$. Das liegt zum einen daran, dass σ jeweils für $p = 0{,}4$ und $p = 0{,}6$ gleich ist und zum anderen daran, dass sich wegen der Bernoulli-Formel die Wahrscheinlichkeiten für p und $1 - p$ entsprechen.

6 $p = \frac{2}{3}$

n	μ	σ	$\mu - \sigma$	$\mu + \sigma$
30	20	2,58	17,42	22,58
60	40	3,65	36,35	43,65
120	80	5,16	74,84	85,16
240	160	7,30	152,70	167,30
480	320	10,33	309,67	330,33

7 $p = \frac{1}{3}$, $n = 20$. An der Tabelle sieht man, dass r nur nicht in der 1σ-Umgebung liegt. Da die Wahrscheinlichkeit für das 1σ-Intervall etwa 70 % beträgt, kann man sagen, dass Florian mit etwa 30 % Wahrscheinlichkeit ein solches Ergebnis erzielen kann, obwohl er nur rät.
Daher erscheint es trotz des ganz guten Ergebnisses noch recht wahrscheinlich, dass Florian nur rät.

n	μ	σ	μ − σ	μ + σ
20	6,667	2,11	4,56	8,77

μ − 2σ	μ + 2σ	μ − 3σ	μ + 3σ
2,45	10,88	0,34	12,99

8 a), b) Individuelle Ergebnisse.
c) Bei einem solchen Test wurde z. B. ermittelt, dass von n = 250 Würfen k = 141-mal das Ergebnis „Kopf" erzielt wurde. Das stand Anfang 2002 in der Süddeutschen Zeitung, siehe den Zeitungsauszug aus der Badischen Zeitung. Das 2σ-Intervall ist [110; 140]. Bei dem Ergebnis 141 ist also bei diesem Test die Hypothese zu verwerfen. (Hinweis: Im ersten Druck der ersten Auflage stand auf S. 155 statt „2σ-Intervall" „3σ-Intervall". Da das 3σ-Intervall [102; 148] ist, wäre beim 3σ-Intervall die Hypothese beizubehalten.)
Das Thema „Testen bei der Binomialverteilung" wird ausführlich in der Kursstufe behandelt, es kann hier nur andiskutiert werden.

Wo bleibt der faire Zufall?
Skandalös: Euromünze zeigt häufiger Kopf als Zahl
Die *Süddeutsche Zeitung* hat es mit einem spektakulären Selbsttest ans Tageslicht gezerrt: Die deutschen Ein-Euro-Münzen versagen angeblich beim bewährten „Kopf-oder-Zahl-Spiel". Von 250 Würfen brachten bei den Bayern 141 das Ergebnis „Kopf" und nur 109-mal schillerte die Zahl. Das kann doch nicht wahr sein, dachten wir, und wiederholten das Experiment – mit der gleichen erschreckenden Tendenz: 135-mal kam der Adler und 115-mal die Zahl. Nicht auszudenken, wie leicht sich mit diesem Wissen alle möglichen Spiele manipulieren lassen. Dumm wären Mannschaftskapitäne beim Fußball, wenn sie nicht stets beim Eurowurf vor dem Anpfiff auf den grimmig schauenden Geier setzten. Die Chance, sich den Anstoß oder die beliebtere Spielrichtung für die erste oder zweite Halbzeit zu sichern, steigt mit der überdurchschnittlichen Kopf-Rate. Oder die Tennisspielerin wählt zuerst die Schattenseite des Platzes, weil bis zum Wechsel auf die andere Platzhälfte die ärgste Hitze vorüber ist. Vielleicht startet auch jemand eine „Initiative für fairen Zufall" und bringt zum Glückswurf wieder eine Deutsche Mark ins Spiel. Die sollte sich schließlich strikt an die Wahrscheinlichkeitstheorie halten. Oder haben da Journalisten jahrzehntelang noch einen anderen Skandal verschlafen?

Lutz Kosbab

(Quelle: Badische Zeitung, Freiburg, vom 19.01.2002)

VI Modellieren

1 Modellieren von Wachstumsvorgängen

Seite 163

1 a)

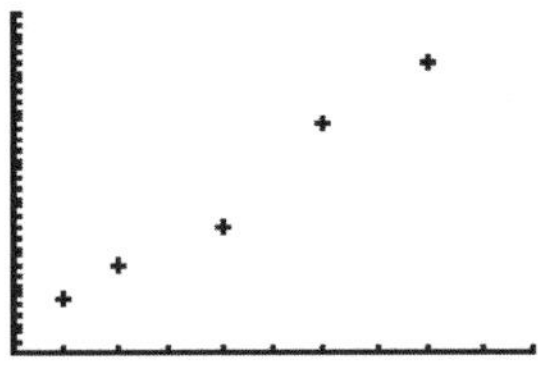

Die Messreihe lässt sich mit linearem Wachstum beschreiben, wobei der dritte Wert ein „Ausreißer" ist.

Wenn man die Funktionsgleichung mithilfe des zweiten (2 | 9,2) und des letzten Wertepaares (8 | 30,2) aufstellt, liegen einige Daten oberhalb und einige Daten unterhalb des Graphen.
Für $y = m \cdot x + n$ gilt bei diesen Werten:
$m = \frac{30{,}2 - 9{,}2}{8 - 2} = 3{,}5$.
Aus $9{,}2 = 2 \cdot 3{,}5 + n$ erhält man $n = 2{,}2$.
Es ist $y = 3{,}5x + 2{,}2$.
An der folgenden Tabelle erkennt man, dass die Funktionsgleichung die Daten mit Ausnahme des Ausreißers gut beschreibt.

t	1	2	4	6	8
B	5,8	9,2	12,9	23,6	30,2
berechnete Werte	5,7	9,2	16,2	23,2	30,2
Abweichungen	0,1	0	−3,3	0,4	0

b)

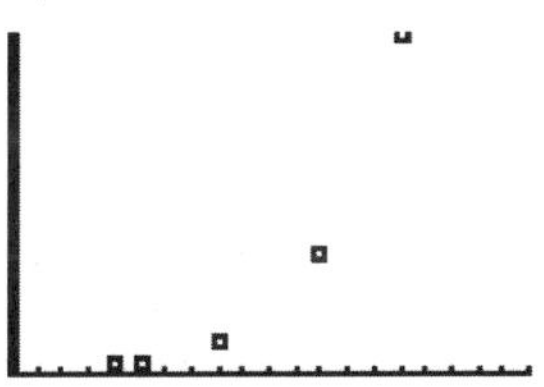

Die Messreihe lässt sich mit exponentiellem Wachstum beschreiben.
Mithilfe des ersten (4 | 13,4) und des letzten (15 | 546,2) Wertepaares erhält man mit dem allgemeinen Ansatz $y = c \cdot a^x$ die Gleichungen:
I: $13{,}4 = c \cdot a^4$, also $c = \frac{13{,}4}{a^4}$
II: $546{,}2 = c \cdot a^{15}$
Setzt man das in I ermittelte c in II ein, erhält man:
$546{,}2 = \frac{13{,}4}{a^4} \cdot a^{15} = 13{,}4 \cdot a^{11} \Longrightarrow a \approx 1{,}400\,83$ und
$c \approx 3{,}48$.
Es folgt: $y = 3{,}48 \cdot 1{,}400\,83^x$.
An der folgenden Tabelle erkennt man, dass die Funktionsgleichung die Daten gut beschreibt.

t	4	5	8
B	13,4	18,9	50,1
berechnete Werte	13,40	18,77	51,60
Abweichungen	0,00	0,13	−1,50

t	12	15
B	199,5	546,2
berechnete Werte	198,70	546,21
Abweichungen	0,80	−0,01

c)

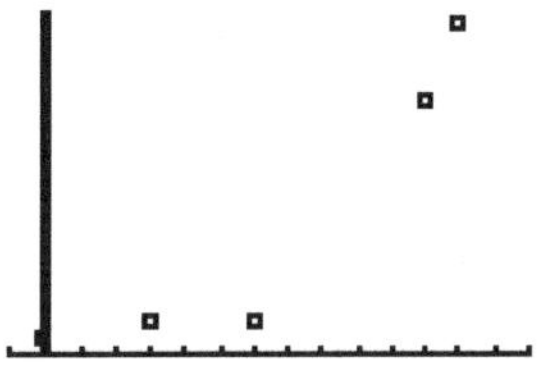

Die Messreihe lässt sich mit exponentiellem Wachstum beschreiben, wobei der dritte Wert ein Ausreißer zu sein scheint.
Mithilfe des ersten (0 | 12,1) und des vorletzten (11 | 216,9) Wertepaares erhält man unter Verwendung des allgemeinen Ansatzes $y = c \cdot a^x$ die Gleichungen:
I: $12{,}1 = c \cdot a^0$, damit $c = 12{,}1$
II: $216{,}9 = 12{,}1 \cdot a^{11} \Longrightarrow a \approx 1{,}300\,026$.
Es folgt: $y = 12{,}1 \cdot 1{,}300\,026^x$.
An der folgenden Tabelle erkennt man, dass die Funktionsgleichung die Daten gut beschreibt.

t	0	3	6
B	12,1	26,6	58,4
berechnete Werte	12,1	26,6	58,4
Abweichungen	0	0,0	0,0

t	11	12
B	216,9	281,9
berechnete Werte	216,9	282,0
Abweichungen	0,0	−0,1

d)

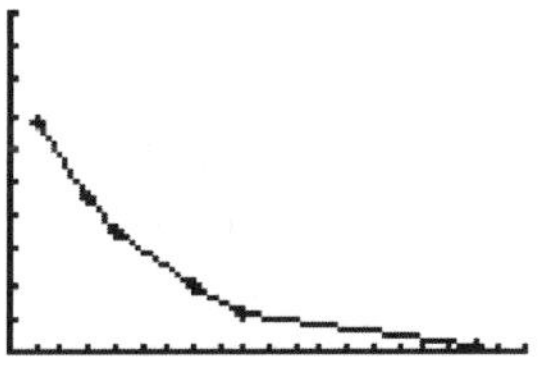

Die Messreihe lässt sich mit exponentiellem Wachstum beschreiben.
Mithilfe des ersten (1 | 6,8) und des vorletzten (9 | 1,1) Wertepaares erhält man mit dem allgemeinen Ansatz $y = c \cdot a^x$ die Gleichungen:
I: $6{,}8 = c \cdot a^1$, also $c = \frac{6{,}8}{a}$
II: $1{,}1 = c \cdot a^9$

Setzt man das in I ermittelte c in II ein, erhält man:

$1{,}1 = \frac{6{,}8}{a} \cdot a^9 = 6{,}8 \cdot a^8 \Longrightarrow a \approx 0{,}79636$ und

$c \approx 8{,}53883$.

Es folgt: $y = 8{,}53883 \cdot 0{,}79636^x$.

An der folgenden Tabelle erkennt man, dass die Funktionsgleichung die Daten gut beschreibt.

t	1	3	4
B	6,8	4,5	3,5
berechnete Werte	6,8	4,3	3,4
Abweichungen	etwa 0	0,2	0,1

t	7	9	18
B	1,9	1,1	0,2
berechnete Werte	1,7	1,1	0,1
Abweichungen	0,2	etwa 0	0,1

2 a)

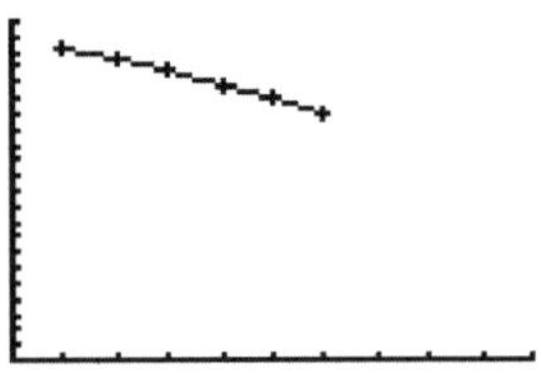

→ lineares Wachstum

b)

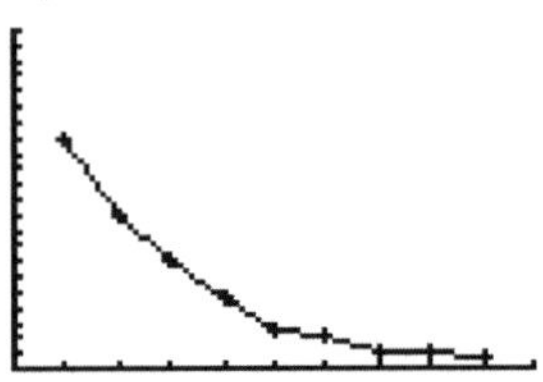

→ exponentielles Wachstum (Zerfall)

c)

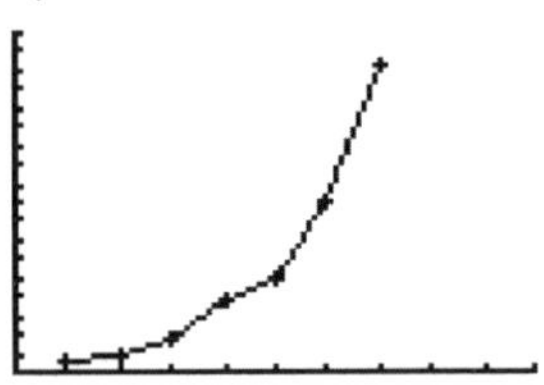

→ exponentielles Wachstum

d)

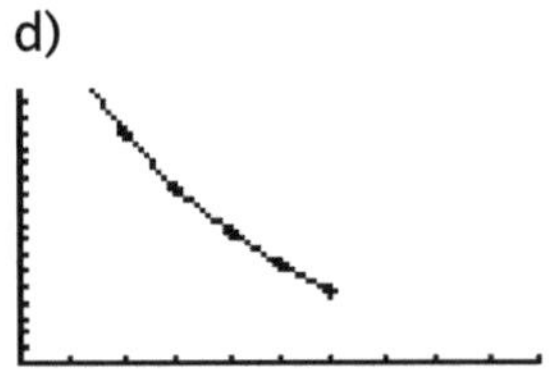

→ exponentielles Wachstum (Zerfall)

e)

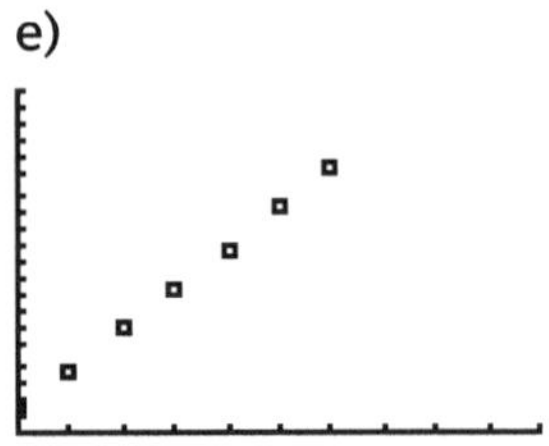

→ lineares Wachstum

f)

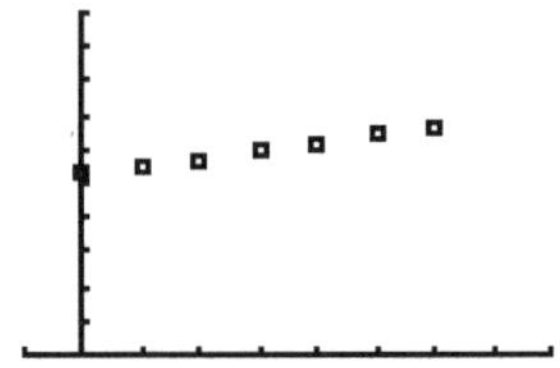

→ lineares Wachstum

3 a) Es handelt sich um exponentielles Wachstum, da die Masse des Ferkels von Woche zu Woche um 4% zunimmt.

b) Mit der prozentualen Zunahme von $p = 4\% = 0{,}04$ beträgt der Wachstumsfaktor $a = 1 + 0{,}04 = 1{,}04$. Der Anfangswert beträgt $c = 10$ (in kg). Demnach kann man den Wachstumsvorgang mit der Funktionsgleichung $f(x) = 10 \cdot 1{,}04^x$ beschreiben. Dabei gibt x die Anzahl der vergangenen Wochen an und f(x) beschreibt das Gewicht des Ferkels in kg.

c) Nach 50 Wochen gilt: $x = 50$. Das Gewicht nach 50 Wochen berechnet man mit $f(50) = 10 \cdot 1{,}04^{50} \approx 71{,}07$, also wiegt das Ferkel dann ca. 71 kg. Dieses Ergebnis ist realistisch, wenn man davon ausgeht, dass das Ferkel in den ersten 50 Wochen gleichmäßig an Masse zunimmt. Dies kann evtl. durch gleiche Fütterung und gleiche Lebensbedingungen erreicht werden.

d)

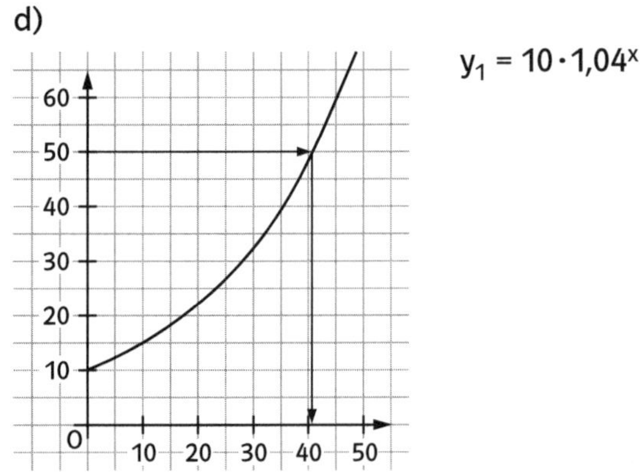

Nach ca. 41 Wochen hat das Ferkel ein Gewicht von 50 kg.

4 a) Die grafische Darstellung mithilfe eines GTR (oder eines anderen Funktionsplotters) zeigt, dass man sowohl lineares als auch exponentielles Wachstum vermuten kann. Aufgrund des leicht krummen Verlaufs des Graphen ist eher von exponentiellem Wachstum auszugehen. Bei der Darstellung werden auf der x-Achse die Anzahl der Jahre seit 1860 abgetragen.

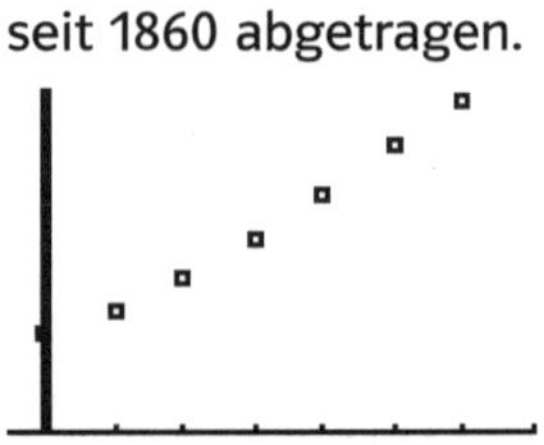

Zum Aufstellen des linearen Modells kann man z.B. das zweite Wertepaar (10 | 39,82) und das vorletzte Wertepaar (50 | 91,92) verwenden. Dann liegen Werte sowohl oberhalb als auch unterhalb des Graphen der linearen Funktion, weshalb die Abweichungen dann insgesamt ausgeglichen wären.

Für $y = m \cdot x + n$ gilt: $m = \frac{91{,}92 - 39{,}82}{50 - 10} = 1{,}3025$.

Aus $39{,}82 = 10 \cdot 1{,}3025 + n$ erhält man $n = 26{,}795$.

Es ist $y = 1{,}3025x + 26{,}795$.

Für das exponentielle Modell kann man die gleichen Wertepaare verwenden. Mit dem allgemeinen Ansatz $y = c \cdot a^x$ erhält man die Gleichungen:

I: $39{,}82 = c \cdot a^{10}$, also $c = \frac{39{,}82}{a^{10}}$

II: $91{,}92 = c \cdot a^{50}$

Durch Einsetzen von c in II erhält man:

$91{,}92 = \frac{39{,}82}{a^{10}} \cdot a^{50} = 39{,}82 \cdot a^{40} \Longrightarrow a \approx 1{,}021134$ und $c \approx 32{,}30532$.

Es folgt: $y = 32{,}30532 \cdot 1{,}021134^x$.

Jahr	1860	1870	1880	1890
Jahre nach 1860	0	10	20	30
Bevölkerungszahl in Mio.	31,43	39,82	50,16	62,95
berechnete Werte – lin. Modell	26,80	39,82	52,85	65,87
Abweichungen	4,64	0,00	–2,69	–2,92
berechnete Werte – exp. Modell	32,31	39,82	49,08	60,50
Abweichungen	–0,88	ca. 0	1,08	2,45

Jahr	1900	1910	1920
Jahre nach 1860	40	50	60
Bevölkerungszahl in Mio.	75,99	91,92	105,71
berechnete Werte – lin. Modell	78,90	91,92	104,95
Abweichungen	–2,91	0,00	0,76
berechnete Werte – exp. Modell	74,57	91,92	113,30
Abweichungen	1,42	0,00	–7,59

Wenn man die Abweichungen insgesamt aufsummiert, erhält man beim linearen Modell einen Abweichungswert von 3,12 (4,64 + 0 – 2,69 – 2,92 – 2,91 + 0 + 0,76) und beim exponentiellen Modell von –3,52. Wenn man die Beträge aller Abweichungen aufsummiert erhält man beim linearen Modell einen Wert von 13,92 und beim exponentiellen Modell einen Wert von 13,42. Bei dieser Abweichungsbetrachtung ist das exponentielle Modell etwas besser.

Wenn man das exponentielle Modell mit den Wertepaaren (0 | 31,43) und (60 | 105,71) aufstellt, erhält man die Funktionsgleichung $y = 31{,}43 \cdot 1{,}020405^x$. Dabei sind die Abweichungen mit 20,99 wesentlich größer. Ebenso erhält man ein schlechteres Modell, wenn man mit den Wertepaaren (10 | 39,82) und (60 | 105,71) rechnet: $y = 32{,}757 \cdot 1{,}01972$ mit einer Abweichung von 13,92.

Nach diesen Betrachtungen sind auf Basis der vorliegenden Tabelle genaue Vorhersagen sehr schwer. Sowohl das exponentielle Modell mit $y = 32{,}30532 \cdot 1{,}021134^x$ als auch das lineare Modell mit $y = 1{,}3025x + 26{,}795$ sind gute Modelle.

b) Um die Bevölkerungszahlen für das Jahr 1790 zu erhalten (hier ist $x = 1790 - 1860 = -70$), setzt man $x = -70$ in beide Funktionsgleichungen ein:

lineares Modell: $y = 1{,}3025 \cdot (-70) + 26{,}795 = -64{,}38$

exponentielles Modell: $y = 32{,}30532 \cdot 1{,}021134^{(-70)} \approx 7{,}47$

Unter Berücksichtigung des Wertes für 1790 erscheint das exponentielle Modell sinnvoller, weil der Wert zwar mit 3,54 Mio. um ca. 90 % abweicht, aber im Vergleich zum linearen Modell einen realistischeren Wert liefert. Der negative Wert beim linearen Modell ist zudem nicht sinnvoll, da es keine negativen Bevölkerungszahlen geben kann.

5 a) Man kann aufgrund der Daten vermuten, dass die Hälfte des Schaumes nach mehr als 110 Sekunden zerfallen ist, weshalb man die Bierschaumqualität vorab als „sehr gut" einschätzen könnte.

Erstellen einer grafischen Übersicht:

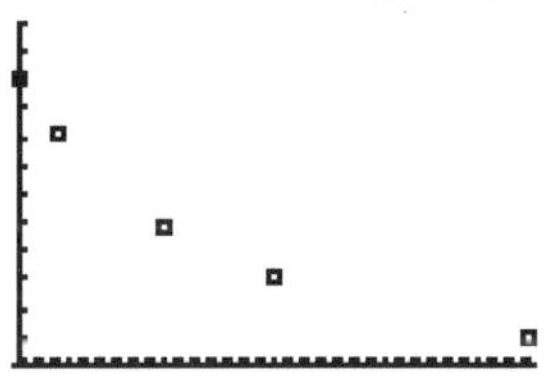

Der grafische Überblick legt einen exponentiellen Verlauf nahe.

Modell 1:

Mit den Wertepaaren A(0 | 10,1) und B(300 | 3) erhält man:

I: $10{,}1 = c \cdot a^0$, also $c = 10{,}1$

II: $3 = 10{,}1 \cdot a^{300} \Longrightarrow a \approx 0{,}995962$.

Es folgt: $y = 10{,}1 \cdot 0{,}995962^x$.

Anhand der Tabelle erkennt man die Abweichungen der berechneten Werte von den Originaldaten – die Funktionsgleichung beschreibt die Messdaten vor allem am Anfang und am Ende gut. In der Mitte der Messungen gibt es Abweichungen.

Zeit in s	0	50	170	300	600
Schaumhöhe in cm	10,1	8,2	4,8	3	0,9
berechnete Werte	10,1	8,3	5,1	3,0	0,9
Abweichungen	0,0	–0,1	–0,3	0,0	0,0

Um die Halbwertszeit zu berechnen, muss man den x-Wert finden, bei dem der y-Wert die Hälfte des Startwertes annimmt: $y_{Halbwertszeit} = 5{,}05$.

$5{,}05 = 10{,}1 \cdot 0{,}995962^x \Longrightarrow x = \frac{\log(0{,}5)}{\log(0{,}995962)} \approx 171{,}3$.

Nach diesem Modell würde die Hälfte des Schaums nach ca. 171 Sekunden erreicht. Da aber nach 170 Sekunden nur noch eine Höhe von 4,8 cm gemessen wurde, also schon mehr als die Hälfte zerfallen war, erscheint dieses Ergebnis nicht sehr sinnvoll.
Dieses Ergebnis ist dann zu akzeptieren, wenn man beim mittleren Wert von einer Messungenauigkeit ausgeht.
Modell 2:
Um mithilfe des Modells vor allem auch den mittleren Bereich der Messdaten gut zu beschreiben, kann man die mittleren Wertepaaren A(50 | 8,2) und B(170 | 4,8) verwenden; man erhält die Gleichungen:

I: $8{,}2 = c \cdot a^{50}$, also $c = \frac{8{,}2}{a^{50}}$

II: $4{,}8 = c \cdot a^{170}$

Durch Einsetzen von c in II erhält man:

$4{,}8 = \frac{8{,}2}{a^{50}} \cdot a^{170} = 8{,}2 \cdot a^{120} \Longrightarrow a \approx 0{,}9955473$ und

$c \approx 10{,}24989$.

Es folgt: $y = 10{,}24989 \cdot 0{,}9955473^x$.

Anhand der Tabelle erkennt man die Abweichungen der berechneten Werte von den Originaldaten – die Funktionsgleichung beschreibt die Messdaten am Anfang und am Ende nicht so gut, dafür sind die Daten im mittleren Bereich besser. Insgesamt sind die Abweichungen etwas größer.

Zeit in s	0	50	170	300	600
Schaumhöhe in cm	10,1	8,2	4,8	3	0,9
berechnete Werte	10,2	8,2	4,8	2,7	0,7
Abweichungen	−0,1	0,0	0,0	0,3	0,2

$5{,}05 = 10{,}24989 \cdot 0{,}9955473^x \Longrightarrow x = \frac{\log(0{,}49269)}{\log(0{,}9955473)}$

$\approx 158{,}6$.

Nach diesem Modell würde die Hälfte des Schaums nach ca. 159 Sekunden erreicht. Wenn man davon ausgeht, dass die mittleren Werte richtig gemessen wurden, kann man diesem Ergebnis mehr vertrauen.
Ergebnis: Bei beiden Modellen erhält man das Ergebnis, dass die Halbwertszeit des Bierschaumzerfalls größer als 110 Sekunden ist, womit das Bier eine sehr gute Bierschaumqualität hat.
b) Es ist aufgrund der Daten schwer, eine Vorhersage zu machen.
Erstellen einer grafischen Übersicht:

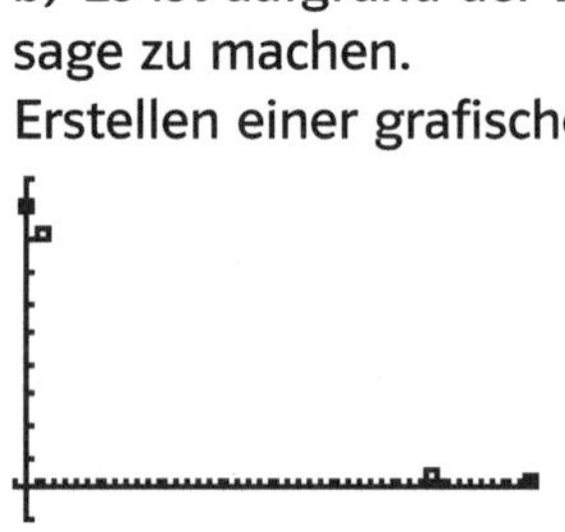

Annahme: exponentielles Modell mit A(0 | 9,2) und B(400 | 0,4):

I: $9{,}2 = c \cdot a^0$, also $c = 9{,}2$

II: $0{,}4 = 9{,}2 \cdot a^{400} \Longrightarrow a \approx 0{,}9921919$.

Es folgt: $y = 9{,}2 \cdot 0{,}9921919^x$.

Anhand der Tabelle erkennt man die Abweichungen der berechneten Werte von den Originaldaten – die Funktionsgleichung beschreibt die Messdaten gut.

Zeit in s	0	20	400	500
Schaumhöhe in cm	9,2	8,2	0,4	0,2
berechnete Werte	9,2	7,9	0,4	0,2
Abweichungen	0,0	0,3	0,0	0,0

Um die Halbwertszeit zu berechnen, muss man den x-Wert finden, bei dem der y-Wert die Hälfte des Startwertes annimmt: $y_{\text{Halbwertszeit}} = 4{,}6$.

$4{,}6 = 9{,}2 \cdot 0{,}9921919^x \Longrightarrow x = \frac{\log(0{,}5)}{\log(0{,}9921919)} \approx 88{,}4$.

Nach diesem Modell würde die Hälfte des Schaums nach ca. 88 Sekunden erreicht.
Ergebnis: Auf der Grundlage des verwendeten Modells weist dieses Bier keine sehr gute Bierschaumqualität auf, weil die Hälfte des Schaums schon nach weniger als 110 Sekunden zerfallen ist.

Seite 164

6 a) Mithilfe eines Tabellenkalkulationsprogramms kann man die y-Werte der einzelnen Funktionen mit den Messwerten der Tabelle vergleichen und die Gesamtabweichung als Summe der einzelnen Abweichungen bestimmen.

x-Werte	0	2	3	5	6	7	9	11
y-Werte	6	5,3	5,4	5,7	5,8	4,5	6,2	6,5
$f_1(x)$	5,03	5,26	5,38	5,63	5,76	5,89	6,17	6,45
Abweichung	0,97	0,04	0,02	0,07	0,04	−1,39	0,03	0,05
$f_2(x)$	6,00	6,19	6,28	6,47	6,57	6,66	6,85	7,04
Abweichung	**0,00**	−0,89	−0,88	−0,77	−0,77	−2,16	−0,65	−0,54
$f_3(x)$	6,00	6,17	6,25	6,43	6,52	6,61	6,79	6,98
Abweichung	**0,00**	−0,87	−0,85	−0,73	−0,72	−2,11	−0,59	−0,48
$f_4(x)$	3,40	3,68	3,83	4,15	4,32	4,50	4,88	5,29
Abweichung	2,60	1,62	1,57	1,55	1,48	**0,00**	1,32	1,21

x-Werte	14	15	18	19	Gesamtabweichung
y-Werte	7	7,2	7	7,8	
$f_1(x)$	6,91	7,06	7,56	7,73	
Abweichung	0,09	0,14	−0,56	0,07	−0,45
$f_2(x)$	7,33	7,42	7,70	7,80	
Abweichung	−0,33	−0,22	−0,70	**0,00**	−7,92
$f_3(x)$	7,28	7,38	7,69	7,80	
Abweichung	−0,28	−0,18	−0,69	**0,00**	−7,5
$f_4(x)$	5,96	6,21	7,00	7,29	
Abweichung	1,04	0,99	**0,00**	0,51	13,88

Man stellt fest, dass die Funktion mit $f_1(x) = 5{,}03 \cdot 1{,}0229^x$ die Daten am besten beschreibt.
b) Wenn man sich zunächst einmal das Punktediagramm anschaut, so stellt man fest, dass es in der Datenreihe einige Ausreißer gibt:

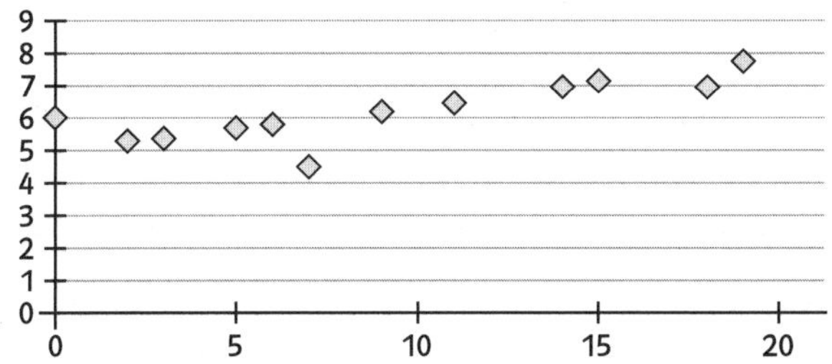

Der erste Wert (0 | 6), der sechste Wert (7 | 4,5) und der vorletzte Wert (18 | 7) liegen nicht auf dem zu vermutenden Graphen der anderen Werte. Hier könnten Messfehler vorliegen. Beim Aufstellen einer Funktionsgleichung müssten diese Werte vernachlässigt werden. Wenn man dies aber nicht berücksichtigt, erhält man so große Abweichungen.
Die Funktion f_2 wurde aus den Daten (0 | 6) und (19 | 7,8) ermittelt. Den Punkt (0 | 6) erkennt man sofort am Anfangswert. Anhand der Tabelle aus a) erkennt man weiter, dass die Abweichungen beim Punkt (19 | 7,8) ebenfalls 0 betragen. Demnach war dieser Punkt Grundlage der Berechnung von f_2.
$f_2(x) = 0{,}0947 \cdot x + 6$. Die Funktionsgleichung beschreibt die Daten so schlecht, weil mit dem Punkt (0 | 6) einer der Ausreißer verwendet wurde.
Die Funktion f_3 wurde ebenfalls aus den Daten (0 | 6) und (19 | 7,8) ermittelt wie man aus der Tabelle (Abweichung = 0) erkennen kann.
$f_3(x) = 6 \cdot 1{,}01389566^x$. Die Funktionsgleichung beschreibt die Daten so schlecht, weil mit dem Punkt (0 | 6) einer der Ausreißer verwendet wurde.
Die Funktion f_4 wurde aus den Daten (7 | 4,5) und (18 | 7) ermittelt – siehe Tabelle.
$f_4(x) = 3{,}3971 \cdot 1{,}04101896^x$. Die Funktionsgleichung beschreibt die Daten so schlecht, weil beide Punkte Ausreißer sind.

7 $f(0) = g(0)$. f hat den gleichen Startwert wie g: $c = 0{,}2$.
Wenn man für $w = 1$ den Funktionswert bestimmt, erhält man $g(1) = 0{,}3898 \approx 0{,}39 \approx f(7)$. Ebenso erhält man für $w = 2$ den Funktionswert $g(1) \approx 0{,}76 \approx f(7)$ usw.
w steht hier also für die Anzahl der Wochen.

Seite 165

8 Zunächst kann man sich durch eine grafische Darstellung einen Überblick über die Daten verschaffen.

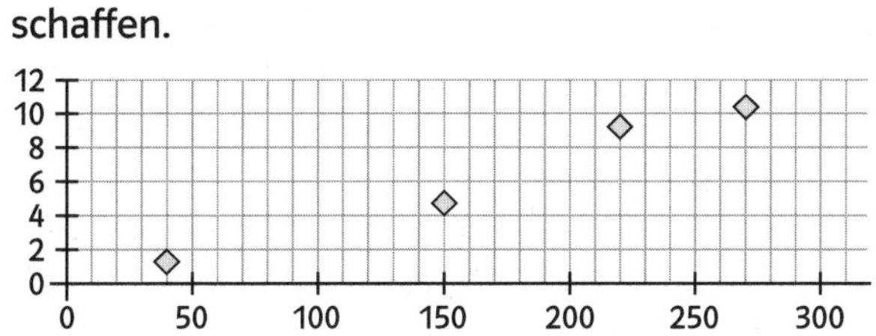

Man erkennt an der grafischen Darstellung, dass es sich hierbei sehr wahrscheinlich um einen linearen Zusammenhang handelt. Der zweite Wert weicht leicht nach unten und der dritte leicht nach oben ab. Demzufolge kann man die Funktionsgleichung mithilfe des ersten und letzten Wertes aufstellen. Für $y = mx + n$ ergibt sich mit (40 | 1,2) und (270 | 10,5) die lineare Funktionsgleichung $y \approx 0{,}0404x - 0{,}4174$.

Tiefe in m	40	150	220	270
Temperatur in °C	1,2	4,7	9,3	10,5
berechnete Temp.	1,2	5,6	8,5	10,5
Abweichungen	0,0	−0,9	0,8	0,0

Man erkennt, dass die Abweichungen nach oben und nach unten sich ungefähr aufheben (die Werte wurden auf eine Nachkommastelle gerundet).
Um vorherzusagen, welche Temperatur in 350 m Tiefe vorherrscht, setzt man $x = 350$ in die Funktionsgleichung ein: $y \approx 0{,}0404 \cdot 350 - 0{,}4174 \approx 13{,}72$.
Man kann in einer Tiefe von 350 m eine ungefähre Temperatur von 13,7 °C vermuten.

9 a) Man erkennt an der GTR-Grafik in Figur 1, dass die Messreihe anfangs (bis zum 7. Wert) exponentiell zu verlaufen scheint und anschließend eher linear verläuft. Um die Messreihe gut mithilfe von Funktionsgleichungen zu beschreiben, ist es daher sinnvoll, zwei Funktionsgleichungen aufzustellen.
Die Funktion f beschreibt dann die Daten von (0 | 0,13) bis einschließlich zum Datenpunkt (8 | 6,82) als exponentielle Funktion. Die Funktion g beschreibt die Daten vom Datenpunkt (8 | 6,82) bis zum Datenpunkt (18 | 9,43) als lineare Funktion.
Bestimmung der Funktionsgleichung zu f:
Mithilfe der Datenpunkte (0 | 0,13) und (8 | 6,82) erhält man aus
I: $0{,}13 = c \cdot a^0$, also $c = 0{,}13$
II: $6{,}82 = 0{,}13 \cdot a^8 \Longrightarrow a \approx 1{,}6405$,
die Funktionsgleichung: $y = 0{,}13 \cdot 1{,}6405^x$ im Abschnitt (Definitionsbereich) $0 \leqq x \leqq 8$.
Mithilfe der Datenpunkte (8 | 6,82) und (16 | 8,91) erhält man aus $m = \frac{8{,}91 - 6{,}82}{16 - 8} = 0{,}26125$ und aus $6{,}82 = 8 \cdot 0{,}26125 + n$, also $n = 4{,}73$,
die Funktionsgleichung $y = 0{,}26125x + 4{,}73$ im Abschnitt (Definitionsbereich) $x \geqq 8$.
Anhand der folgenden Tabelle erkennt man die Abweichungen der entsprechenden Werte:

t	0	1	2	3	4	6
B	0,13	0,26	0,49	0,94	1,71	4,3
$y = 0{,}13 \cdot 1{,}6405^x$	0,13	0,21	0,35	0,57	0,94	2,53
$y = 0{,}26125x + 4{,}73$						
Abweichungen	0,00	0,05	0,14	0,37	0,77	1,77

t	8	10	12	14	16	18
B	6,82	7,3	7,91	8,24	8,91	9,43
$y = 0{,}13 \cdot 1{,}6405^x$	6,82					
$y = 0{,}26125x + 4{,}73$	6,82	7,34	7,87	8,39	8,91	9,43
Abweichungen	0,00	−0,04	0,04	−0,15	0,00	0,00

b) Der Graph legt für die ersten sechs Messwerte einen exponentiell oder linear ansteigenden Verlauf nahe und für die restlichen einen exponentiellen Zerfall.

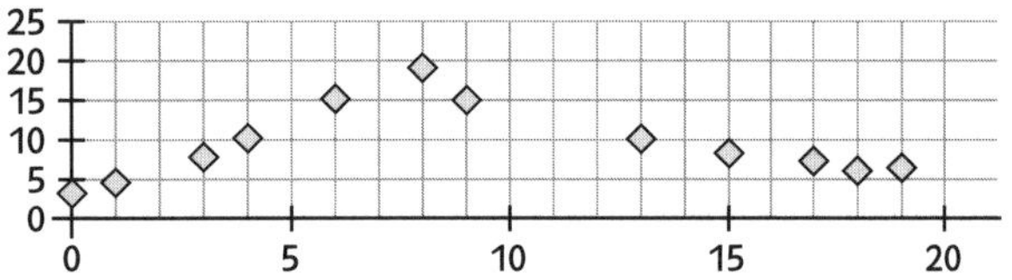

Mithilfe der Datenpunkte (0 | 2,9) und (8 | 19,3) erhält man bei einem exponentiellen Modell aus
I: $2{,}9 = c \cdot a^0$, also $c = 2{,}9$
II: $19{,}3 = 2{,}9 \cdot a^8 \Longrightarrow a \approx 1{,}267345$
für f_1 die Funktionsgleichung: $y = 2{,}9 \cdot 1{,}267345^x$ im Abschnitt (Definitionsbereich) $0 \leqq x \leqq 8$.

Bei einem linearen Modell erhält man:
$m = \frac{19{,}3 - 2{,}9}{8 - 0} = 2{,}05$ und aus (0 | 2,9) $n = 2{,}9$. Es gilt also für f_2 die Funktionsgleichung $y = 2{,}05x + 2{,}9$ im Abschnitt (Definitionsbereich) $0 \leqq x \leqq 8$.
Mithilfe der Datenpunkte (8 | 19,3) und (19 | 6,2) erhält man aus
I: $19{,}3 = c \cdot a^8$, also $c = \frac{19{,}3}{a^8}$
II: $6{,}2 = c \cdot a^{19}$
und durch Einsetzen von c in II:
$6{,}2 = \frac{19{,}3}{a^8} \cdot a^{19} = 19{,}3 \cdot a^{11} \Longrightarrow a \approx 0{,}90192$ und
$c \approx 44{,}078135$
die Funktionsgleichung $y = 44{,}0781 \cdot 0{,}90192^x$ im Abschnitt (Definitionsbereich) $8 \leqq x \leqq 19$.
Zusammenfassend erkennt man in der Tabelle die Abweichungen der Originaldaten zu den berechneten Werten:

t	0	1	3	4	6	8
B	2,9	4,1	7,6	10	15,2	19,3
f_1 mit $y = 2{,}9 \cdot 1{,}267345^x$	2,90	3,68	5,90	7,48	12,02	19,30
g mit $y = 44{,}0781 \cdot 0{,}90192^x$						19,30
Abweichungen	0,00	0,42	1,70	2,52	3,18	0,00
f_2 mit $y = 2{,}05x + 2{,}9$	2,9	4,95	9,05	11,1	15,2	19,3
g mit $y = 44{,}0781 \cdot 0{,}90192^x$						19,30
Abweichungen	0,00	−0,85	−1,45	−1,10	0,00	0,00

t	9	13	15	17	18	19
B	15	10	8	7	6	6,2
f_1 mit $y = 2{,}9 \cdot 1{,}267345^x$						
g mit $y = 44{,}0781 \cdot 0{,}90192^x$	17,41	11,52	9,37	7,62	6,87	6,20
Abweichungen	−2,41	−1,52	−1,37	−0,62	−0,87	0,00
f_2 mit $y = 2{,}05x + 2{,}9$						
g mit $y = 44{,}0781 \cdot 0{,}90192^x$	17,41	11,52	9,37	7,62	6,87	6,20
Abweichungen	−2,41	−1,52	−1,37	−0,62	−0,87	0,00

Man erkennt, dass die Abweichungen für den ersten Bereich ($0 \leqq x \leqq 8$) bei f_1 größer sind als bei f_2.

10 a) Zunächst liest man die Daten aus dem Diagramm ab, trägt diese in eine Tabelle ein und zeichnet einen Graphen. Dies ist sinnvoll, da die Skalierung auf der x-Achse nicht gleichmäßig ist und so der Eindruck des Wachstumsverhaltens täuschen könnte:

Jahr	1960	1965	1970	1975	1980	1985	1990
Jahre seit 1960	0	5	10	15	20	25	30
Ausfuhren in Mrd. Euro	21	40	65	120	190	290	370
Einfuhren in Mrd. Euro	20	40	55	100	180	250	310

Jahr	1995	2000	2001	2002	2003	2004
Jahre seit 1960	35	40	41	42	43	44
Ausfuhren in Mrd. Euro	410	635	680	690	700	780
Einfuhren in Mrd. Euro	360	570	575	550	570	610

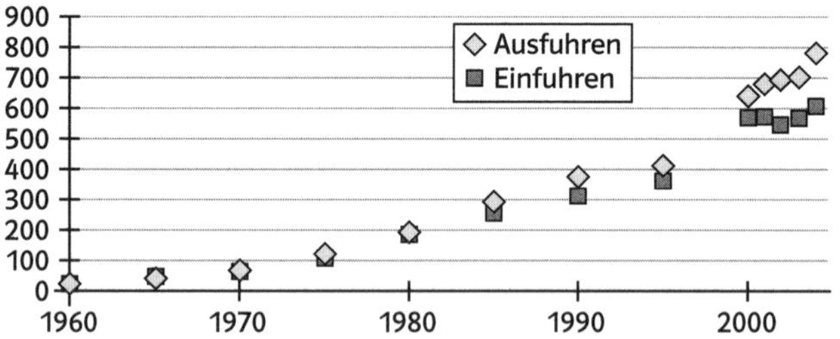

Man erkennt, dass die Ausfuhren und Einfuhren insgesamt exponentiell zunehmen, wobei man ab dem Jahr 2000 von einem abgeschwächten Anstieg sprechen kann. Daher liegt es nahe, die Außenhandelsdaten bis zum Jahr 2000 mit exponentiellen Funktionen zu beschreiben und ab dem Jahr 2000 jeweils mit linearen Funktionen zu arbeiten:
Zur Beschreibung der Daten mit Funktionen kann man die x-Werte als Anzahl der Jahre ab 1960 notieren (siehe obige Tabelle).
Ausfuhren:
Für den Ausschnitt von 1960 bis 2000 mit den Datenpunkten (0 | 21) und (40 | 635):
I: $21 = c \cdot a^0$, also $c = 21$

II: $635 = 21 \cdot a^{40} \Longrightarrow a \approx 1{,}088965$, also
$y = 21 \cdot 1{,}088965^x$.
Für den Ausschnitt von 2000 bis 2004 mit den Datenpunkten (40 | 635) und (44 | 780):
$m = \frac{780 - 635}{44 - 40} = 36{,}25$ und aus (40 | 635) erhält man
$n = -815$, also $y = 36{,}25 \cdot x - 815$.
Einfuhren:
Für den Ausschnitt von 1960 bis 2000 mit den Datenpunkten (0 | 20) und (40 | 570):
I: $20 = c \cdot a^0$, also $c = 20$
II: $570 = 20 \cdot a^{40} \Longrightarrow a \approx 1{,}087354$, also
$y = 20 \cdot 1{,}087354^x$.
Für den Ausschnitt von 2000 bis 2004 mit den Datenpunkten (40 | 570) und (44 | 610):
$m = \frac{610 - 570}{44 - 40} = 10$ und aus (40 | 570) erhält man
$n = 170$, also $y = 10 \cdot x + 170$.
Die Tabelle zeigt die einzelnen Abweichungen zwischen Originaldaten und berechneten Werten:

Jahr	1960	1965	1970	1975	1980	1985	1990
Jahre seit 1960	0	5	10	15	20	25	30
Ausfuhren in Mrd. €	21	40	65	120	190	290	370
Einfuhren in Mrd. €	20	40	55	100	180	250	310
Ausfuhren							
exp. Fkt. mit $y = 21 \cdot 1{,}088965^x$	21	32,16	49,24	75,41	115,5	176,8	270,8
lin. Fkt. mit $y = 36{,}25x - 815$							
Abweichungen	0	7,842	15,76	44,59	74,52	113,2	99,21
Einfuhren							
exp. Fkt. mit $y = 20 \cdot 1{,}087354^x$	20	30,4	46,21	70,24	106,8	162,3	246,7
lin. Fkt. mit $y = 10x + 170$							
Abweichungen	0	9,599	8,79	29,76	73,23	87,71	63,31

Jahr	1995	2000	2001	2002	2003	2004
Jahre seit 1960	35	40	41	42	43	44
Ausfuhren in Mrd. €	410	635	680	690	700	780
Einfuhren in Mrd. €	360	570	575	550	570	610
Ausfuhren						
exp. Fkt. mit $y = 21 \cdot 1{,}088965^x$	414,7	635				
lin. Fkt. mit $y = 36{,}25x - 815$		635	671,3	707,5	743,8	780
Abweichungen	–4,67	0	8,75	–17,5	–43,8	0
Einfuhren						
exp. Fkt. mit $y = 20 \cdot 1{,}087354^x$	375	570				
lin. Fkt. mit $y = 10x + 170$		570	580	590	600	610
Abweichungen	–15	0,009	–5	–40	–30	0

b) Um Prognosen für die nächsten Jahre tätigen zu können, muss man in die linearen Funktionsgleichungen für die Jahre ab 2000 die entsprechenden x-Werte für das zu betrachtende Jahr einsetzen – bspw. für das Jahr 2010 ist $x = 2010 - 1960 = 50$. Allerdings hängt das Wachstum des Außenhandels von so vielen Daten ab, sodass eine sichere Prognose nicht möglich ist. Man erhält lediglich einen Richtwert.

11 a)

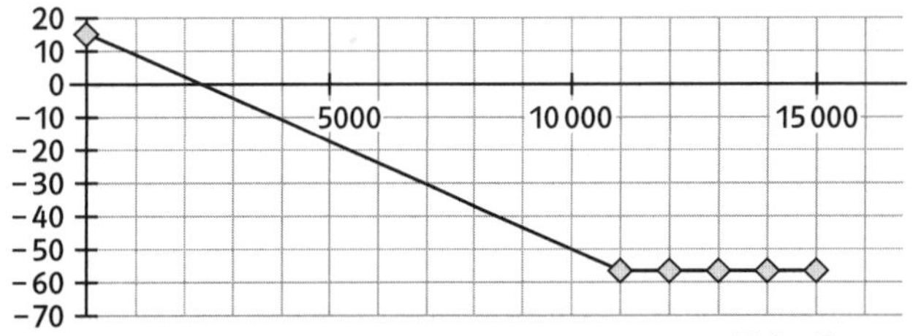

Für den Bereich von 0 bis 11000 ist $m = \frac{-56{,}5 - 15}{11000 - 0}$
$= -0{,}0065$ und aus (0 | 15) erhält man $n = 15$, also
$y = -0{,}0065 \cdot x + 15$.
Für den Bereich ab 11000 gilt $y = -56{,}5$.
b) Die Temperaturveränderung bei einer Höhenzunahme von 1 Meter entspricht der Steigung der linearen Funktion. Demnach beträgt sie –0,0065 °C pro Höhenmeter.
c) Wenn der Höhenunterschied 10 Meter beträgt, verändert sich die Temperatur um 0,065 °C. Dies ist mit handelsüblichen Thermometern kaum bzw. nicht messbar.

2 Modellieren von periodischen Vorgängen

Seite 168

1 Lösungsweg 1:
Ein Weg besteht darin, dass man die Funktionswerte der drei Funktionen für die entsprechenden x-Werte berechnen lässt (z. B. mit einem Tabellenkalkulationsprogramm) und diese mit den beiden Tabellen vergleicht.

x	0	1	2	3	4	5	6
f(x) – (A)		12,5	14,2	15	14,3		
f(x) – (B)	0,0	2,4	1,7	–1,2	–2,5	–0,8	2,1
$f_1(x) = 3{,}5 \cdot \sin(0{,}15 \cdot x)$	0,0	0,5	1,0	1,5	2,0	2,4	2,7
$f_2(x) = 2{,}5 \cdot \sin(1{,}2 \cdot x)$	0,0	2,3	1,7	–1,1	–2,5	–0,7	2,0
$f_3(x) = 5 \cdot \sin(0{,}523 \cdot x) + 10$	10,0	12,5	14,3	15,0	14,3	12,5	10,0

x	7	8	9	10	14	15	16
f(x) – (A)		5,6	5,0	5,7	14,3	15	14,4
f(x) – (B)	2,2	–0,4	–2,6				
$f_1(x) = 3{,}5 \cdot \sin(0{,}15 \cdot x)$	3,0	3,3	3,4	3,5	3,0	2,7	2,4
$f_2(x) = 2{,}5 \cdot \sin(1{,}2 \cdot x)$	2,1	–0,4	–2,5	–1,3	–2,2	–1,9	0,9
$f_3(x) = 5 \cdot \sin(0{,}523 \cdot x) + 10$	7,5	5,7	5,0	5,7	14,3	15,0	14,4

Lösungsweg 2:
Ebenso kann man von den Daten der Tabellen sowie von den drei Funktionen die Graphen zeichnen lassen und analysieren, welche Graphen sich weitestgehend decken.
Ergebnis:
Man erkennt: f_2 gehört zur Tabelle B) und f_3 gehört zur Tabelle A).

2 a) Durch Ablesen des Maximums und Minimums erhält man die Amplitude $a = 0{,}5$. Die Periode hat eine Länge von 6,3 Einheiten: $b = \frac{2 \cdot \pi}{6{,}3} \approx 0{,}997$.
Bei $x = 0$ ist $y = 3$, also ist $d = 3$.
Es gilt insgesamt $y = 0{,}5 \cdot \sin(0{,}997x) + 3$.
b) Durch Ablesen des Maximums und Minimums erhält man die Amplitude $a = 2$. Die Länge der Periode kann man nicht genau ablesen. Genauer kann man die Länge von zwei Perioden ermitteln – sie beträgt 4,2 Einheiten, also ist $p = 2{,}1$. Es folgt: $b = \frac{2 \cdot \pi}{2{,}1} \approx 2{,}99$. Bei $x = 0$ ist $y = 0$, also ist $d = 0$.
Es gilt insgesamt $y = 2 \cdot \sin(2{,}99x)$.
c) Durch Ablesen des Maximums und Minimums erhält man die Amplitude $a = 0{,}5$. Die Periode hat eine Länge von π Einheiten: $b = \frac{2 \cdot \pi}{\pi} = 2$.
Bei $x = 0$ ist $y = -2$, also ist $d = -2$.
Es gilt insgesamt $y = 0{,}5 \cdot \sin(2x) - 2$.

3 a) Die Amplitude entspricht dem halben Wert zwischen Maximum (im Juli bei 19 °C) und Minimum (im Januar bei 1 °C). Daher gilt: $a = (19 - 1) : 2 = 9$.
Die Periode beträgt ein Jahr, also $p = 12$ Monate.
Mithilfe der Formel $p = \frac{2\pi}{b}$ erhält man $b = \frac{2\pi}{12} \approx 0{,}523\,599$.
Der Mittelwert zwischen Tief- und Hochpunkt liegt im April ($x = 0$) bei errechneten 10 °C ((19 + 1) : 2); damit ist $d = 10$.
Es ergibt sich: $y = 9 \cdot \sin(0{,}523\,599 \cdot x) + 10$, wobei x die Anzahl der Monate ab April angibt.
b) Die Amplitude entspricht dem halben Wert zwischen Minimum (im Januar bei –43 °C) und Maximum (im Juli bei 19 °C). Daher gilt: $a = (19 - (-43)) : 2 = 31$.
Die Periode beträgt ein Jahr, also $p = 12$ Monate.
Mithilfe der Formel $p = \frac{2\pi}{b}$ erhält man $b = \frac{2\pi}{12} \approx 0{,}523\,599$.
Der Mittelwert zwischen Tief- und Hochpunkt liegt im Oktober ($x = 0$) bei errechneten –12 °C ((–43 + 19) : 2); damit ist $d = -12$.
Es ergibt sich: $y = 31 \cdot \sin(0{,}523\,599 \cdot x) - 12$, wobei x die Anzahl der Monate ab Oktober angibt.
c) Die Amplitude entspricht dem halben Wert zwischen Maximum (im Januar bei 22 °C) und Minimum (im Juli bei 12 °C). Daher gilt: $a = (22 - 12) : 2 = 5$.
Die Periode beträgt ein Jahr, also $p = 12$ Monate.
Mithilfe der Formel $p = \frac{2\pi}{b}$ erhält man $b = \frac{2\pi}{12} \approx 0{,}523\,599$.
Der Mittelwert zwischen Tief- und Hochpunkt liegt im Oktober ($x = 0$) bei errechneten 17 °C ((22 + 12) : 2); damit ist $d = 17$.
Es ergibt sich: $y = 5 \cdot \sin(0{,}523\,599 \cdot x) + 17$, wobei x die Anzahl der Monate ab Oktober angibt.
d) Die Amplitude entspricht dem halben Wert zwischen Maximum (im Juli bei 27 °C) und Minimum (im Januar bei 26 °C). Daher gilt: $a = (27 - 26) : 2 = 0{,}5$.
Die Periode beträgt ein Jahr, also $p = 12$ Monate.
Mithilfe der Formel $p = \frac{2\pi}{b}$ erhält man $b = \frac{2\pi}{12} \approx 0{,}523\,599$.
Der Mittelwert zwischen Tief- und Hochpunkt liegt im April ($x = 0$) bei errechneten 26,5 °C ((27 + 26) : 2); damit ist $d = 26{,}5$.
Es ergibt sich: $y = 0{,}5 \cdot \sin(0{,}523\,599 \cdot x) + 26{,}5$, wobei x die Anzahl der Monate ab April angibt.

4 Die Amplitude entspricht dem halben Wert zwischen Maximum (im Juni bei 66 °C) und Minimum (im Dezember bei 18 °C). Daher gilt: $a = (66 - 18) : 2 = 24$.
Die Periode beträgt ein Jahr, also $p = 12$ Monate.
Mithilfe der Formel $p = \frac{2\pi}{b}$ erhält man $b = \frac{2\pi}{12} \approx 0{,}523\,599$.
Der Mittelwert zwischen Tief- und Hochpunkt liegt im März ($x = 0$) bei errechneten 42 °C ((66 + 18) : 2); damit ist $d = 42$.
Es ergibt sich als Funktion für den Verlauf der Sonnenhöchststände: $y = 24 \cdot \sin(0{,}523\,599 \cdot x) + 42$.

Monat	Jan.	Feb.	März	April	Mai	Juni
Monate seit März	–2	–1	0	1	2	3
Sonnenhöchststand in Grad	19	27	39	50	61	66
berechneter Höchststand	21,2	30,0	42,0	54,0	62,8	66,0
Abweichungen	–2,2	–3,0	–3,0	–4,0	–1,8	0,0

Monat	Juli	Aug.	Sept.	Okt.	Nov.	Dez.
Monate seit März	4	5	6	7	8	9
Sonnenhöchststand in Grad	63	55	42	31	22	18
berechneter Höchststand	62,8	54,0	42,0	30,0	21,2	18,0
Abweichungen	0,2	1,0	0,0	1,0	0,8	0,0

Anhand der Abweichungen kann man sehen, dass die Sinusfunktion bei vielen Werten geringe Abweichungen besitzt (die größte Abweichung besteht im April mit 4 °C). Damit ist das Modell gut, hat aber Zeiten, in denen es nur mäßig gute Werte liefert.

5 a) Judith: $f(t) \approx 1{,}35 \cdot \sin(0{,}006\,950\,426\,2 \cdot t)$
Hans: $g(t) = 1{,}35 \cdot \sin\left(\frac{2 \cdot \pi}{904} \cdot t\right) + 1{,}35$

Der Faktor 1,35 ist bei beiden Funktionsgleichungen gleich – dies entspricht der Amplitude, die bei dem Experiment durch den Graphen vorgegeben ist.
Judith hat für den Parameter b die Zahl 0,006 950 426 2, wobei Hans für b den Bruch $\frac{2\cdot\pi}{904}$ aufgestellt hat. Wird der Wert von Hans ausgerechnet, entspricht er ebenfalls dem Wert von Judith.
Judith hat für den Parameter d den Wert 0. Sie hat die x-Achse genau auf die mittlere Höhe der Schwingung gelegt. Bei Hans gilt $d = 1{,}35$. Da dieser Parameter eine Verschiebung in y-Richtung bewirkt, hat Hans die x-Achse nicht auf die mittlere Höhe der Schwingung, sondern auf den tiefsten Wert der Schwingung gelegt (Amplitude = 1,35). Unter Berücksichtigung dieses Aspektes beschreiben beide Funktionen den gleichen Sachzusammenhang.
b) Die Amplitude muss man messen. Sie beträgt demnach $a = 1{,}35$.
Da die einzelnen Messpunkte jeweils 226 Millisekunden auseinander liegen und die Periode nach 4 Messpunkten erreicht ist, gilt $p = 4\cdot 226 = 904$.
Den Parameter b erhält man daher durch $b = \frac{2\cdot\pi}{904}$.
Der Parameter d variiert bei beiden – siehe Antwort zu a).
c) Bei einer längeren Schwingung ist die Sinusfunktion als Modell weniger geeignet, weil in der Realität die Schwingungshöhe mit der Zeit immer geringer wird und beim Stillstand der Feder die Höhe 0 einnimmt. Dies ist bei dem Graphen der Sinusfunktion nicht der Fall – der Graph verläuft immer gleichmäßig.

Seite 169

6 a) Man kann annehmen, dass die Wassertiefe um 4:20 Uhr ihr Maximum von 5,2 m annimmt und um 10:32 Uhr ihr Minimum von 2,0 m.
Die Amplitude entspricht dem halben Wert zwischen Maximum und Minimum. Daher gilt:
$a = (5{,}2 - 2) : 2 = 1{,}6$.
Die Periode beträgt etwa zweimal 6 Stunden und 12 Minuten ($2\cdot 6\frac{1}{5}$h), also $p = 12{,}4$ Stunden.
Mithilfe der Formel $p = \frac{2\pi}{b}$ erhält man $b = \frac{2\pi}{12{,}4}$
$\approx 0{,}506708$.
Der Mittelwert zwischen Tief- und Hochpunkt liegt etwa zwischen 10:32 Uhr und der nächsten Flut, die etwa um 16:44 Uhr zu erwarten ist, also um 13:38 Uhr ($x = 0$, x gibt also die vergangenen Stunden ab 13:38 Uhr an) bei errechneten 3,6 m ($(5{,}2 + 2) : 2$); damit ist $d = 3{,}6$.
Es ergibt sich: $y = 1{,}6\cdot\sin(0{,}506708\cdot x) + 3{,}6$.
b) Zur Beantwortung dieser Frage zeichnet man zunächst den Graphen der Sinusfunktion mit $y = 1{,}6\cdot\sin(0{,}506708\cdot x) + 3{,}6$.

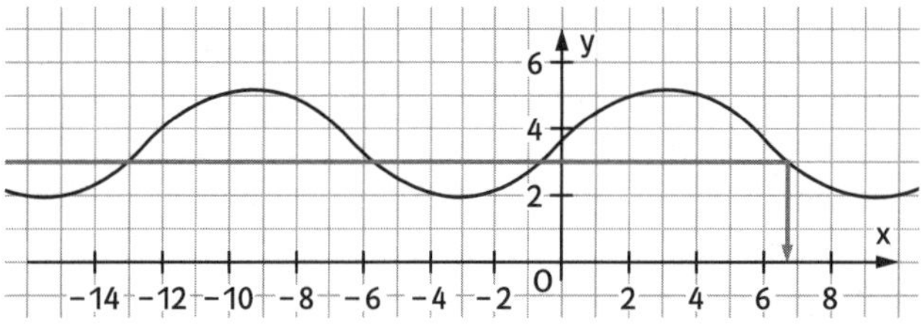

Circa 7 Stunden nach 13:38 Uhr – also um 20:38 Uhr – beträgt die Wassertiefe weniger als 3 m. Demnach muss das Anlegen bis dahin erfolgt sein.

7 a) In Hamburg wird die Gezeitenbewegung stark von der Elbe beeinflusst. Bei Flut wird das Elbewasser flussaufwärts gedrückt. Der Stau lässt den Wasserstand schnell ansteigen. Wenn die Flut vorbei ist, sinkt der Wasserstand relativ langsam, weil das Wasser durch das Flussbett abfließen muss. Dieser Effekt fehlt in Büsum an der Nordseeküste. Steigen und Fallen des Wasserstandes erscheinen ziemlich genau spiegelsymmetrisch.
b) (Fehler im 1. Druck der 1. Auflage des Schülerbuchs: Statt $a\cdot\sin(bx) + 1$ heißt es richtig $a\cdot\sin(bx) + d$.) Die Tidenkurve für Büsum kommt einer Sinuskurve augenscheinlich recht nahe. Man muss auf der 1. Achse eine Stundenskala aufbringen: 3,5 h vor Hochwasser wird 0 h und 3,5 h nach Hochwasser wird 7 h. Durch Ablesen des Maximums und des Minimums erhält man die Periode.
Max. Wasserstand $W_{max} = 3{,}64$ m
Min. Wasserstand $W_{min} = 0{,}00$ m
$a = 1{,}82$ m
Die halbe Periode ist die Entfernung zwischen den zwei Schnittpunkten der Kurve mit der Mittellinie.
$p = 2\cdot 7$ Stunden $= 14$ Stunden
Mithilfe der Formel $p = \frac{2\pi}{b}$ erhält man
$b = \frac{1}{7}\pi \approx 0{,}448799$
$W(t) = 1{,}82\cdot\sin(0{,}448799x) + 1{,}82$
Zeit t in Stunden, Wasserstand W in m
Die Periode 14 Stunden könnte überraschen. Ist sie wirklich so lang? Nimmt man die Horizontalentfernung zwischen den zwei Minima als Periode, findet man $p = 12$ Stunden. Das weist schon auf eine Abweichung von der Sinus-Form hin: Die Kurve ist nach oben etwas ausgebaucht.
Ein Blick in ein Lexikon ergibt übrigens $p = 12\frac{1}{2}$h.
Tidenkurve für Büsum

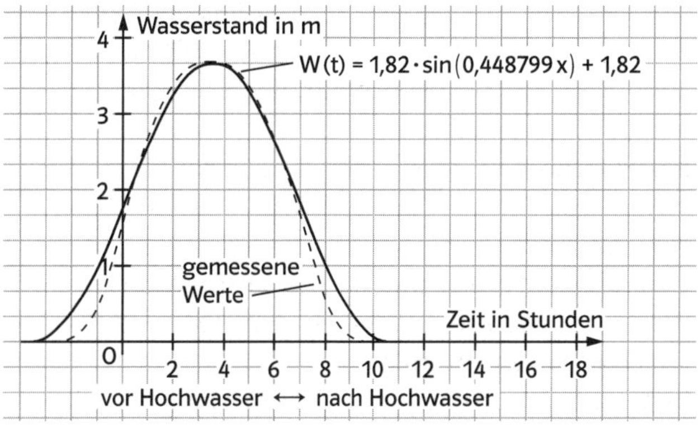

8 a) Man kann den geschilderten Zusammenhang mithilfe einer Sinusfunktion beschreiben, weil sich die Sonnenstände jedes Jahr in etwa wiederholen, also periodisch sind. Aus den Daten muss man das Maximum und das Minimum herauslesen. Da die Daten aber sehr unvollständig sind, muss man vereinfachend festlegen, welcher Wert das Maximum bzw. Minimum darstellt.

Sonnenaufgang

Von den Daten ist die Messung vom 01.01. die späteste Zeit. Hier setzt man das Maximum (1 | 8,5) – y beschreibt die Uhrzeit als Dezimalzahl geschrieben. Das Minimum liegt dann am 21.06. (am 172. Tag des Jahres) um 05:02 Uhr, also im Punkt (172 | 5,03). Hieraus kann man nun die Parameter a, b und d der Sinusfunktion mit $y = a \cdot \sin(bx) + d$ bestimmen.

Die Amplitude entspricht dem halben Wert zwischen Maximum und Minimum. Daher gilt: $a = (8{,}5 - 5{,}03) : 2 = 1{,}735$.

Die Periode beträgt 365 Tage, also $p = 365$. Mithilfe der Formel $p = \frac{2\pi}{b}$ erhält man $b = \frac{2\pi}{365} \approx 0{,}0172142$.

Der Mittelwert zwischen Tief- und Hochpunkt, also zwischen dem 21.06. und dem 01.01., liegt etwa am 268. Tag des Jahres (172 + (365 – 172) : 2), hier ist dann $x = 0$. Der Mittelwert beträgt: $(8{,}5 + 5{,}03) : 2 = 6{,}765$); damit ist $d = 6{,}765$.

Es ergibt sich:

$y_{Sonnenaufgang} = 1{,}735 \cdot \sin(0{,}0172142 \cdot x) + 6{,}765$.

Sonnenuntergang

Von den Daten ist die Messung vom 21.06. (am 172. Tag des Jahres) die späteste Zeit, hier setzt man das Maximum (172 | 21,6). y beschreibt die Uhrzeit als Dezimalzahl geschrieben. Das Minimum liegt dann am 01.01. um 16:10 Uhr, also im Punkt (1 | 16,17).

Hieraus kann man nun wie beim Sonnenaufgang die Parameter a, b und d der Sinusfunktion mit $y = a \cdot \sin(bx) + d$ bestimmen.

Die Amplitude entspricht dem halben Wert zwischen Maximum und Minimum. Daher gilt: $a = (21{,}6 - 16{,}17) : 2 = 2{,}715$.

Die Periode beträgt 365 Tage, also $p = 365$. Mithilfe der Formel $p = \frac{2\pi}{b}$ erhält man $b = \frac{2\pi}{365} \approx 0{,}0172142$.

Der Mittelwert zwischen Tief- und Hochpunkt, also zwischen dem 01.01. und dem 21.06., liegt etwa am 86. Tag des Jahres (1 + (172 – 1) : 2), hier ist dann $x = 0$. Der Mittelwert beträgt: $(21{,}6 + 16{,}17) : 2 = 18{,}885$); damit ist $d = 18{,}885$.

Es ergibt sich:

$y_{Sonnenuntergang} = 2{,}715 \cdot \sin(0{,}0172142 \cdot x) + 18{,}885$.

Nun kann man mit den Funktionsgleichungen die Qualität beurteilen, indem man die berechneten Werte mit den Originaldaten vergleicht und die Abweichungen bestimmt:

Datum	01.01.	15.01.	25.05.
Datum in „Tag im Jahr"	1	15	145
Sonnenaufgang	08:30 Uhr	08:10 Uhr	05:25 Uhr
Zeit Sonnenaufgang in Dezimalschreibweise	8,5	8,167	5,417
Datum an x = 0 (268. Tag) angleichen	–267	–253	–123
berechnete Werte Sonnenaufgang	8,488	8,390	5,28
Abweichungen	0,012	–0,223	0,134
Abweichungen gerundet auf ganze Minuten	1	–13	8
Sonnenuntergang	16:10 Uhr	16:44 Uhr	21:28 Uhr
Zeit Sonnenuntergang in Dezimalschreibweise	16,167	16,733	21,467
Datum an x = 0 (86. Tag) angleichen	–86	–71	59
berechnete Werte Sonnenuntergang	16,181	16,333	21,192
Abweichungen	–0,014	0,400	0,275
Abweichungen gerundet auf ganze Minuten	–1	24	16

Datum	21.06.	04.07.
Datum in „Tag im Jahr"	172	185
Sonnenaufgang	05:02 Uhr	05:08 Uhr
Zeit Sonnenaufgang in Dezimalschreibweise	5,033	5,133
Datum an x = 0 (268. Tag) angleichen	–96	–83
berechnete Werte Sonnenaufgang	5,036	5,047
Abweichungen	–0,003	0,0856
Abweichungen gerundet auf ganze Minuten	0	5
Sonnenuntergang	21:36 Uhr	21:34 Uhr
Zeit Sonnenuntergang in Dezimalschreibweise	21,6	21,567
Datum an x = 0 (86. Tag) angleichen	86	99
berechnete Werte Sonnenuntergang	21,589	21,576
Abweichungen	0,011	–0,009
Abweichungen gerundet auf ganze Minuten	1	–1

Man erkennt, dass die maximalen Abweichungen beim Sonnenaufgang bei 13 Minuten und beim Sonnenuntergang bei 24 Minuten liegen. Demzufolge muss man bei den Abschätzungen für den 11. Oktober diese Unsicherheiten mit berücksichtigen:

Der 11. Oktober ist der 284. Tag im Jahr.

→ Sonnenuntergang: hier ist beim 11. Oktober $x = 198$:

$y_{Sonnenuntergang} = 2{,}715 \cdot \sin(0{,}0172142 \cdot 198) + 18{,}885 \approx 18{,}17$, also um 18:10 Uhr.

→ Sonnenaufgang ist dann am nächsten Tag, also dem 12. Oktober, hier ist dann $x = 17$:
$y_{Sonnenaufgang} = 1{,}735 \cdot \sin(0{,}0172142 \cdot 17) + 6{,}765 \approx 7{,}27$, also um 07:16 Uhr.

Empfehlung

Aus dem Bundesjagdgesetz weiß man, dass Schalenwild eineinhalb Stunden nach Sonnenuntergang (also um 19:40 Uhr und unter Berücksichtigung einer maximalen Abweichung von ca. 24 Minuten demnach um 20:04 Uhr) und eineinhalb Stunden vor Sonnenaufgang (also um 05:46 Uhr und unter Berücksichtigung einer maximalen Abweichung von 13 Minuten um 05:33 Uhr) nicht erlegt werden darf. Also kann sich Herr Wild auf eine Jagdzeit ab etwa 05:30 Uhr am nächsten Morgen einstellen.

b) Individuelle Lösungen, wobei Elemente obiger Tabelle verwendet werden könnten.

3 Modellieren von geradlinigen Bewegungen

Seite 172

1 a) Mithilfe der Punkte $A_0(-2\,|\,-1)$ bei $t_0 = 0$ und $A_1(-1\,|\,1)$ bei $t_1 = 1$ kann man unter der Annahme, dass das Schiff geradlinig fährt, den Richtungsvektor der Kursgeraden und anschließend die Kursgeraden aufstellen.
Kursgerade für das Schiff:
$\vec{x} = \begin{pmatrix} -2 \\ -1 \end{pmatrix} + t \cdot \begin{pmatrix} -1-(-2) \\ 1-(-1) \end{pmatrix} = \begin{pmatrix} -2 \\ -1 \end{pmatrix} + t \cdot \begin{pmatrix} 1 \\ 2 \end{pmatrix}$.

b) Bei $t = 2$ befindet sich das Schiff in der Position $(0\,|\,3)$, denn
$\vec{x} = \begin{pmatrix} -2 \\ -1 \end{pmatrix} + 2 \cdot \begin{pmatrix} 1 \\ 2 \end{pmatrix} = \begin{pmatrix} -2+2\cdot1 \\ -1+2\cdot2 \end{pmatrix} = \begin{pmatrix} 0 \\ 3 \end{pmatrix}$.
Bei $t = 5$ befindet es sich entsprechend in der Position $(3\,|\,9)$.

c) Um nun zu prüfen, ob die Bojen gerammt werden, muss man kontrollieren, ob die Punkte der Bojen auf der Kursgeraden des Schiffes liegen:
Boje mit der Position $(1\,|\,5)$: Man prüft, ob die Gleichung $\begin{pmatrix} -2 \\ -1 \end{pmatrix} + t \cdot \begin{pmatrix} 1 \\ 2 \end{pmatrix} = \begin{pmatrix} 1 \\ 5 \end{pmatrix}$ gilt:
$-2 + t = 1 \Longrightarrow t = 3$
$-1 + 2t = -1 + 6 = 5$; ja, die Boje wird gerammt.
Boje mit der Position $(2\,|\,3{,}5)$: Man prüft, ob die Gleichung $\begin{pmatrix} -2 \\ -1 \end{pmatrix} + t \cdot \begin{pmatrix} 1 \\ 2 \end{pmatrix} = \begin{pmatrix} 2 \\ 3{,}5 \end{pmatrix}$ gilt:
$-2 + t = 2 \Longrightarrow t = 4$
$-1 + 2t = -1 + 8 = 7 \neq 3{,}5$; nein, die Boje wird nicht gerammt.
Boje mit der Position $(1{,}5\,|\,5{,}5)$: Man prüft, ob die Gleichung $\begin{pmatrix} -2 \\ -1 \end{pmatrix} + t \cdot \begin{pmatrix} 1 \\ 2 \end{pmatrix} = \begin{pmatrix} 1{,}5 \\ 5{,}5 \end{pmatrix}$ gilt:
$-2 + t = 1{,}5 \Longrightarrow t = 3{,}5$
$-1 + 2t = -1 + 7 = 6 \neq 5{,}5$; nein, die Boje wird wahrscheinlich nicht gerammt.
Da die Abweichung mit 0,5 Längeneinheiten sehr gering ist, kann man zur Sicherheit noch den geringsten Abstand bestimmen:
Dazu kann man den Abstandsvektor für beliebiges t bestimmen und mithilfe des Satzes von Pythagoras den Abstand für beliebiges t berechnen. Mithilfe des GTR ermittelt man dann das Minimum.
Mit $A_t(-2 + t\,|\,-1 + 2t)$ und der Position der Boje $B(1{,}5\,|\,5{,}5)$ erhält man als Abstandsvektor
$\overrightarrow{AB} = \begin{pmatrix} 1{,}5-(-2+t) \\ 5{,}5-(-1+2t) \end{pmatrix} = \begin{pmatrix} 3{,}5-t \\ 6{,}5-2t \end{pmatrix}$ und die Abstandsfunktion
$d(t) = \sqrt{(3{,}5-t)^2 + (6{,}5-2t)^2}$. Mithilfe des GTR erhält man $t_{min} = 3{,}3$ mit $d_{min} \approx 0{,}224$ Längeneinheiten.
Damit beträgt der minimale Abstand 0,224 Längeneinheiten, was ein Rammen der Boje nicht völlig ausschließt. Dies hängt von der Breite des Schiffes und der Boje und von den Maßeinheiten ab, mit denen gerechnet wurde.

2 a) Erstes Schiff: Mithilfe der Punkte $A_0(5\,|\,1)$ bei $t_0 = 0$ und $A_1(7\,|\,2)$ bei $t_1 = 1$ kann man unter der Annahme, dass das Schiff geradlinig fährt, den Richtungsvektor der Kursgeraden und anschließend die Kursgeraden des ersten Schiffes aufstellen.
Kursgerade für das Schiff:
$\vec{x} = \begin{pmatrix} 5 \\ 1 \end{pmatrix} + t \cdot \begin{pmatrix} 7-5 \\ 2-1 \end{pmatrix} = \begin{pmatrix} 5 \\ 1 \end{pmatrix} + t \cdot \begin{pmatrix} 2 \\ 1 \end{pmatrix}$.
Zweites Schiff: Entsprechend gilt für das zweite Schiff mit $B_0(3\,|\,4)$ und $B_1(7\,|\,3)$:
$\vec{x} = \begin{pmatrix} 3 \\ 4 \end{pmatrix} + t \cdot \begin{pmatrix} 7-3 \\ 3-4 \end{pmatrix} = \begin{pmatrix} 3 \\ 4 \end{pmatrix} + t \cdot \begin{pmatrix} 4 \\ -1 \end{pmatrix}$.
Um den geringsten Abstand zu bestimmen, stellt man zunächst den Abstandsvektor für beliebiges t auf und berechnet mithilfe des Satzes von Pythagoras den Abstand für beliebiges t.
Mit $A_t(5 + 2t\,|\,1 + t)$ und der Position der Boje $B(10\,|\,3)$ erhält man als Abstandsvektor
$\overrightarrow{AC} = \begin{pmatrix} 10-(5+2t) \\ 3-(1+t) \end{pmatrix} = \begin{pmatrix} 5-2t \\ 2-t \end{pmatrix}$ und die Abstandsfunktion
$d(t) = \sqrt{(5-2t)^2 + (2-t)^2}$. Mithilfe des GTR erhält man $t_{min} = 2{,}4$ Stunden mit $d_{min} \approx 0{,}447$ km.
Mit $B_t(3 + 4t\,|\,4 - t)$ und der Position der Boje $B(10\,|\,3)$ erhält man als Abstandsvektor
$\overrightarrow{BC} = \begin{pmatrix} 10-(3+4t) \\ 3-(4-t) \end{pmatrix} = \begin{pmatrix} 7-4t \\ -1+t \end{pmatrix}$ und die Abstandsfunktion
$d(t) = \sqrt{(7-4t)^2 + (-1+t)^2}$. Mithilfe des GTR erhält man $t_{min} \approx 1{,}71$ Stunden mit $d_{min} \approx 0{,}728$ km.

b) Hierzu ermittelt man den Abstandsvektor beider Schiffe zum Zeitpunkt t: $\overrightarrow{AB} = \begin{pmatrix} 3+4t-(5+2t) \\ 4-t-(1+t) \end{pmatrix} = \begin{pmatrix} -2+2t \\ 3-2t \end{pmatrix}$.
Die Abstandsfunktion lautet
$d(t) = \sqrt{(-2+2t)^2 + (3-2t)^2}$. Mithilfe des GTR erhält man $t_{min} = 1{,}25$ Stunden mit $d_{min} \approx 0{,}707$ km $= 707$ m.

Seite 173

3 Um zu kontrollieren, was in 5 Minuten (300 Sekunden) passiert, bestimmt man zunächst die Kursgeraden des Sportflugzeuges (Angaben jeweils in Fuß):

Mithilfe der Punkte $A_0(-9670\,|\,-14310\,|\,2125)$ bei $t_0 = 0$ Sekunden und $A_1(-9634\,|\,-14256\,|\,2119)$ bei $t_1 = 1$ Sekunde kann man unter der Annahme, dass das Sportflugzeug geradlinig fliegt, den Richtungsvektor der Kursgeraden und anschließend die Kursgeraden g aufstellen:

$$g\colon \vec{x} = \begin{pmatrix} -9670 \\ -14310 \\ 2125 \end{pmatrix} + t\cdot\begin{pmatrix} -9634-(-9670) \\ -14256-(-14310) \\ 2119-2125 \end{pmatrix}$$

$$= \begin{pmatrix} -9760 \\ -14310 \\ 2125 \end{pmatrix} + t\cdot\begin{pmatrix} 36 \\ 54 \\ -6 \end{pmatrix},$$

wobei t die Zeit in Sekunden angibt. Nach 5 Minuten sind 300 Sekunden vergangen (t = 300). Das Sportflugzeug ist dann im Punkt $(1130\,|\,1890\,|\,325)$, denn

$$\vec{x} = \begin{pmatrix} -9760 \\ -14310 \\ 2125 \end{pmatrix} + 300\cdot\begin{pmatrix} 36 \\ 54 \\ -6 \end{pmatrix} = \begin{pmatrix} -9670+10800 \\ -14310+16200 \\ 2125-1800 \end{pmatrix}$$

$$= \begin{pmatrix} 1130 \\ 1890 \\ 325 \end{pmatrix}.$$

Es könnte demnach sein, dass die Windkraftanlage gerammt wird. Zur Sicherheit der Abschätzung kann man noch den geringsten Abstand des Sportflugzeuges zur Spitze der Windkraftanlage $W(1200\,|\,2000\,|\,320)$ bestimmen:

$$\overrightarrow{AW} = \begin{pmatrix} 1200-(-9670+36t) \\ 2000-(-14310+54t) \\ 320-(2125-6t) \end{pmatrix} = \begin{pmatrix} 10870-36t \\ 16310-54t \\ -1805+6t \end{pmatrix}.$$

Mit $d(t) = \sqrt{(10870-36t)^2+(16310-54t)^2+(-1805+6t)^2}$ erhält man mithilfe des GTR $t_{min} \approx 302$ Sekunden mit $d_{min} \approx 7{,}55$ Fuß $= 2{,}3$ m.

Somit kann man nicht ausschließen, dass das Sportflugzeug zumindest ein Rotorblatt der Windkraftanlage rammt, da der Abstand nach ca. 302 Sekunden mit ca. 2,3 m sehr gering ist. Das Sportflugzeug sollte seinen Kurs ändern.

Ergänzung:

Die Windkraftanlage hat bei der Spitze eine Höhe von 320 Fuß, was einer Höhe von 97,54 m entspricht, weshalb die Aussage des Lotsen, dass es keine Blinklichter haben muss, stimmt.

4 (Druckfehler im 1. Druck der 1. Auflage: Statt (−9634 Fuß | −14256 Fuß | 2111 Fuß) lautet die zweite Koordinate richtig (−9634 Fuß | −14256 Fuß | 2119 Fuß)).

Aus den Angaben kann man direkt die Abstandsfunktion bestimmen: $d(t) = \sqrt{((0+t)-(4+t))^2 + ((5+2t)-(9+t))^2 + ((1+2t)-(3+0\cdot t))^2}$.

Mithilfe des GTR ermittelt man $t_{min} = 1{,}6$ h und $d_{min} \approx 4{,}82$ km. Also haben beide Flugzeuge in 1,6 Stunden (96 Minuten) den geringsten Abstand von 4,82 km. Sie kollidieren demnach nicht.

5 Flugzeug 1:

Mithilfe der Punkte $A_0(3\,|\,5\,|\,6)$ bei $t_0 = 0$ Minuten und $A_3(0\,|\,1\,|\,5)$ bei $t_3 = 3$ Minuten kann man unter der Annahme, dass das Flugzeug geradlinig fliegt, den Richtungsvektor der Kursgeraden und anschließend die Kursgeraden aufstellen:

$$\vec{x} = \begin{pmatrix} 3 \\ 5 \\ 6 \end{pmatrix} + t\cdot\begin{pmatrix} 0-3 \\ 1-5 \\ 5-6 \end{pmatrix} = \begin{pmatrix} 3 \\ 5 \\ 6 \end{pmatrix} + t\cdot\begin{pmatrix} -3 \\ -4 \\ -1 \end{pmatrix},$$

wobei t die Zeiteinheit von 3 Minuten angibt. Das heißt, in 3 Minuten legt das Flugzeug eine Strecke zurück, die durch den Vektor $\begin{pmatrix} -3 \\ -4 \\ -1 \end{pmatrix}$ beschrieben wird. Demnach legt es in 1 Minute ein Drittel dieses Vektors zurück: $\frac{1}{3}\cdot\begin{pmatrix} -3 \\ -4 \\ -1 \end{pmatrix} = \begin{pmatrix} -1 \\ -\frac{4}{3} \\ -\frac{1}{3} \end{pmatrix}$.

Die neue Kursgerade lautet nun:

$\vec{x} = \begin{pmatrix} 3 \\ 5 \\ 6 \end{pmatrix} + s\cdot\begin{pmatrix} -1 \\ -\frac{4}{3} \\ -\frac{1}{3} \end{pmatrix}$, wobei s die Zeit in Minuten angibt.

Flugzeug 2:

Mithilfe der Punkte $A_2(4\,|\,2\,|\,3)$ bei $t_2 = 2$ Minuten und $A_4(2\,|\,3\,|\,4)$ bei $t_4 = 4$ Minuten kann man unter der Annahme, dass das Flugzeug geradlinig fliegt, den Richtungsvektor der Kursgeraden und anschließend die Kursgeraden aufstellen, wobei die Beschreibung erst nach 2 Minuten beginnt:

$\vec{x} = \begin{pmatrix} 4 \\ 2 \\ 3 \end{pmatrix} + t\cdot\begin{pmatrix} 2-4 \\ 3-2 \\ 4-3 \end{pmatrix} = \begin{pmatrix} 4 \\ 2 \\ 3 \end{pmatrix} + t\cdot\begin{pmatrix} -2 \\ 1 \\ 1 \end{pmatrix}$. Der Richtungsvektor $\begin{pmatrix} -2 \\ 1 \\ 1 \end{pmatrix}$ gibt dabei an, welche Strecke das Flugzeug in 2 Minuten zurücklegt. Wenn man diese Strecke von dem Positionsvektor nach 2 Minuten abzieht, erhält man die Position des Flugzeuges 2 zum Zeitpunkt $t = 0$: $\begin{pmatrix} 4 \\ 2 \\ 3 \end{pmatrix} - \begin{pmatrix} -2 \\ 1 \\ 1 \end{pmatrix} = \begin{pmatrix} 6 \\ 1 \\ 2 \end{pmatrix}$.

Des Weiteren erhält man durch Division durch 2 den Richtungsvektor für eine Zeiteinheit von 1 Minute: $\frac{1}{2}\cdot\begin{pmatrix} -2 \\ 1 \\ 1 \end{pmatrix} = \begin{pmatrix} -1 \\ \frac{1}{2} \\ \frac{1}{2} \end{pmatrix}$. Die neue Kursgerade für das Flugzeug 2 lautet demnach $\vec{x} = \begin{pmatrix} 6 \\ 1 \\ 2 \end{pmatrix} + s\cdot\begin{pmatrix} -1 \\ \frac{1}{2} \\ \frac{1}{2} \end{pmatrix}$.

Da die Kursgeraden die beiden Flugzeuge nun jeweils zur selben Zeit beschreiben, kann man den geringsten Abstand mithilfe der Abstandsfunktion ermitteln: $d(t) = \sqrt{((3-s)-(6-s))^2 + ((5-\frac{4}{3}s)-(1+\frac{1}{2}s))^2 + ((6-\frac{1}{3}s)-(2+\frac{1}{2}s))^2}$. Mithilfe des GTR ermittelt man $t_{min} = 2.630137482$ Minuten und $d_{min} \approx 3.59$ Längeneinheiten. In Abhängigkeit von der Längeneinheit kollidieren sie oder nicht. Wenn die Angaben in Kilometer sind, kollidieren sie nicht; wenn sie aber in Meter sind, würden die Flugzeuge kollidieren.

6 a) Das Flugzeug hat 10 Meilen (also 18 520 m) im horizontalen Abstand zum Landestartpunkt (0 | 0 | 0) die Position F(0 | −18 520 | 914,4) – alle Angaben in Meter. Wenn es geradlinig auf die Landebahn zufliegt, kann man die Kursgerade mit

$\vec{x} = \begin{pmatrix} 0 \\ -18\,520 \\ 914{,}4 \end{pmatrix} + t \cdot \begin{pmatrix} 0 \\ 18\,520 \\ -914{,}4 \end{pmatrix}$ beschreiben, wobei

t = 1 die Zeit wäre, bis das Flugzeug auf dem Landestartpunkt landet.
Zu den Bedingungen:
(1) 10 Meilen im horizontalen Abstand zur Landebahn sollte es eine Höhe von 3000 Fuß haben: 3000 Fuß = 914,4 m, da der horizontale Abstand des Flugzeuges zum Landestartpunkt die x_2-Koordinate darstellt und die Höhe des Flugzeuges durch die x_3-Koordinate angegeben ist, hat das Flugzeug im horizontalen Abstand von 10 Meilen (18 520 m) genau die Höhe 914,4 m ⟹ die Bedingung ist erfüllt.
(2) Bei 7 Meilen im horizontalen Abstand zur Landebahn sollte es eine Höhe von 2000 Fuß haben: 2000 Fuß = 609,6 m und 7 Meilen = 12 964 m. Also muss man bestimmen, für welches t die x_2-Koordinate −12 964 annimmt; es wird −12 964 und nicht +12 964 ermittelt, weil der 10-Meilen-Abstand bereits mit einer negativen Koordinate (−18 520) angegeben ist: $-18\,520 + t \cdot 18\,520 = -12\,964 \Longrightarrow t = 0{,}3$.
Durch Einsetzen von t = 0,3 kann man die x_3-Koordinate und damit die Höhe berechnen:
$914{,}4 + 0{,}3 \cdot (-914{,}4) = 640{,}08$.
Bei einem horizontalen Abstand von 7 Meilen hat das Flugzeug demnach eine Höhe von ca. 640 m, sodass die Bedingung erfüllt ist.
(3) Bei 3 Meilen im horizontalen Abstand zur Landebahn sollte es eine Höhe von 1000 Fuß haben: 1000 Fuß = 304,8 m und 3 Meilen = 5556 m. Also muss man bestimmen, für welches t die x_2-Koordinate −5556 annimmt; es wird wie bei (2) −5556 und nicht +5556 ermittelt:
$-18\,520 + t \cdot 18\,520 = -5556 \Longrightarrow t = 0{,}7$.
Durch Einsetzen von t = 0,7 kann man die x_3-Koordinate und damit die Höhe berechnen:
$914{,}4 + 0{,}7 \cdot (-914{,}4) = 274{,}32$.
Bei einem horizontalen Abstand von 3 Meilen hat das Flugzeug demnach eine Höhe von ca. 274 m, sodass diese Bedingung nicht erfüllt ist. Die vorgeschriebene Höhe wird um ca. 30,5 m unterschritten.
b) Die Kursgerade für den Landeanflug ist relativ unrealistisch, weil der Landeanflug kurz vor der Landung noch flacher erfolgen muss. Dazu wird der Höhenverlust anfangs noch stärker sein (relativ hohe Steigung) und gegen Ende der Landung stark abschwächen (geringe Steigung).

7 a)

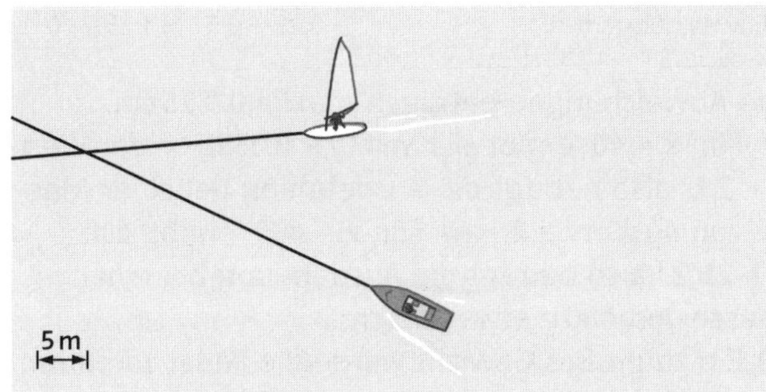

Den Ort der Kollision kann man zeichnerisch bestimmen. Dazu zeichnet man den Schnittpunkt des Kurses des Surfbretts mit dem Kurs des Bootes in die Skizze ein.
b) Um die Geschwindigkeiten zu bestimmen, muss man zunächst den Abstand des Surfbretts bzw. des Bootes zum Schnittpunkt der Kursgeraden (Ort der Kollision) ermitteln. In dieser Skizze misst man unter Berücksichtigung des angegebenen Maßstabes folgende Abstände: $d_{\text{Schnittpunkt - Boot}} = 33\,\text{m}$ und $d_{\text{Schnittpunkt - Surfbrett}} = 23\,\text{m}$. Da die Kollision nach 1 Sekunde erfolgt, legt das Boot in 1 Sekunde ca. 33 m zurück und das Surfbrett 23 m.
$\Longrightarrow v(\text{Boot}) = \frac{33\,\text{m}}{1\,\text{s}} = \frac{33 \cdot 3{,}6\,\text{km}}{1\,\text{h}} = \frac{118{,}8\,\text{km}}{1\,\text{h}} \approx 119\,\frac{\text{km}}{\text{h}}$ bzw. $\approx 19\,\frac{\text{m}}{\text{s}}$
$v(\text{Surfbrett}) = \frac{23\,\text{m}}{1\,\text{s}} = \frac{23 \cdot 3{,}6\,\text{km}}{1\,\text{h}} = \frac{82{,}8\,\text{km}}{1\,\text{h}} \approx 83\,\frac{\text{km}}{\text{h}}$ bzw. $\approx 13\,\frac{\text{m}}{\text{s}}$

4 Modellierungskreislauf

Seite 176

1 a) Anhand der Daten erkennt man, dass bei einer Zunahme der Masse von 100 g die Ausdehnung jeweils um ca. 5 cm zunimmt. Weil die Zunahme immer annähernd gleich ist, liegt ein linearer Zusammenhang vor, der etwa mit der Funktionsgleichung $y = m \cdot x + n$ beschrieben werden kann, wobei x die Masse in Gramm und y die Ausdehnung in Zentimeter beschreiben.
Zunächst kann man eine Funktionsgleichung aufstellen: Mithilfe der Punkte P(0 | 0) und Q(400 | 21) erhält man für die Steigung $m = \frac{21 - 0}{400 - 0} = 0{,}0525$. Aus P ergibt sich n = 0.
Es folgt: $y = 0{,}0525 \cdot x$.
b) Um die Qualität zu beurteilen, berechnet man für alle angegebenen x-Werte die Funktionswerte und vergleicht mit den Originaldaten:

Masse in g	0	100	200	300	400
Auslenkung in cm	0	5	11	14,5	21
berechneter Wert der Auslenkung	0	5,25	10,5	15,75	21
Abweichungen	0	−0,25	0,5	−1,25	0

Die Abweichungen betragen maximal 1,25 cm.
c) Für $x = 40$ ergibt sich mit $y = 0{,}0525 \cdot x$ der Wert $y = 2{,}1$; also beträgt die Ausdehnung bei einer Masse von 40 g etwa 2,1 cm. Für $x = 480$ ergibt sich $y = 25{,}2$; also beträgt die Ausdehnung bei einer Masse von 480 g etwa 25,2 cm.
d) Ein zu großes Gewicht würde die Feder zerstören. Somit hat das mathematische Modell unter anderem hier seine Grenzen.
e) Weil man aus dem Messergebnis von a) weiß, dass der Zusammenhang linear ist, kann man mithilfe des Messwertes und dem zweiten Punkt (0 | 0) eine Funktionsgleichung aufstellen:
$P(0\,|\,0)$ und $Q(400\,|\,25) \Longrightarrow m = \frac{25-0}{400-0} = 0{,}0625$.
Aus P ergibt sich $n = 0$.
Es folgt: $y = 0{,}0625 \cdot x$.
Für $x = 950$ gilt dann $y = 59{,}375$ (also etwa 59,4 cm) und für $x = 30$ gilt $y = 1{,}875$ (also etwa 1,9 cm).

Seite 177

2 a) Der Automobilclub könnte von folgenden Bedingungen ausgegangen sein:
Wenn ein Tank beispielsweise ein Fassungsvermögen von 50 Litern hat (Standardgröße), würde man in Deutschland gegenüber dem Preis in den Niederlanden 50 · 11 Cent = 5,50 Euro sparen. Wenn man dieses ersparte Geld durch die Hin- und Rückfahrt wieder verbrauchen würde, wäre eine „Tankreise von den Niederlanden nach Deutschland" nicht empfehlenswert. Die Empfehlung des Automobilclubs besagt nun, dass bei einer Fahrstrecke von insgesamt (Hin- und Rückfahrt) weniger als 60 km die „Tankreise" nach Deutschland kostengünstiger wäre. Also würde man bei weniger als 60 km die Ersparnis von 5,50 Euro nicht „verbrauchen".
Nun muss man sich fragen, unter welchen Bedingungen die 5,50 Euro bei einer 60-km-Fahrt denn verbraucht werden. Bei einem Preis von 120 Cent pro Liter erhält man für 5,50 Euro etwa 4,58 Liter Benzin. Wenn diese 4,58 Liter bei etwa 60 km verbraucht werden, muss das Auto im Durchschnitt auf 100 km 7,64 Liter Benzin verbrauchen.
Also: Man könnte von einem Auto mit einem 50-Liter-Tank und einem Verbrauch von 7,64 Liter auf 100 km ausgehen.
Wenn nun der Tank ein etwas größeres Fassungsvermögen hat, verändern sich die anderen Daten entsprechend.

b) Wenn man bei dieser Aufgabe von den Bedingungen aus a) ausgeht (50-Liter-Tank und ein Benzinverbrauch von 7,64 Liter auf 100 km), erhält man folgende Regeln.
(1) Deutschland (120 Cent = 1,2 €) und Österreich (100 Cent = 1 €):
Ersparnis bei einer „Tankreise" von Deutschland nach Österreich: 50 · 0,2 Euro = 10 Euro.
Maximale Fahrstrecke für 10 Euro: 10 Euro : $1\frac{\text{Euro}}{\text{Liter}}$ = 10 Liter; 10 Liter entspricht 130,89 km $\left(\frac{100\,\text{km}}{7{,}64\,\text{Liter}} \cdot 10\,\text{Liter} = 130{,}89\right)$, also einer Entfernung von ca. 65 km zur nächsten Tankstelle in Österreich.
Also erhält man die zusammenfassende Formel:
d: maximale Entfernung zur Tankstelle (in km)
K_t: Benzinpreis pro Liter im teuren Land (in Euro)
K_g: Benzinpreis pro Liter im günstigen Land (in Euro)
V: Fassungsvermögen des Tanks (in Liter)
BV: Benzinverbrauch des Autos auf 100 km (in Liter)
$d = \frac{100\,\text{km}}{BV} \cdot (V \cdot (K_t - K_g) : K_g) : 2$
(2) Deutschland (120 Cent = 1,2 €) und Dänemark (119 Cent = 1,19 €)
$K_t = 1{,}2$ €; $K_g = 1{,}19$ €; V = 50 Liter; BV = 7,64 Liter
$\Longrightarrow d = \frac{100\,\text{km}}{BV} \cdot (V \cdot (K_t - K_g) : K_g) : 2$
$= \frac{100}{7{,}64} \cdot (50 \cdot (1{,}2 - 1{,}19) : 1{,}19) : 2 = 2{,}75.$
Empfehlung:
Man sollte als Deutscher nicht weiter als 2,75 km entfernt von der Tankstelle in Dänemark wohnen.
(3) Deutschland (120 Cent = 1,2 €) und Frankreich (114 Cent = 1,14 €)
$K_t = 1{,}2$ €; $K_g = 1{,}14$ €; V = 50 Liter; BV = 7,64 Liter
$\Longrightarrow d = \frac{100\,\text{km}}{BV} \cdot (V \cdot (K_t - K_g) : K_g) : 2$
$= \frac{100}{7{,}64} \cdot (50 \cdot (1{,}2 - 1{,}14) : 1{,}14) : 2 = 17{,}2.$
Empfehlung:
Man sollte als Deutscher nicht weiter als 17,2 km entfernt von der Tankstelle in Frankreich wohnen.
(4) Deutschland (120 Cent = 1,2 €) und Belgien (113 Cent = 1,13 €)
$K_t = 1{,}2$ €; $K_g = 1{,}13$ €; V = 50 Liter; BV = 7,64 Liter
$\Longrightarrow d = \frac{100\,\text{km}}{BV} \cdot (V \cdot (K_t - K_g) : K_g) : 2$
$= \frac{100}{7{,}64} \cdot (50 \cdot (1{,}2 - 1{,}13) : 1{,}13) : 2 = 20{,}27.$
Empfehlung:
Man sollte als Deutscher nicht weiter als 20,27 km entfernt von der Tankstelle in Belgien wohnen.
Wenn man für das Fassungsvermögen des Tanks und den Benzinverbrauch auf 100 km andere Daten einsetzt, erhält man entsprechend andere Ergebnisse.

3 a) Der Körper des Luftschiffes „Graf Zeppelin" kann vereinfachend als Zylinder mit einem Kegel am vorderen Ende und einem zweiten Kegel am hinteren Ende modelliert werden. Wenn das gesamte Luftschiff eine Länge von 236,6 m hat, könnte man die ersten 31,5 m als Kegel, die mittleren 136,7 m als Zylinder und die letzten 68,4 m als Kegel

modellieren (diese Längen kann man maßstabsgetreu aus der Zeichnung entnehmen).
Mit einem gemessenen durchschnittlichen Radius von 14,2 m (etwas kleiner als der angegebene maximale Radius von 15,25 m, weil das Luftschiff insgesamt etwas „bauchig" verläuft) ergeben sich folgende Rechnungen:
$V_{Kegel,\ links} = \frac{1}{3}\pi r^2 h = \frac{1}{3}\pi \cdot 14{,}2^2 \cdot 31{,}5 \approx 6651{,}44\,m^3$
$V_{Zylinder} = \pi r^2 h = \pi 14{,}2^2 \cdot 136{,}7 \approx 86\,595{,}45\,m^3$
$V_{Kegel,\ rechts} = \frac{1}{3}\pi r^2 h = \frac{1}{3}\pi 14{,}2^2 \cdot 68{,}4 \approx 14\,443{,}13\,m^3$
Insgesamt ergibt sich ein Volumen von $V \approx 107\,690{,}02\,m^3$, also eine Abweichung von ca. 2,5 % von $105\,000\,m^3$. Das Modell ist demnach eine gute Näherung.
Es sind auch andere Lösungen denkbar.
b) Das Modell lässt sich auf die Figuren 1 und 2 übertragen, weil die Körper ähnlich sind. Mithilfe eines Maßstabes, den man aus den in den Fotos abgebildeten Menschen ermitteln kann (grobe Näherung!), kann man das Volumen grob berechnen.
Die Figur 4 erhält einen Körper, der näherungsweise einer Kugel entspricht. Wenn diese Näherung zu ungenau erscheint, kann man den unteren Abschnitt als Kegelstumpf interpretieren, der an der Kugel angesetzt ist.

Seite 178

4 a) Bei der Ermittlung der Zeit bis zur Bewusstlosigkeit der 20 Personen in dem angegebenen Raum kann man in folgenden Schritten vorgehen:
1. Berechnung des Raumvolumens
$V = 5\,m \cdot 8\,m \cdot 2{,}5\,m = 100\,m^3 = 100\,000$ Liter
2. Berechnung des Sauerstoffgehaltes in der Luft sowie der Höchstgrenzen bis zur Bewusstlosigkeit
21 % von 100 000 Liter sind 21 000 Liter Sauerstoffgehalt in der Luft.
10 % von 100 000 Liter sind 10 000 Liter, also tritt in dem Raum Bewusstlosigkeit bei den Personen ein, wenn der Sauerstoffgehalt weniger als 10 000 Liter beträgt.
Demnach können von den 20 Personen bis zur Bewusstlosigkeit ca. 11 000 Liter Sauerstoff verbraucht werden (21 000 – 10 000).
3. Berechnung des Sauerstoffverbrauchs pro Minute „In der Ruhelage"
(a) Da die Einatemluft 21 % Sauerstoffanteil und die Ausatemluft nur noch 17 % Sauerstoffanteil enthält, verbraucht man ca. 4 % des Sauerstoffanteils in der Luft.
(b) „In der Ruhelage" braucht der Mensch ca. 8 bis 10 Liter Luft, also 0,32 bis 0,4 Liter Sauerstoff pro Minute (4 % von 8 Liter bzw. von 10 Liter).
(c) Somit verbrauchen 20 Personen ca. 6,4 bis 8 Liter Sauerstoff pro Minute.
4. Berechnung der Zeit bis zur Bewusstlosigkeit
Man muss die Zeitspanne ermitteln, bis wann die Gruppe bei dem in 3 (c) berechneten Sauerstoffverbrauch 11 000 Liter Sauerstoff verbraucht hat:
$11\,000 \text{ Liter} : 6{,}4\,\frac{\text{Liter}}{\text{Minute}} = 1718{,}75$ Minuten
$= 28{,}6$ Stunden
$11\,000 \text{ Liter} : 8\,\frac{\text{Liter}}{\text{Minute}} = 1375$ Minuten $= 22{,}9$ Stunden.
Nach ca. 23 bis 29 Stunden tritt für die Gruppe die Bewusstlosigkeit ein.
Formel zur Ermittlung der Zeit t (in Minuten) bis zur Bewusstlosigkeit einer Gruppe von a Personen in Ruhelage in einem Raum mit dem Volumen V (in Liter):
$t_{untere\ Grenze} = \left(V \cdot \frac{11}{100}\right) : (0{,}4 \cdot a)$ und
$t_{obere\ Grenze} = \left(V \cdot \frac{11}{100}\right) : (0{,}32 \cdot a)$
Bei diesem Modell geht man aber davon aus, dass alle Personen in etwa gleich viel Sauerstoff verbrauchen (unabhängig von der Körpermasse) und dass vor allem die Räume luftdicht verschlossen sind und somit kein Luftaustausch mit der Umwelt möglich ist.
b) Mithilfe der Formeln aus a) kann man mit $a = 5$ und einem geschätzten Volumen eines Fahrstuhls etwa von $V = 1{,}5\,m \cdot 1{,}5\,m \cdot 2{,}5\,m = 5{,}625\,m^3$ $= 5625$ Liter die Zeiten berechnen:
$t_{untere\ Grenze} = \left(5625 \cdot \frac{11}{100}\right) : (0{,}4 \cdot 5) \approx 309{,}4$ Minuten
≈ 5 Stunden und 10 Minuten
$t_{obere\ Grenze} = \left(5625 \cdot \frac{11}{100}\right) : (0{,}32 \cdot 5) \approx 386{,}7$ Minuten
≈ 6 Stunden und 27 Minuten
Diese Zeiten sind aber wie in a) schon ausgeführt „nur" Näherungswerte, weil vereinfachend davon ausgegangen werden muss, dass der Fahrstuhl völlig luftdicht abgeschlossen ist.
c) Individuelle Lösungen.

5 a) Die gelegte Schnur ergibt einen Kurvenverlauf, der näherungsweise dem Graphen einer quadratischen Funktion entspricht. Demzufolge muss man zur Beschreibung des Tragseilverlaufes zwischen den Pylonen die Parameter der Funktionsgleichung $y = a \cdot x^2 + b \cdot x + c$ bestimmen. Es ist sehr geschickt, das Koordinatensystem auf den Straßenverlauf zu legen. Zudem sollte der „Scheitelpunkt" des Kurvenverlaufes auf der y-Achse liegen, weil so $b = 0$ gilt und der Parameter c der Höhe des „Scheitelpunktes" (tiefster Punkt des Tragseils) entspricht. Des Weiteren geht man vereinfachend davon aus, dass die Tragseile ganz oben bei den Pfeilern befestigt sind.
Wenn man die Funktionsgleichung dann kennt, kann man mithilfe der Funktionswerte nach jeweils 16 m bei der Golden-Gate-Brücke und nach jeweils 20 m bei der Akashi-Kaikyo-Brücke bestimmen. Die Gesamtlänge der Hänger erhält man aus der Summe aller Funktionswerte und die Länge

des Tragseils kann man mithilfe des Satzes von Pythagoras ermitteln, wenn man den Verlauf des Tragseils zwischen zwei Hängern vereinfachend als geradlinig ansieht. Man erhält die Länge eines Verbindungsstückes zwischen zwei benachbarten Hängern bei der Golden-Gate-Brücke mit dem Term $d = \sqrt{16^2 + (f(x_1) - f(x_2))^2}$, wobei $f(x_1)$ und $f(x_2)$ die Funktionswerte, also die Höhen zweier benachbarter Hänger sind, x_1 und x_2 beschreiben die Stellen, an denen sich die benachbarten Hänger befinden. Mithilfe eines Tabellenkalkulationsprogramms kann man die einzelnen Werte schnell berechnen lassen.

b) **Golden-Gate-Brücke**

Die x-Achse entspricht näherungsweise dem Straßenverlauf. Man legt den tiefsten Punkt des Tragseils auf die y-Achse (es folgt $b = 0$) und da der tiefste Punkt des Tragseils 11 m oberhalb der Straße verläuft, setzt man demnach $c = 11$. Des Weiteren kennt man aufgrund der Spannweite der Brücke und der Höhe der Pfeiler den äußersten Punkt des Tragseils: der x-Wert ist 640 (1280 : 2) und der y-Wert ist 227, also P(640 | 227).

Es folgt $227 = a \cdot 640^2 + 11 \Longrightarrow a \approx 0{,}000\,527\,34$. Der Verlauf des Tragseils kann demnach durch den Graphen der Funktion f mit $y = 0{,}000\,527\,34 \cdot x^2 + 11$ beschrieben werden, wobei x die horizontale Entfernung zum tiefsten Punkt des Tragseils in Meter und y die Höhe des Seils ebenfalls in Meter beschreibt. Man erhält mithilfe eines Tabellenkalkulationsprogramms die Gesamtlänge aller Hänger von ca. 6869 m, also ca. 7 km (grob nach oben gerundet) und die Länge des Tragseils von ca. 1371 m, also ca. 1,4 km. (Zur näheren Ausführung siehe Lösungsdatei unter **www.klett.de**.)

Akashi-Kaikyo-Brücke

Die x-Achse entspricht näherungsweise dem Straßenverlauf. Man legt den tiefsten Punkt des Tragseils auf die y-Achse (es folgt $b = 0$) und da der tiefste Punkt des Tragseils 15 m oberhalb der Straße verläuft, setzt man demnach $c = 15$. Des Weiteren kennt man aufgrund der Spannweite der Brücke und der Höhe der Pfeiler den äußersten Punkt des Tragseils: der x-Wert ist 995 (1990 : 2) und der y-Wert ist 298,3, also P(995 | 298,3).

Es folgt $298{,}3 = a \cdot 995^2 + 15 \Longrightarrow a \approx 0{,}000\,286\,15$.

Der Verlauf des Tragseils kann demnach durch den Graphen der Funktion f mit $y = 0{,}000\,286\,15 \cdot x^2 + 15$ beschrieben werden, wobei x die horizontale Entfernung zum tiefsten Punkt des Tragseils in Meter und y die Höhe des Seils ebenfalls in Meter beschreibt. Man erhält mithilfe eines Tabellenkalkulationsprogramms die Gesamtlänge aller Hänger von ca. 11 243 m, also ca. 11,3 km (grob nach oben gerundet), und die Länge des Tragseils von ca. 2093 m, also ca. 2,1 km. (Zur näheren Ausführung siehe Lösungsdatei unter **www.klett.de**.)

Seite 179

6 a) Modell 1:

Man geht so weit vom Baum weg, dass der gehaltene Zollstock in der angegebenen Weise den ganzen Baum abdeckt. Wenn man sich nun die Stelle am Baum merkt, die von der 5-cm-Marke des Zollstockes aus angepeilt wird, kann man die Höhe dieser Stelle messen und das Ergebnis mit 10 multiplizieren. Als Ergebnis erhält man die Höhe des Baumes.

Dieses Modell kann man mithilfe ähnlicher Figuren begründen: Die Länge des Zollstocks wird auf die Länge des Baumes zentrisch gestreckt – mit dem Auge als Streckungszentrum. Man kann davon ausgehen, weil beide Linien (Zollstock und Baum) parallel sind. Demzufolge verhalten sich die 5 cm zu der Höhe bis zur gemerkten Stelle am Baum wie der ganze Zollstock – die 50 cm (also das 10-Fache) – zur Höhe des ganzen Baumes.

Modell 2:

Die Höhe des Baumes wird auf die Ebene projiziert, sodass sich die Längenverhältnisse nicht ändern. Das am Boden entstandene Dreieck (Förster von oben – Baum von oben – Punkt in der Wiese) ist ähnlich zum ersten Dreieck (Förster – Boden beim Baum – Baumspitze).

b) Die Modelle aus dem Aufgabenteil a) können auf neue Situationen übertragen werden.

Individuelle Lösungen.

7 a) Möglichkeit 1:

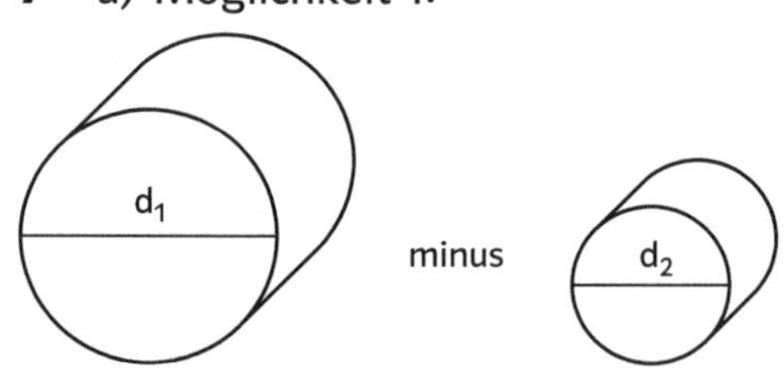

→ Volumenunterschied berechnen

→ …

Man bestimmt das Volumen, das von den Kabeln ausgefüllt werden kann, und teilt dies durch die Querschnittsfläche des Kabels. Hierbei wird nicht berücksichtigt, dass es Hohlräume zwischen den Lagen gibt, sodass der Wert etwas zu groß ist.

$V_{alles} = \pi \cdot r^2 \cdot h = \pi \cdot 150^2 \cdot 404 \approx 28\,557\,077{,}22\,cm^3$

$V_{innen} = \pi \cdot 60^2 \cdot 404 \approx 4\,569\,132{,}355\,cm^3$

$V_{Kabelraum} = V_{alles} - V_{innen} = 23\,987\,944{,}86\,cm^3$

$A_{Querschnitt\ Kabel} = \pi \cdot r^2 = \pi \cdot 15^2 \approx 706{,}86\,cm^2$.

$V_{Kabelraum} : A_{Querschnitt\ Kabel} = 23\,987\,944{,}86\,cm^3 : 706{,}86\,cm^2 \approx 33\,935{,}92\,cm \approx 339\,m$.

Möglichkeit 2:

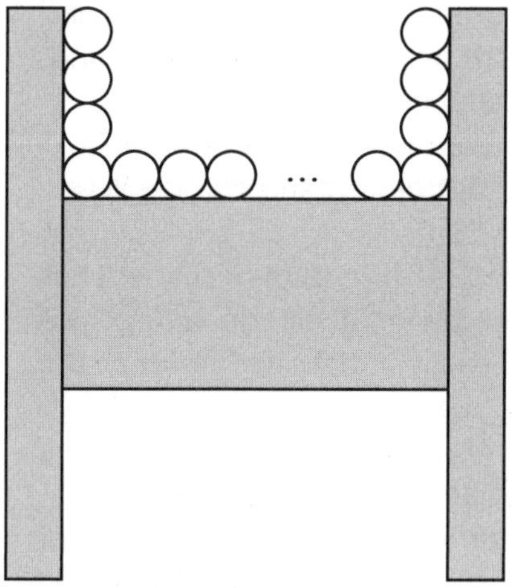

Kabel nebeneinander
- → Anzahl der Kabel pro Reihe?
- → Anzahl der Reihen
- → Länge pro Reihe ≙ Umfang Trommel
- → …

Hier werden die Kabellagen als Kreise aufgefasst. So kann man die Anzahl der möglichen Kreise nebeneinander (404 cm : 30 cm ≈ 13,5, also 13 Kabel) und übereinander ((300 cm − 120 cm) : 2 = 90 cm, also 90 cm : 30 cm = 3, also drei Lagen von Kabeln übereinander) abschätzen.
Nun kann man für die 3 Reihen jeweils den Umfang des Kreises ermitteln:
Untere Lage von Kreisen:
r = 120 : 2 + 15 = 75 cm ⟹ U = 2 · π · r ≈ 471,24 cm.
Mittlere Lage von Kreisen:
r = 120 : 2 + 15 + 30 = 105 cm ⟹ U ≈ 659,73 cm.
Obere Lage von Kreisen:
r = 120 : 2 + 15 + 2 · 30 = 135 cm ⟹ U ≈ 848,23 cm.
In jeder „Lage" befinden sich 13 Kabel. Die Gesamtlänge des möglichen Kabels ergibt sich demnach aus dem Term 13 · (471,24 + 659,73 + 848,23) = 25 729,6 cm ≈ 257,3 m.
Man kann sich bei diesem Modell fragen, ob das Ergebnis noch zu optimieren ist, indem man das Kabel anders aufrollt.
Möglichkeit 3:

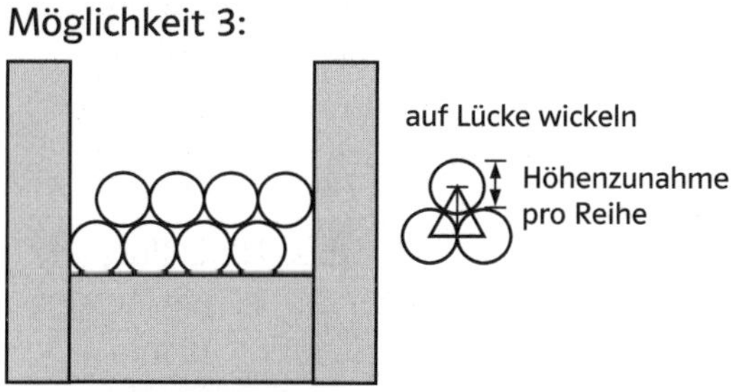

- → viele Reihen möglich
- → Trommelumfang ≙ Länge des Kabels pro Wicklung …

Bei diesem Modell werden die einzelnen Reihen nicht übereinander, sondern versetzt aufgerollt. So erscheint es möglich, mehr Lagen übereinanderzuschichten als bei dem Modell der Möglichkeit 2.

Nebeneinander passen wie bei Möglichkeit 2 genau 13,5 Kabel (404 cm : 30 cm ≈ 13,5). Damit ist gewährleistet, dass auch bei dem versetzten Aufrollen jeweils 13 Kabel nebeneinander passen. Um den Höhenunterschied h von Lage zu Lage, das heißt vom Kabelmittelpunkt der einen Lage zum Kabelmittelpunkt der nächsten Lage zu ermitteln, kann man den Satz des Pythagoras anwenden (siehe obige Skizze):
$h^2 + r^2 = (2r)^2$, also $h = \sqrt{4r^2 - r^2} = \sqrt{3} \cdot r$, mit r = 15 ist demnach h ≈ 26 cm.
Für die übereinandergewickelten Lagen ist 90 cm Platz ((300 cm − 120 cm) : 2 = 90 cm). Die erste Lage ist 30 cm hoch, die ersten zwei Lagen sind zusammen 56 cm hoch (15 + 26 + 15). Die ersten drei Lagen sind 82 cm hoch (15 + 26 + 26 + 15). Die ersten vier Lagen sind dann 108 cm hoch (15 + 26 + 26 + 26 + 15), was die Trommel aber nicht mehr fassen kann. Demzufolge passen hier auch nur 3 Lagen übereinander.
Nun kann man für die 3 Reihen jeweils den Umfang des Kreises ermitteln:
Untere Lage von Kreisen:
r = 120 : 2 + 15 = 75 cm ⟹ U = 2 · π · r ≈ 471,24 cm.
Mittlere Lage von Kreisen:
r = 120 : 2 + 15 + 26 = 101 cm ⟹ U ≈ 634,60 cm.
Obere Lage von Kreisen:
r = 120 : 2 + 15 + 2 · 26 = 127 cm ⟹ U ≈ 797,96 cm.
In jeder „Lage" befinden sich 13 Kabel. Die Gesamtlänge des möglichen Kabels ergibt sich demnach aus dem Term 13 · (471,24 + 634,60 + 797,96) = 24 749,4 cm ≈ 247,5 m.
Obwohl man hier platzsparender gewickelt hat, kann man aufgrund der geringeren Radien insgesamt weniger Kabel aufwickeln.
Gesamtbeurteilung:
Im Vergleich ist das Modell der Möglichkeit 3 am platzsparendsten.
Weitere Modelle sind aber denkbar.
b) Annahmen:
Der Durchmesser der Trommel betrage in etwa 25 cm. Der Trommelkern hat einen Durchmesser von 15 cm. Ein Kabel hat einen Durchmesser von ca. 0,7 cm. Nebeneinander passen 10 Kabeldicken.
Modell und Rechnung:
Wenn man davon ausgeht, dass die Wicklung des Kabels wie im Modell der 3. Möglichkeit aus a) erfolgt, erhält man folgende Rechnungen:
$h = \sqrt{4r^2 - r^2} = \sqrt{3} \cdot r$, mit r = 0,35 ist demnach h ≈ 0,6 cm.
Für die übereinandergewickelten Lagen ist 5 cm Platz ((25 cm − 15 cm) : 2 = 5 cm). Die erste Lage ist 0,7 cm hoch, die ersten zwei Lagen sind zusammen 1,3 cm hoch (0,35 + 0,6 + 0,35). Die ersten drei Lagen sind 1,9 cm hoch (0,35 + 0,6 + 0,6 + 0,35). Die ersten vier Lagen sind dann 2,5 cm hoch (0,35 + 0,6 + 0,6 + 0,6 + 0,35), die ersten fünf Lagen sind 3,1 cm, die

ersten sechs 3,7 cm, die ersten sieben 4,3 und die ersten acht Lagen sind dann 4,9 cm hoch, was die Trommel gerade noch fassen kann.
Demzufolge passen hier 8 Lagen übereinander.
Nun kann man für die 8 Reihen jeweils den Umfang des Kreises ermitteln:
Untere Lage von Kreisen:
$r = 15 : 2 + 0{,}35 = 7{,}85\,\text{cm} \Longrightarrow U = 2 \cdot \pi \cdot r \approx 49{,}3\,\text{cm}$.
Mittlere Lage von Kreisen:
$r = 15 : 2 + 0{,}35 + 0{,}6 = 8{,}45\,\text{cm} \Longrightarrow U \approx 53{,}1\,\text{cm}$.
Nächste Lage von Kreisen:
$r = 15 : 2 + 0{,}35 + 2 \cdot 0{,}6 = 9{,}05\,\text{cm} \Longrightarrow U \approx 56{,}9\,\text{cm}$
Nächste Lage von Kreisen:
$r = 15 : 2 + 0{,}35 + 3 \cdot 0{,}6 = 9{,}65\,\text{cm} \Longrightarrow U \approx 60{,}6\,\text{cm}$
Nächste Lage von Kreisen:
$r = 15 : 2 + 0{,}35 + 4 \cdot 0{,}6 = 10{,}25\,\text{cm} \Longrightarrow U \approx 64{,}4\,\text{cm}$
Nächste Lage von Kreisen:
$r = 15 : 2 + 0{,}35 + 5 \cdot 0{,}6 = 10{,}85\,\text{cm} \Longrightarrow U \approx 68{,}2\,\text{cm}$
Nächste Lage von Kreisen:
$r = 15 : 2 + 0{,}35 + 6 \cdot 0{,}6 = 11{,}45\,\text{cm} \Longrightarrow U \approx 72{,}0\,\text{cm}$
Oberste Lage von Kreisen:
$r = 15 : 2 + 0{,}35 + 7 \cdot 0{,}6 = 12{,}05\,\text{cm} \Longrightarrow U \approx 75{,}7\,\text{cm}$.
In jeder „Lage" befinden sich 10 Kabel. Die Gesamtlänge des möglichen Kabels ergibt sich demnach aus dem Term $10 \cdot (49{,}3 + 53{,}1 + 56{,}9 + 60{,}6 + 64{,}4 + 68{,}2 + 72 + 75{,}7) = 5002\,\text{cm} \approx 50\,\text{m}$.
Die Kabeltrommel hat demnach eine ungefähre Länge von 50 m.

Wiederholen – Vertiefen – Vernetzen

Seite 180

1 Zunächst muss man festlegen, wie lang ein LKW sein könnte. Unter **http://de.wikipedia.org/wiki/Lastkraftwagen** erfährt man:
„Der Euro- bzw. EU-Lastzug (LKW) darf als Gliederzug 18,75 m, als Sattelzug 16,50 m lang sein …"
Von diesen Maßen ausgehend überlegt man sich, welche Strecke der LKW, der überholt, mehr zurücklegt als der LKW, der überholt wird. Hierbei reicht es aus, die Geschwindigkeitsdifferenz zu betrachten. Der LKW, der überholt, bleibt im Modell auf der Stelle stehen und der LKW, der überholt, fährt nur so schnell, wie durch die Geschwindigkeitsdifferenz angegeben wird, beispielsweise wie im Nachschlagewerk angegeben 5 km/h.

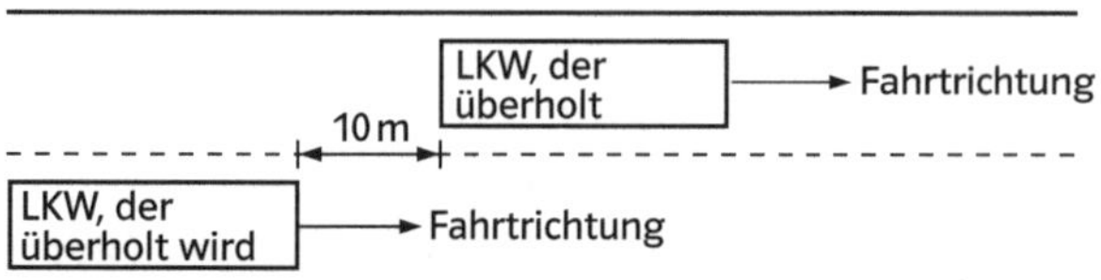

Der überholende LKW (Gliederzug überholt Gliederzug) muss einen Weg von 10 m + 18,75 m + 18,75 m + 10 m = 57,5 m zurücklegen, bis er wieder in die rechte (in der Figur untere) Spur einkehren kann. Die 10 m vor und nach dem Überholmanöver sind der Sicherheitsabstand, der zum Ausscheren und Einscheren benötigt wird. Wenn es zwei Sattelzüge sind, beträgt der entsprechende Weg $2 \cdot 10\,\text{m} + 2 \cdot 16{,}5\,\text{m} = 53\,\text{m}$.
Der überholende LKW fährt in dem beschriebenen Modell mit einer Geschwindigkeit von weniger als $5\,\text{km/h} = 1{,}3\overline{8}\,\text{m/s}$ (Geschwindigkeitsdifferenz). Die Funktionsgleichung, die den zurückgelegten Weg des LKW in m (y) in Abhängigkeit von der Zeit in s (x) beschreibt lautet demnach $y = 1{,}3\overline{8} \cdot x$.
Bei zwei Gliederzügen entspricht die gesuchte Zeit dem x-Wert für $y = 57{,}5$: $57{,}5 = 1{,}3\overline{8} \cdot x$, also $x = 41{,}4$.
Der LKW benötigt also mehr als 41 Sekunden.
Für zwei Sattelzüge erhält man $53 = 1{,}3\overline{8} \cdot x$, also $x = 38{,}16$. Das Überholmanöver dauert hier also länger als 38 Sekunden.
Vereinfachungen:
Bei den Berechnungen muss man beispielsweise davon ausgehen, dass die LKWs bei dem Überholmanöver gleichmäßig schnell fahren und dass sie die angegebenen Abstände einhalten.

2 (A) Modell entwickeln:
Man kann die Fließgeschwindigkeit des Rheins mithilfe der angegebenen Daten ermitteln, weil die Fahrzeiten der Schiffe flussabwärts kürzer sind als flussaufwärts. Unter der vereinfachenden Annahme, dass die Schiffe flussabwärts und flussaufwärts mit demselben Eigenantrieb fahren, kann man nun die Differenz beider Fahrzeiten ermitteln und darüber die Fließgeschwindigkeit des Rheins näherungsweise festlegen.
Modell anwenden:
(1. Schritt) Mithilfe des Kartenausschnittes und des angegebenen Maßstabes kann man festlegen, dass die Flussstrecke von Köln-Mitte bis Bonn-Bad Godesberg ca. 37 km entspricht.
(2. Schritt) Von Köln nach Bonn-Bad Godesberg fährt das Schiff flussaufwärts und benötigt laut Fahrplan ca. 4 h 25 min (= 265 min). Abzüglich der Anlegezeiten von $5 \cdot 5\,\text{min} = 25\,\text{min}$ beträgt die reine Fahrzeit demnach 4 h.
Von Bonn-Bad Godesberg fährt das Schiff flussabwärts und benötigt abzüglich der 45 min Anlegezeit laut Fahrplan 125 min (2 h 50 min – 45 min $= 2\,\text{h}\ 5\,\text{min} = 2\frac{5}{60}\,\text{h}$).
(3. Schritt) Wenn die Flussgeschwindigkeit mit v_{Fluss} bezeichnet wird und die Eigengeschwindigkeit des Schiffes mit v_{Schiff}, erhält man folgende Gleichungen:
Flussaufwärts: $(v_{Schiff} - v_{Fluss}) \cdot 4\,\text{h} = 37\,\text{km}$ und
flussabwärts: $(v_{Schiff} + v_{Fluss}) \cdot 2\frac{5}{60}\,\text{h} = 37\,\text{km}$.
Durch Auflösen dieses Gleichungssystems erhält man:
$v_{Schiff} \approx 13{,}5\,\frac{\text{km}}{\text{h}} \approx 7{,}3$ Knoten und $v_{Fluss} \approx 4{,}26\,\frac{\text{km}}{\text{h}}$.

Demnach ist die Behauptung von Anna-Maria in etwa richtig.

(B) Mithilfe der Punkte $A_0(-3\,|\,-1)$ und $A_1(-2\,|\,2)$ kann man unter der Annahme, dass das Schiff geradlinig fährt, den Richtungsvektor der Kursgeraden und anschließend die Kursgeraden aufstellen.

Kursgerade für das Schiff:

$\vec{x} = \begin{pmatrix} -3 \\ -1 \end{pmatrix} + t \cdot \begin{pmatrix} -2-(-3) \\ 2-(-1) \end{pmatrix} = \begin{pmatrix} -3 \\ -1 \end{pmatrix} + t \cdot \begin{pmatrix} 1 \\ 3 \end{pmatrix}.$

Um nun zu prüfen, ob die Bojen gerammt werden, muss man kontrollieren, ob die Punkte der Bojen auf der Kursgeraden des Schiffes liegen:

„Rosa Wolke“ mit $(1\,|\,5{,}3)$: Man prüft, ob die Gleichung $\begin{pmatrix} -3 \\ -1 \end{pmatrix} + t \cdot \begin{pmatrix} 1 \\ 3 \end{pmatrix} = \begin{pmatrix} 1 \\ 5{,}3 \end{pmatrix}$ gilt:

$-3 + t = 1 \Longrightarrow t = 4$

$-1 + 3t = -1 + 12 = 11 \neq 5{,}3$; nein, die Boje „Rosa Wolke“ wird nicht gerammt.

„Weiß Rot“ mit $(-4\,|\,-4)$: Man prüft, ob die Gleichung $\begin{pmatrix} -3 \\ -1 \end{pmatrix} + t \cdot \begin{pmatrix} 1 \\ 3 \end{pmatrix} = \begin{pmatrix} -4 \\ -4 \end{pmatrix}$ gilt:

$-3 + t = -4 \Longrightarrow t = -1$

$-1 + 3t = -1 - 3 = -4$; ja, die Boje „Weiß Rot“ wird gerammt.

„Blauer Engel“ mit $(-0{,}5\,|\,6{,}5)$: Man prüft, ob die Gleichung $\begin{pmatrix} -3 \\ -1 \end{pmatrix} + t \cdot \begin{pmatrix} 1 \\ 3 \end{pmatrix} = \begin{pmatrix} -0{,}5 \\ 6{,}5 \end{pmatrix}$ gilt:

$-3 + t = -0{,}5 \Longrightarrow t = 2{,}5$

$-1 + 3t = -1 + 7{,}5 = 6{,}5$; ja, die Boje „Blauer Engel“ wird gerammt.

(C) Geschwindigkeit Michael: 45 km/h

Behauptung von Achim: Bei 10 Minuten Vorsprung würde Michael 20 Minuten benötigen, um ihn einzuholen.

Gesucht ist also die Geschwindigkeit von Achim, diese sei mit der Variablen v beschrieben:

Mit der Zeitumrechnung, dass 20 Minuten $\frac{1}{3}$ Stunde und 10 Minuten $\frac{1}{6}$ Stunde entsprechen, folgt aus den Informationen die Gleichung:

$45 \cdot \frac{1}{3} = v \cdot \left(\frac{1}{6} + \frac{1}{3}\right)$, also $v = 30$.

Nach den Informationen müsste Achim also mit einer Geschwindigkeit von 30 km/h laufen, was recht unwahrscheinlich ist.

Die Probe zeigt, dass kein mathematischer Fehler vorliegt, sondern die Angaben falsch sein müssen.

Seite 181

3 Wenn man davon ausgeht, dass die erkrankten Tiere mit einer Wahrscheinlichkeit von 50 % andere Tiere anstecken, handelt es sich bei der Zunahme der erkrankten Tiere um exponentielles Wachstum mit dem Wachstumsfaktor von 150 % = 1,5, weil zu den Neuerkrankten auch noch die bereits erkrankten Tiere (100 %) hinzugerechnet werden müssen. Wenn man mit 6 Tieren beginnt (Startwert), erhält man die Wachstumsfunktion f mit $y = 6 \cdot 1{,}5^x$, wobei x die Anzahl der Tage angibt.

Mit $x = 30$ erhält man $y \approx 1150506 > 1000000$, womit die Behauptung der Mathematiker stimmt.

4 Zunächst muss man sich einen Überblick über die Daten verschaffen und die Werte für den Partialdruck des Sauerstoffs für die einzelnen Höhen bestimmen (Partialdruck = 21 % vom normalen Luftdruck).

Höhe in m	0	400	500	600	1000
Luftdruck in hPa	1013	963	952	941	898
Sauerstoffpartialdruck in hPa	212,7	202,2	199,9	197,6	188,6

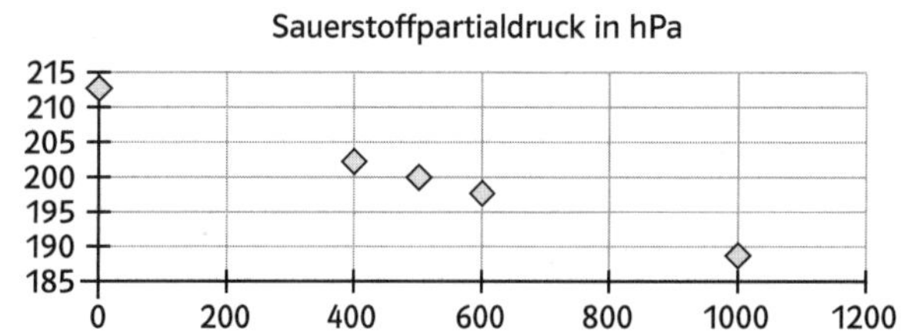

Anhand der Grafik erkennt man, dass der Zusammenhang zwischen der Höhe und dem Sauerstoffpartialdruck linear ist.

Mit den Datenpunkten $(0\,|\,212{,}7)$ und $(1000\,|\,188{,}6)$ ergeben sich $m = \frac{188{,}6 - 212{,}7}{1000 - 0} = -0{,}0241$ und $n = 212{,}7$, also lautet die Funktionsgleichung der entsprechenden linearen Funktion $y = -0{,}0241 \cdot x + 212{,}7$.

Die folgende Tabelle zeigt die geringen Abweichungen zwischen den Originaldaten und den berechneten Daten, sodass das Modell als gut bezeichnet werden kann.

Höhe in m	0	400	500	600	1000
Sauerstoffpartialdruck in hPa	212,7	202,2	199,9	197,6	188,6
berechneter Sauerstoffpartialdruck	212,7	203,1	200,7	198,2	188,6
Abweichungen	0,0	−0,8	−0,7	−0,6	0,0

Um nun den Sauerstoffpartialdruck für die Zugspitze zu berechnen, muss man für x den Wert 2962 eingeben: $y = -0{,}0241 \cdot 2962 + 212{,}7 \approx 141$ hPa.

Damit ist der Wert von 130 hPa nicht unterschritten und ein Ersteigen der Zugspitze bezüglich des Sauerstoffgehaltes in der Luft nicht gefährlich.

5 a)

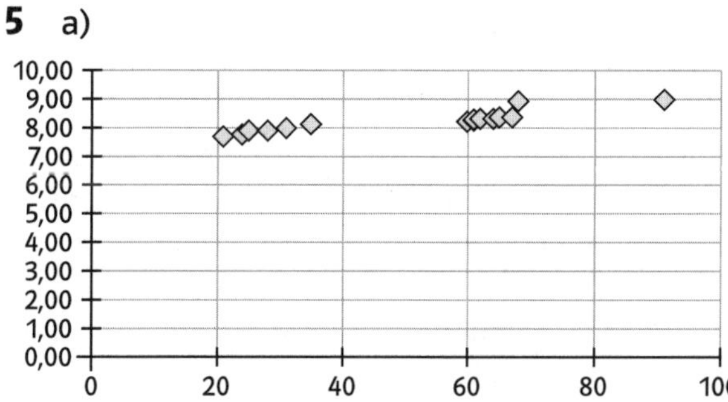

Bei der grafischen Darstellung wurden die Daten vereinfachend auf die Jahresangabe (23.07.21 entspricht hier 21, also dem Jahr 1921) reduziert, wobei dies die Aussagekraft insgesamt nicht einschränkt.

Die grafische Darstellung lässt vermuten, dass der Zusammenhang linear sein könnte. Mithilfe des zweiten und des letzten Messwertes (auf diese Weise sind die Abweichungen bei der gedachten Geraden oberhalb und unterhalb dieser Geraden gleichermaßen verteilt) kann man so eine Funktionsgleichung bestimmen.
Die Datenpunkte lauten (24 | 7,76) und (91 | 8,95).
Es ergibt sich $m = \frac{8{,}95 - 7{,}76}{91 - 24} = 0{,}017761$ und aus $7{,}76 = 0{,}017761 \cdot 24 + n$ folgt $n = 7{,}33$. Also lautet die Funktionsgleichung der entsprechenden linearen Funktion $y = 0{,}017761 \cdot x + 7{,}33$.
b) Die Qualität dieser Modellierung zeigt die folgende Tabelle – die Abweichungen nach oben und nach unten gleichen sich insgesamt aus, weshalb man mathematisch von einer guten Modellierung sprechen kann.

Sportler	Land	Weite in m	Jahr	berechnete Werte	Abweichungen
Gourdin	USA	7,69	21	7,70	−0,01
LeGendre	USA	7,76	24	7,76	0,00
Hubbard	USA	7,89	25	7,77	0,12
Hamm	USA	7,90	28	7,83	0,07
Cator	Haiti	7,93	28	7,83	0,10
Nambu	Japan	7,98	31	7,88	0,10
Owens	USA	8,13	35	7,95	0,18
Boston	USA	8,21	60	8,40	−0,19
Boston	USA	8,24	61	8,41	−0,17
Boston	USA	8,28	61	8,41	−0,13
Ter-Owanessjan	UdSSR	8,31	62	8,43	−0,12
Boston	USA	8,31	64	8,47	−0,16
Boston	USA	8,35	65	8,48	−0,13
Ter-Owanessjan	UdSSR	8,35	67	8,52	−0,17
Beamon	USA	8,90	68	8,54	0,36
Powell	USA	8,95	91	8,95	0,00
Summe der Abweichungen					−0,15

c) Um nun zu prognostizieren, wann nach diesem Modell eine Weite von $y = 9{,}5\,\text{m}$ erreicht ist, muss man die Gleichung $9{,}5 = 0{,}017761 \cdot x + 7{,}33$ lösen. Man erhält: $x \approx 122$. Demnach würde der Rekord von 9,50 m im Jahre 2022 zu erwarten sein. Diese Prognose ist aber relativ unsicher, weil man nicht weiß, wann die körperlichen Grenzen in diesem Sport erreicht sind.
d) Die untere Grenze des Definitionsbereiches kann höchstens so klein gewählt werden, dass keine negativen y-Werte, also Sprungweiten berechnet werden. Nach oben ist der Definitionsbereich offen, wobei hier wie in c) formuliert die biologischen Grenzen zu berücksichtigen sind.

Seite 182

6 Zunächst verschafft man sich grafisch einen Überblick über die Daten.

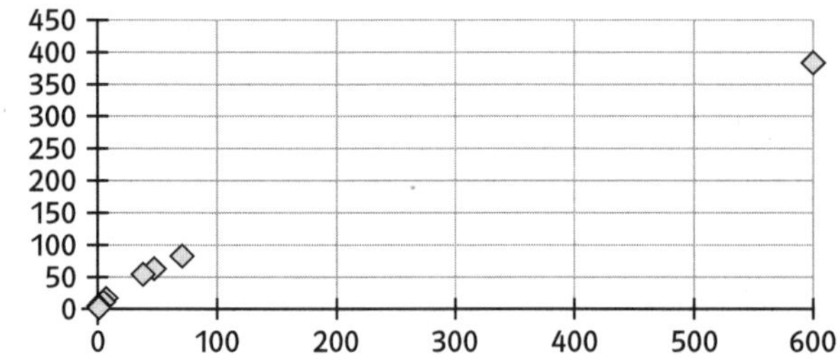

Man erkennt, dass kein exponentielles Wachstum vorliegen kann. Es könnte linear sein oder besser noch quadratisch, weil eine leichte Wölbung zu erkennen ist.
Mithilfe des GTR kann man eine quadratische Regression (siehe Infobox im Schülerbuch auf der Seite 164) durchführen.

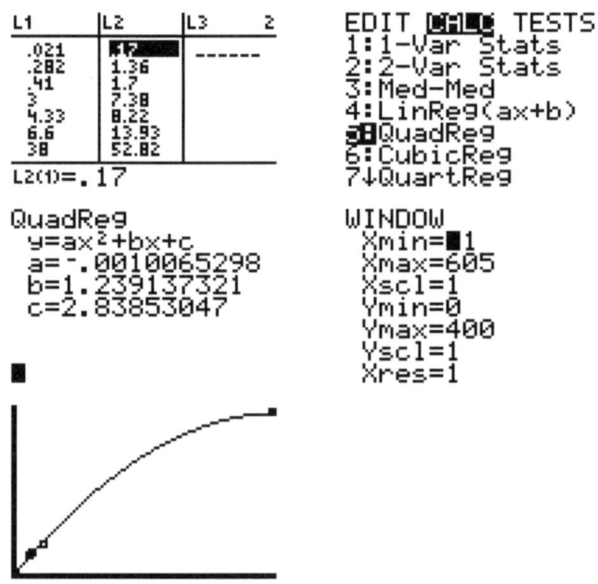

Man erhält die Funktionsgleichung
$y = -0{,}0010065298 \cdot x^2 + 1{,}239137321 \cdot x + 2{,}83853047$.
Die Qualität der Darstellung zeigt die folgende Tabelle:

Tier	Masse in kg	Stoffwechselintensität in Watt	berechnete Werte	Abweichungen
Maus	0,021	0,17	2,86	−2,69
Ratte	0,282	1,36	3,19	−1,83
Meerschweinchen	0,41	1,7	3,35	−1,65
Katze	3	7,38	6,55	0,83
Kaninchen	4,33	8,22	8,19	0,03
Hund	6,6	13,93	10,97	2,96
Schimpanse	38	52,82	48,47	4,35
Schaf	46,4	60,78	58,17	2,61
Mensch	70	80	84,65	−4,65
Kuh	600	384	383,97	0,03
Summe der Abweichungen				0,00

Information:
Der Biologe Kleiber hat herausgefunden, dass sich der Zusammenhang noch besser mit einer Funktionsgleichung der Form $y = a \cdot x^{\frac{3}{4}}$ beschreiben lässt, wobei a ein zu bestimmender Vorfaktor ist.

7 **Sandra:** Man erkennt den Punkt P(0 | 0) und als Scheitelpunkt S(4,7 | 2,5).
Mithilfe der Scheitelpunktsform $y = a \cdot (x - d)^2 + e$ erhält man $y = a \cdot (x - 4{,}7)^2 + 2{,}5$.
Mit P erhält man $0 = a \cdot (-4{,}7)^2 + 2{,}5$, also $a \approx -0{,}1131733816$.
Als Funktionsgleichung ergibt sich
$y = -0{,}1131733816(x - 4{,}5)^2 + 2{,}5$.

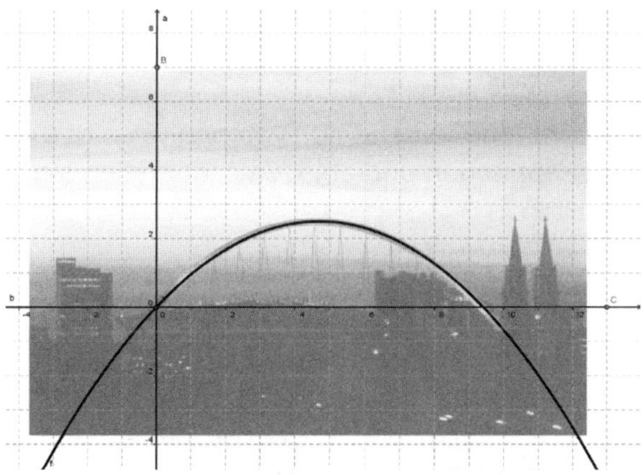

Man erkennt mithilfe von GeoGebra, dass das berechnete mathematische Modell den Bogen recht gut beschreibt. Nur am rechten Ende weichen Originaldaten und gezeichneter Graph leicht voneinander ab.
Kira: Man erkennt den Scheitelpunkt S(0 | 2,5) und einen weiteren Punkt P(4,7 | 0).
Mithilfe der Scheitelpunktsform $y = a \cdot (x - d)^2 + e$ erhält man $y = a \cdot (x - 0)^2 + 2{,}5$.
Mit P erhält man $0 = a \cdot (4{,}7)^2 + 2{,}5$, also $a \approx -0{,}113$.
Als Funktionsgleichung ergibt sich
$y = -0{,}113 \cdot x^2 + 2{,}5$.

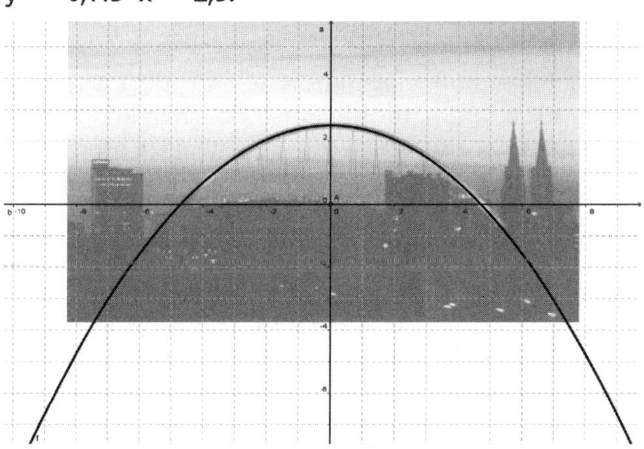

Hier sind die Abweichungen sehr gering.
Johannes: Man erkennt den Scheitelpunkt S(2,1 | 2,5) und einen weiteren Punkt P(0 | 2).
Mithilfe der Scheitelpunktsform $y = a \cdot (x - d)^2 + e$ erhält man $y = a \cdot (x - 2{,}1)^2 + 2{,}5$.
Mit P erhält man $2 = a \cdot (0 - 2{,}1)^2 + 2{,}5$ also $a \approx -0{,}11337$.
Als Funktionsgleichung ergibt sich
$y = -0{,}11337 \cdot (x - 2)^2 + 2{,}5$.

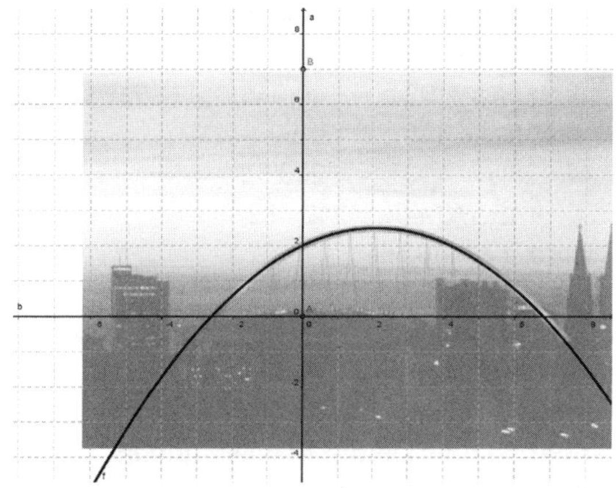

Paul: Man erkennt den Scheitelpunkt S(0 | 0) und einen weiteren Punkt P(5,2 | −3).
Mithilfe der Scheitelpunktsform $y = a \cdot (x - d)^2 + e$ erhält man $y = a \cdot (x - 0)^2 + 0$.
Mit P erhält man $-3 = a \cdot (5{,}2)^2$, also $a \approx -0{,}11094$.
Als Funktionsgleichung ergibt sich
$y = -0{,}11094 \cdot x^2$.

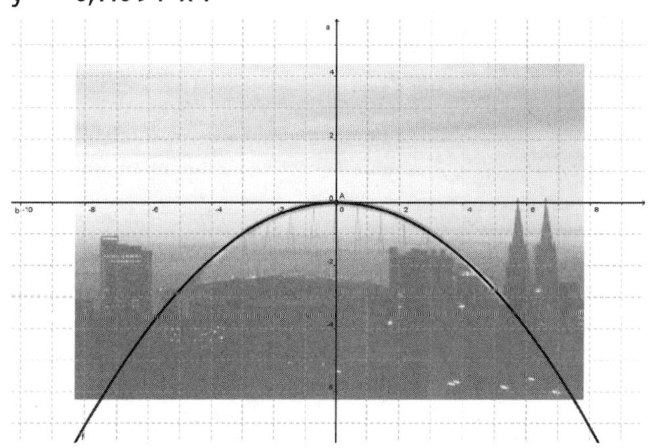

Die Abweichungen sind auch hier gering.
Alle vier Modelle sind möglich.

8 a) Es handelt sich bei diesem Zusammenhang weder um lineares, noch um exponentielles oder um beschränktes Wachstum, also um ein Wachstumsvorgang, der eine obere Schranke besitzt, weil die Funktionswerte zunächst ansteigend sind und ab 10 °C wieder fallen. Es könnte sich aufgrund dieser Eigenschaft um einen quadratischen Zusammenhang handeln.
b) Um eine Prognose aufstellen zu können, muss man eine Funktionsgleichung aufstellen. Unter der Annahme, dass es sich hierbei um einen quadratischen Zusammenhang handelt, sucht man die die Parameter a, b und c der Funktionsgleichung
$y = a \cdot x^2 + b \cdot x + c$.
Beispielsweise mithilfe des ersten, des vorletzten und des letzten Wertepaares kann man die Funktionsgleichung bestimmen:

Aus A(0 | 999,84); B(5 | 999,964) und C(98 | 959,774) erhält man die Gleichungen:

I: $a \cdot 0^2 + b \cdot 0 + c = 999{,}84 \Longrightarrow c = 999{,}84$

II: $a \cdot 5^2 + b \cdot 5 + 999{,}84 = 999{,}964$

III: $a \cdot 98^2 + b \cdot 98 + 999{,}84 = 959{,}774$

$$\begin{array}{lrcl} \text{II:} & 25a + 5b &=& 0{,}124 \quad | \cdot 98 \\ \text{III:} & 9604a + 98b &=& -40{,}066 \quad | \cdot 5 \\ \text{II}_a\text{:} & 2450a + 490b &=& 12{,}152 \\ \text{III}_a\text{:} & \underline{48\,020a + 490b} &=& \underline{-200{,}33} \\ \text{II}_a - \text{III}_a\text{:} & -45\,570a &=& 212{,}482 \\ & \Longrightarrow a &\approx& -0{,}004\,663 \\ & \Longrightarrow b &\approx& 0{,}048\,114 \end{array}$$

Es folgt die Funktionsgleichung $y \approx -0{,}004\,663x^2 + 0{,}048\,114x + 999{,}84$.

In der folgenden Tabelle und mithilfe des gezeichneten Graphen kann man die Abweichungen bestimmen. Diese sind bei 50 °C mit 2,558 kg/m³ am größten.

Temperatur in °C	Dichte in kg/m³	berechnete Werte	Abweichungen
0	999,840	999,840	0
5	999,964	999,964	0
10	999,699	999,855	−0,156
15	999,099	999,513	−0,414
20	998,203	998,937	−0,734
50	988,030	990,588	−2,558
98	959,774	959,772	0,002

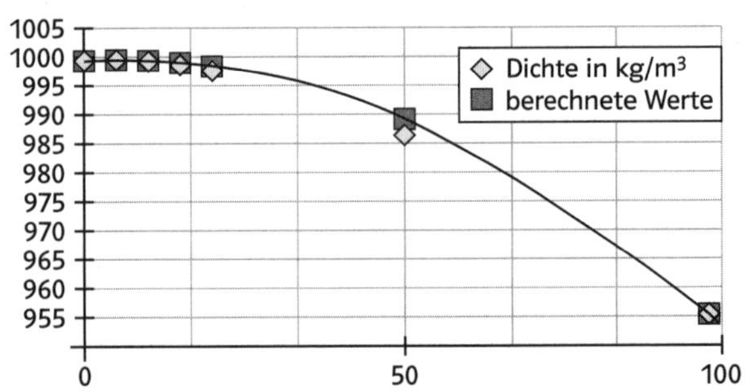

Wenn man die Ermittlung der Funktionsgleichung beispielsweise mithilfe der drei Daten

5	999,964
50	988,03
98	959,774

durchführt, erhält man die Funktionsgleichung $y = -0{,}0035x^2 - 0{,}0739x + 1000{,}4$. Daraus ergeben sich die folgenden Werte und Abweichungen:

Temperatur in °C	Dichte in kg/m³	berechnete Werte	Abweichungen
0	999,840	1000,4	−0,56
5	999,964	999,943	0,021
10	999,699	999,311	0,388
15	999,099	998,504	0,595
20	998,203	997,522	0,681
50	988,030	987,955	0,075
98	959,774	959,5438	0,2302

Man erkennt, dass die Werte insgesamt weniger von den Originaldaten abweichen (größte Abweichung von 0,681 kg/m³ bei 20 °C). Diese Beschreibung ist aufgrund der geringeren Abweichungen insgesamt besser.

c) Unter der Anomalie des Wassers findet man bei Wikipedia Folgendes:

Als **Dichteanomalie** wird der Effekt bezeichnet, dass die Dichte einiger Stoffe nicht, wie bei den meisten Stoffen, mit abnehmender Temperatur über alle Aggregatzustände hinweg zunimmt, sondern sich unterhalb einer bestimmten Temperatur wieder verringert, der Stoff sich also wieder ausdehnt.

Der wichtigste Stoff, der diese Anomalie aufweist, ist Wasser. Es erreicht seine größte Dichte unter Normaldruck bei 3,98 °C (siehe auch Eigenschaften des Wassers).

Dies erkennt man anhand der Datenreihe an den zunächst steigenden und ab 5 °C wieder fallenden Dichtewerten.

Seite 183

9 a) Durch Messen erhält man die Daten einer Streichholzschachtel:

$b \approx 3{,}5\,\text{cm}$, $h \approx 1{,}3\,\text{cm}$ und $l \approx 5{,}2\,\text{cm}$. Damit hat die Schachtel ein Volumen von 23,66 cm³ ($V \approx 3{,}5 \cdot 1{,}3 \cdot 5{,}2 = 23{,}66$).

Da die Streichhölzer ca. 4,5 cm lang sind, muss eine Schachtel für die Streichhölzer mit etwas Freiraum vor und hinter den Hölzern ca. 5 cm lang sein. Dies ist die einzige vorgegebene Größe. Breite und Höhe sind nun frei variierbar mit der Bedingung, dass das Gesamtvolumen der Schachtel ca. 23,66 cm³ beträgt.

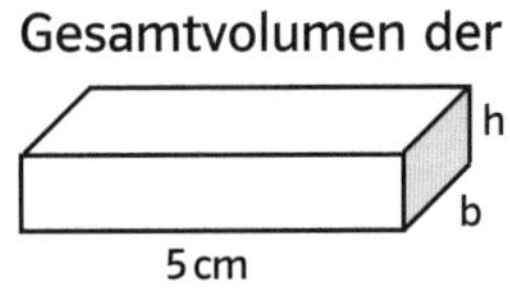

Man erhält mit $l = 5\,\text{cm}$ die Gleichung: $V(h, b) = 5 \cdot h \cdot b = 23{,}66$. Die Oberfläche der Schachtel kann man mit der Formel $O = 2 \cdot h \cdot b + 2 \cdot h \cdot 5 + 2 \cdot b \cdot 5 = 2hb + 10h + 10b$ bestimmen. Man sucht jetzt die Werte für b und h, für die diese Oberfläche minimal ist. Mithilfe der Gleichung aus der Volumenformel kann man die Anzahl der Unbekannten in der Oberflächenformel auf eine reduzieren. Dazu formt man die Gleichung $5 \cdot h \cdot b = 23{,}66$ nach b um und setzt ein:

Umformen ergibt: $5 \cdot h \cdot b = 23{,}66 \Longrightarrow b = 4{,}732 \cdot \frac{1}{h}$.

Einsetzen ergibt: $O(h) = 2h \cdot 4{,}732 \cdot \frac{1}{h} + 10h + 10 \cdot 4{,}732 \cdot \frac{1}{h} = 9{,}464 + 10h + 47{,}32 \cdot \frac{1}{h}$.

Um das Minimum von O(h) zu bestimmen, kann man die Nullstelle der ersten Ableitung ermitteln: $O'(h) = 10 + (-1) \cdot 47{,}32 \cdot \frac{1}{h^2} = -47{,}32 \cdot \frac{1}{h^2} + 10 = 0$ gilt, wenn: $h \approx -2{,}18$ oder $h \approx +2{,}18$. Da negative Lösungen in diesem Zusammenhang nicht sinnvoll

sind (es gibt keine negativen Höhen), erhält man für die minimale Höhe die Lösung $h \approx 2{,}18$.
Daraus ergibt sich mit $b = 4{,}732 \cdot \frac{1}{h}$ die Lösung für die Breite $b = 4{,}732 \cdot \frac{1}{2{,}18} \approx 2{,}17$.
Ergebnis: Die Schachtel mit einem vorgegebenen Volumen von $23{,}66\,cm^3$ und einer aufgrund der Länge der Hölzer vorgegebenen Länge von 5 cm hätte die geringste Oberfläche und damit auch den minimalsten Materialverbrauch bei einer Höhe von 2,18 cm und einer Breite von 2,17 cm von
$O = 2 \cdot (2{,}18 \cdot 2{,}17 + 2{,}17 \cdot 5 + 2{,}18 \cdot 5) \approx 52{,}96\,cm^2$.
Diese Daten weichen von der Originalschachtel ab, sodass man feststellen muss, dass die handelsüblichen Streichholzschachteln nicht so gebaut sind, dass sie einen minimalen Materialverbrauch haben.
Die Oberfläche der Originalschachtel beträgt
$O = 2 \cdot (3{,}5 \cdot 5{,}2 + 3{,}5 \cdot 1{,}3 + 1{,}3 \cdot 5{,}2) = 59{,}02\,cm^2$. Dies entspricht einem materiellen Mehraufwand von 11,4 %, was bei einer Produktion von mehreren Hunderttausend Stück zu stark erhöhten Kosten führen kann.
b) mögliche Lösung:
Die Schachtel sollte das erforderliche Volumen besitzen: $V = 23{,}66\,cm^3$. Da der optimale Materialverbrauch mit einer vorgegebenen Länge von 5 cm bei einer Höhe und Breite von jeweils ca. 2,18 cm liegt, kann man eine Schachtel mit quadratischer Grundfläche bauen – diese ist dann eventuell auch für den Kunden sehr ansprechend.

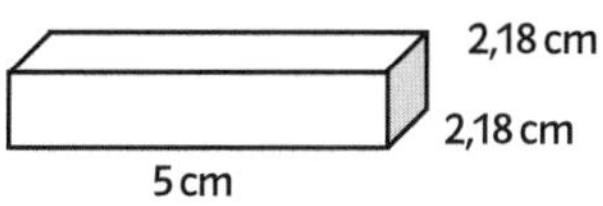

Briefe: individuelle Lösungen
c) individuelle Lösungen

10 Verstehen der Aufgabe
Gegeben ist eine Sandsteinplatte mit noch unbekannten Maßen. Daraus soll eine rechteckige Tischplatte mit möglichst großer Fläche ermittelt werden.
Ein mathematisches Modell entwickeln und einen mathematischen Plan aufstellen
1. Ausmessen der Steinplatte und Erstellen einer Skizze
2. Aufstellen einer Flächenfunktion – die obere linke Ecke des zu schneidenden Rechtecks kann überall auf der begradigten Bruchstelle liegen; die Fläche der Tischplatte ist daher von dieser Ecke bzw. von der Breite des abzuschneidenden Stückes (der Länge x) abhängig.
3. Von dieser Flächenfunktion wird das Maximum gesucht; also kann man entweder den entsprechenden Graphen analysieren oder die Flächenfunktion ableiten und gleich null setzen.

Durchführen des Plans
1. Bei der Bruchstelle sind die Maße an der Seite 40 cm und oben 110 cm. Die Maße von 150 cm und 100 cm werden bestätigt.
(Skizze siehe unten)
2. Die Breite des Rechtecks kann mit dem Term $(150 - x)$ beschrieben werden. Die Höhe ist dann $(40 + y)$. Mithilfe der Strahlensätze kann man y durch x ausdrücken:
$y : x = 60 : 40$, also $y = 1{,}5 \cdot x$.

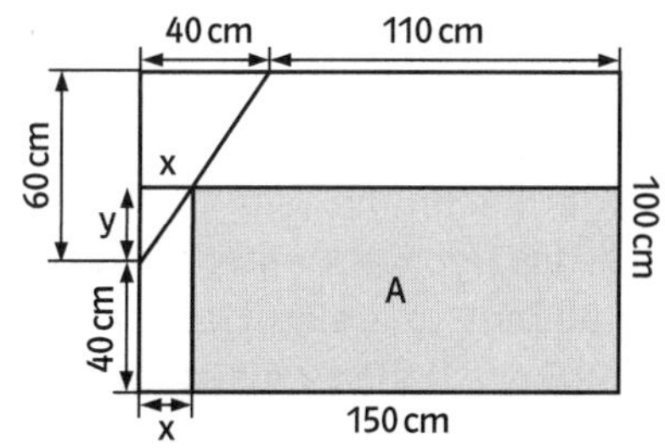

Zusammen ergibt sich für den Flächeninhalt des Rechtecks: $A(x) = (150 - x) \cdot (40 + 1{,}5 \cdot x)$.
3. Bestimmung der Ableitungsfunktion von A und der Nullstelle der Ableitungsfunktion.
$A(x) = (150 - x) \cdot (40 + 1{,}5 \cdot x) = -1{,}5\,x^2 + 185\,x + 6000$
$A'(x) = -3x + 185 = 0$. Hieraus folgt: $x = 61\frac{2}{3}$
Zur Überprüfung, ob wirklich ein Maximum vorliegt, kontrolliert man den Vorzeichenwechsel. $A'(61) = 2$ und $A'(62) = -1$, womit das Vorliegen eines Maximums bestätigt ist.
Der Flächeninhalt beträgt dann $A\left(61\frac{2}{3}\right) \approx 11704\,cm^2$.
Nun muss man nur noch die Randbereiche kontrollieren: möglich sind die Rechtecke mit 40 cm × 150 cm ($A = 6000\,cm^2$) bzw. mit 110 cm × 100 cm ($A = 11\,000\,cm^2$). Beide Flächeninhalte sind kleiner.
Antwort: Der Flächeninhalt des Tisches ist maximal, wenn $x \approx 61{,}67$ cm lang ist.
Überprüfen des Modells
Nun misst Johann die errechneten Maße auf der Steinplatte ab (inneres Rechteck).

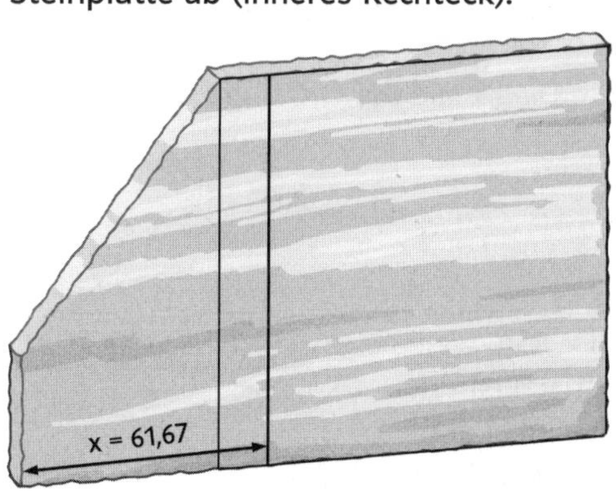

Kurz bevor er die Säge ansetzen will, fällt ihm auf, dass dies nicht der größte Flächeninhalt sein kann. Der Randwert mit 110 cm × 100 cm ($A = 11\,000\,cm^2$ – äußeres Rechteck) scheint die größtmögliche Fläche zu haben.

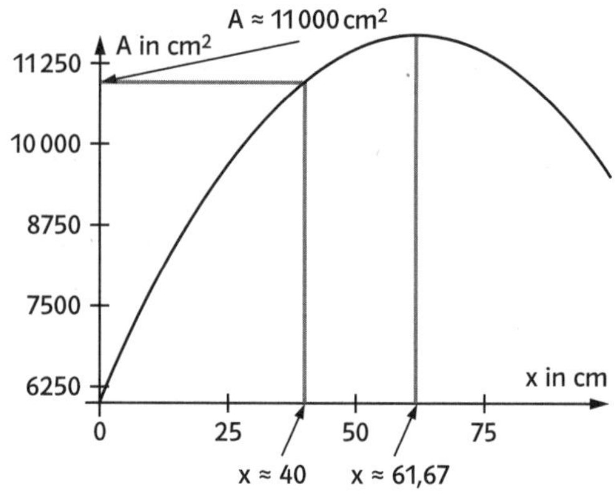

Modellkritik

Bei der Fehlersuche in der Rechnung fällt auf, dass bei der Lösung $x = 61\frac{2}{3}$ das Rechteck eine Breite von $150\,\text{cm} - 61\frac{2}{3}\,\text{cm} = 88\frac{1}{3}\,\text{cm}$ und eine Höhe von $40\,\text{cm} + 1{,}5 \cdot 61\frac{2}{3}\,\text{cm} = 132{,}5\,\text{cm}$ haben müsste. Die Höhe kann aber maximal nur 100 cm groß sein. Die Größe x darf bei der Suche nach dem größten Flächeninhalt 40 cm nicht überschreiten. Man kommt bei dieser Fragestellung also trotz Randwertuntersuchung zu einem falschen Ergebnis, wenn man es nicht kritisch analysiert. Die Berechnung mithilfe dieses Modells liefert aber die Erkenntnis, dass die Flächeninhalte der anderen Rechtecke ($x < 40\,\text{cm}$) kleiner als $11\,000\,\text{cm}^2$ sind.

Als Ergebnis erhält Johann somit eine Tischplatte mit dem Flächeninhalt von $11\,000\,\text{cm}^2$, die er nur noch feilen und schleifen muss. Nachdem er die Tischbeine erstellt hat, verbindet er alle Teile. Die 5 Stunden benötigt er fast vollständig, weil sein „Denkfehler" zeitaufwändig war.

11 a) $\frac{t}{u} = \frac{v}{w}$; $\frac{t}{t+u} = \frac{v}{v+w}$; $\frac{u}{t+u} = \frac{w}{v+w}$ und $\frac{t}{t+u} = \frac{r}{s}$; $\frac{v}{v+w} = \frac{r}{s}$

b) $\frac{e}{f} = \frac{a-b}{b}$; $\frac{e}{e+f} = \frac{a-b}{a}$; $\frac{f}{e+f} = \frac{b}{a}$ und $\frac{b}{a} = \frac{c}{d}$; $\frac{f}{e+f} = \frac{c}{d}$

12 a) $a = \frac{1}{\sqrt{2}} \cdot d \approx 4{,}9\,\text{cm}$

b) Ja, denn die Diagonale der Öffnung ist 2,15 m.

13 a) α und ε sind Wechselwinkel an zueinander parallelen Geraden, daher ist ε = 45°.
Der Winkel η = 45°, weil die Figur symmetrisch ist und α und η Basiswinkel sind.
η und δ ergänzen sich zu 90°, somit ist δ = 45°.
Da η und δ Wechselwinkel an zueinander parallelen Geraden sind, sind sie gleich groß und λ = 45°.

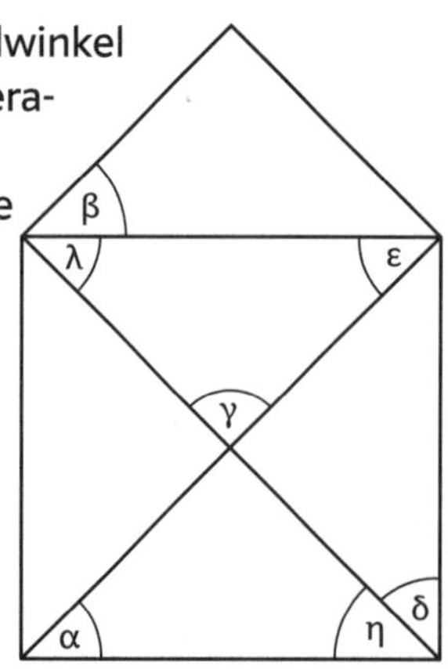

Der Winkel γ kann nun mit dem Innenwinkelsummensatz für Dreiecke berechnet werden. Es gilt:
γ = 180° − 45° − 45° = 90°

b) α und ε sind Wechselwinkel an zueinander parallelen Geraden, daher ist ε = 50°.
Der Winkel η = 50°, weil die Figur symmetrisch ist und α und η Basiswinkel sind.
η und δ ergänzen sich zu 90°, somit ist δ = 40°.
Da η und λ Wechselwinkel an zueinander parallelen Geraden sind, sind sie gleich groß und ε = 50°.
Der Winkel γ kann nun mit dem Innenwinkelsummensatz für Dreiecke berechnet werden. Es gilt:
γ = 180° − 50° − 50° = 80°

c) Mögliches Vorgehen:
1. Zeichne die Strecke $\overline{AB}$ = 5 cm.
2. Zeichne am Punkt A den Winkel α = 50° ein.
3. Da der untere Teil der Figur achsensymmetrisch ist, ist β = α = 50°.
   Zeichne am Punkt B den Winkel β = 50° ein.
4. Zeichne eine zu a senkrechte Gerade durch A und eine zu a senkrechte Gerade durch B.
5. Bestimme die Schnittpunkte C und D der Geraden aus 4. mit den in 2. und 3. gezeichneten Schenkeln der Winkel α und β.
6. Verbinde die Punkte C und D. Es entsteht eine zu a parallele Seite.
7. Zeichne am Punkt D den Winkel β = 30° ein.
8. Bestimme den Mittelpunkt M der Strecke $\overline{CD}$ als Schnittpunkt der Mittelsenkrechten von $\overline{CD}$ mit der Strecke $\overline{CD}$.
9. Zeichne den Thaleskreis zur Strecke $\overline{CD}$, d.h. den Kreis mit Mittelpunkt M, der durch C und D geht.
10. Bezeichne den Schnittpunkt des Thaleskreises mit dem in 7. gezeichneten Schenkel mit E. Der Satz des Thales besagt, dass am Punkt E im Dreieck DEC ein rechter Winkel entsteht.

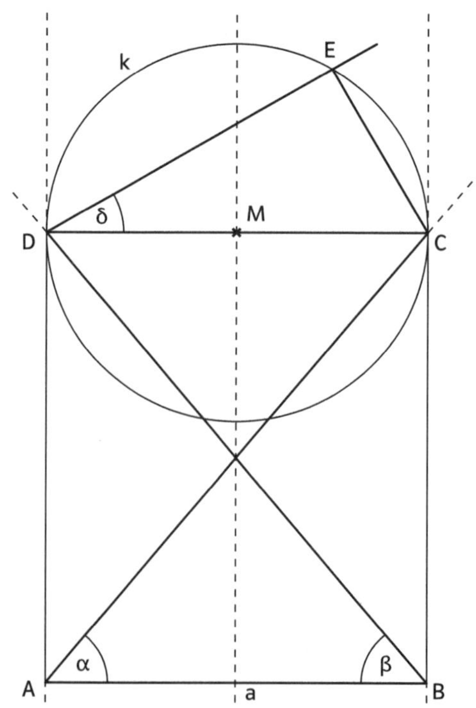

d) Ohne Zeichnung
Die Sonnenuhr muss am Punkt M liegen, da M von den Punkten C, D und E den gleichen Abstand hat. Man kann den Punkt M auch bestimmen, indem man die Mittelsenkrechten zu den Seiten im Dreieck CDE konstruiert und ihren Schnittpunkt bestimmt. Dieser muss mit M übereinstimmen.
e) Thales hat Recht, denn es gilt auch die Umkehrung des Satzes von Thales, d.h., dass der Punkt E auf dem Thaleskreis liegen muss, wenn dort ein rechter Winkel entsteht. Somit ist der Mittelpunkt des Thaleskreises in allen Häusern die Position der Sonnenuhr.
f) Die Winkelsumme beträgt bei beiden Figuren des Hauses vom Nikolaus immer 540°. Diese Summe setzt sich aus der Winkelsumme des unteren Vierecks (360°) und des oberen Dreiecks (180°) zusammen.

Exkursion: Entdeckungen – Projektthemen rund ums Modellieren

Seite 184

Bevölkerungsentwicklung

1 Die Aussage im Text, dass „das Wachstum im Moment (Ende 2006) bei 1,63 Prozent pro Jahr" liegt, legt ein exponentielles Wachstum nahe, weil die Bevölkerungszahl jährlich um einen festen Prozentsatz steigt (Wachstumsfaktor: a = 1,0163). Die Aussage, dass dieser Zuwachs einem jährlichen Bevölkerungszuwachs von ca. 18 Millionen Menschen entspricht, legt nahe, dass der jährliche Zuwachs konstant ist mit einer Wachstumsrate von d = 18 Millionen. Wenn man sich allerdings die Zunahmen anschaut, sieht man, dass bei einem jährlichen Zuwachs von 1,63 % die absolute Zunahme immer leicht steigt:

Jahr	2003	2004	2005	2006	2007
Zuwachs	1,63 %	1,63 %	1,63 %	1,63 %	1,63 %
absoluter Zuwachs in Mio.	-	17,1433	17,4227	18	18,0001
Bevölkerungszahl in Mio.	1051,73	1068,88	1086,30	1104,3	1122,3

Jahr	2008	2009	2010	2011	2012
Zuwachs	1,63 %	1,63 %	1,63 %	1,63 %	1,63 %
absoluter Zuwachs in Mio.	18,2935	18,5917	18,8947	19,2027	19,5157
Bevölkerungszahl in Mio.	1140,59	1159,19	1178,08	1197,28	1216,8

Somit ist die Aussage im Text (die von der auf der Marginalie angegebenen Quelle stammt) etwas ungenau.

2 Zunächst stellt man die Wachstumsformel auf, wobei von 365 Tagen pro Jahr ausgegangen wird und die Zeitangaben in Sekunden gemacht werden. Anschließend kann man mit den Datenpunkten (x gibt dann die Zeit in Sekunden beispielsweise seit dem Jahr 2000 an und y die Bevölkerungszahl in Mio.) die Funktionsgleichung für exponentielles Wachstum aufstellen.

Jahr	1955	1966
Jahre seit 1955	0	11
Zeit seit 2000 in Sekunden	−1 419 120 000	−1 072 224 000
Bevölkerung in Mio.	400	500

Jahr	2000	2001	2006
Jahre seit 1955	45	46	51
Zeit seit 2000 in Sekunden	0	31 536 000	189 216 000
Bevölkerung in Mio.	1000		1104,3

Beispielsweise mithilfe der Datenpunkte (−1 419 120 000 | 400) und (189 216 000 | 1104,3) kann man nun eine Funktionsgleichung aufstellen mit $y = c \cdot a^x$. Den zweiten Datenpunkt erhält man für das Jahr 2006, wenn man die Angabe, dass 1,63 % etwa 18 Mio. entsprechen verwendet und auf 100 % hochrechnet.
I: $400 = c \cdot a^{(-1419120000)}$, also $c = \frac{400}{a^{(-1419120000)}}$
II: $1104{,}3 = c \cdot a^{189216000}$
Durch Einsetzen von c in II erhält man:
$1104{,}3 = \frac{400}{a^{(-1419120000)}} \cdot a^{189216000} = 400 \cdot a^{(-229904000)}$
$\Longrightarrow a \approx 1{,}0000000006314$ und $c \approx 979{,}945$.
Es folgt: $y = 979{,}945 \cdot 1{,}0000000006314^x$.
Die Qualität der Funktionsgleichung kann man durch einen Vergleich der berechneten Werte mit den Originaldaten beurteilen – das Modell beschreibt die Wirklichkeit recht gut.

Jahr	1955	1966
Jahre seit 1955	0	11
Zeit seit 2000 in Sekunden	−1 419 120 000	−1 072 224 000
Bevölkerung in Mio.	400	500
berechnete Werte	399,9997921	497,9472634
Abweichungen	0,000207896	2,052736642

Jahr	2000	2001	2006
Jahre seit 1955	45	46	51
Zeit seit 2000 in Sekunden	0	31 536 000	189 216 000
Bevölkerung in Mio.	1000		1104,3
berechnete Werte	979,945	999,6530604	1104,300561
Abweichungen	20,055		−0,000560937

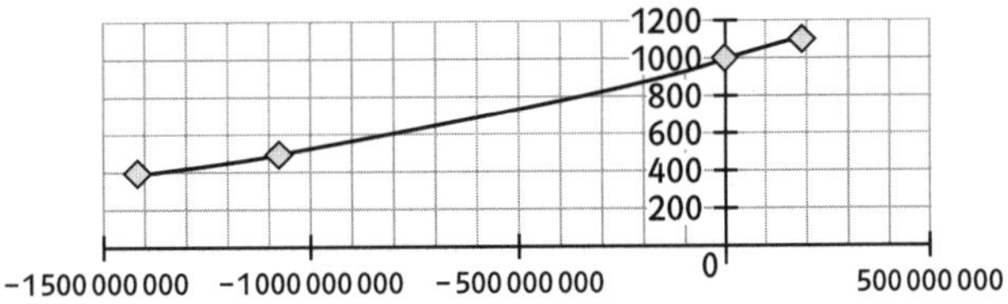

(Graph der Näherungsfunktion mit den Originaldaten)
Für die Internetseite kann man nun die Funktionsgleichung $y = 979{,}945 \cdot 1{,}000\,000\,000\,631\,4^x$ verwenden, wobei man die Sekunden für den entsprechenden Tag ermitteln muss ($x = 0$ entspricht der ersten Sekunde im Jahr 2000, siehe obige Tabelle) und den Funktionswert dann jede Sekunde neu berechnen und angeben lassen muss. Dies kann man entsprechend programmieren.

3 Individuelle Lösungen.

Gezeiten

4

- Man kann die Pegelzeiten für NW (Niedrigwasser) und HW (Hochwasser) entnehmen.
- Die Daten sind bezogen auf „Seekartennull" – Recherche im Internet ergibt: „Das **Seekartennull** (Abk. SKN; engl. Chart Datum) oder kurz **Kartennull** ist eine Bezugsebene für Tiefenangaben in Seekarten und Gezeitentabellen. Sie richtet sich nach dem niedrigsten Wasserstand, der im Rhythmus der Gezeiten auftritt.
  Traditionell wird als Kartennull das *mittlere Springniedrigwasser* (MSpNW) definiert – jener besonders niedrige Wasserstand, den das Ablaufen der Ebbe bei Voll- oder Neumond hinterlässt. Es liegt also annähernd um den halben Tidenhub unter dem mittleren Meeresspiegel, dem Geoid, und unterscheidet sich damit vom Höhenbezug der Landesvermessung um Beträge, die 1 Meter übersteigen können."
- Emden ist eine kreisfreie Stadt an der Mündung der Ems in die Nordsee
- die Position ist angegeben in 53°20′13″N bzw. 7°11′11″E; dies bedeutet: 53°20′13″N gibt den genauen geografischen Breitengrad an und 7°11′11″E gibt den genauen geografischen Längengrad an
- die Bedeutung von MEZ und MESZ kann man auch einer Internetquelle entnehmen: „Die **Mitteleuropäische Zeit** (**MEZ**, engl. *Central European Time, CET*) ist die für Mitteleuropa und damit unter anderem für Deutschland, Österreich und die Schweiz gültige Zeitzone. Sie entspricht der mittleren Sonnenzeit des 15. Längengrads östlich von Greenwich. Ihre Differenz zur Weltzeit UTC beträgt +1 Stunde. Die Differenz der Mitteleuropäischen Sommerzeit (MESZ, engl. CEST) zur Weltzeit beträgt hingegen +2 Stunden; sie entspricht also der mittleren Sonnenzeit des 30. Längengrads."

5 Zunächst kann man die Daten in eine Tabelle eintragen, in der die zeitlichen Abstände zwischen zwei Angaben in Minuten eingetragen sind. So kann sich einen Überblick verschaffen.

Niedrig- oder Hochwasser	NW	HW	NW	HW
Zeit	02:26	08:38	14:48	21:10
Zeit in min ab 00:00 Uhr am 20.07.	146	518	888	1270
Abstand zwischen zwei Zeiten	–	372	370	382
Wasserstand in m	0,7	3,6	0,7	3,8
Periode zwischen zwei NW			742	

Niedrig- oder Hochwasser	NW	HW	NW	HW
Zeit	03:28	09:47	16:02	22:25
Zeit in min ab 00:00 Uhr am 20.07.	1648	2027	2402	2785
Abstand zwischen zwei Zeiten	378	379	375	383
Wasserstand in m	0,7	3,7	0,7	3,8
Periode zwischen zwei NW	760		754	

Hieraus kann man nun die Parameter a, b und d der Sinusfunktion mit $y = a \cdot \sin(bx) + d$ bestimmen.
Die Amplitude entspricht dem halben Wert zwischen Maximum und Minimum. Daher gilt:
$a = (3{,}7 - 0{,}7) : 2 = 1{,}5$ (3,7 ist dabei der gemittelte Mittelwert aus 3,6; 3,8; 3,7 und 3,8).
Die Periode dauert beispielsweise von einem NW zum nächsten NW ca. 752 Minuten (Mittelwert aus 742, 760 und 754), also $p = 752$.
Mithilfe der Formel $p = \frac{2\pi}{b}$ erhält man
$b = \frac{2\pi}{752} \approx 0{,}008\,355\,3$.
Der Mittelwert zwischen Tief- und Hochpunkt, also beispielsweise zwischen der 146. Minute und der 518. Minute, liegt etwa in der 332. Minute, hier ist dann $x = 0$. Der Mittelwert beträgt:
$(3{,}7 + 0{,}7) : 2 = 2{,}2$; damit ist $d = 2{,}2$.
Es ergibt sich: $y = 1{,}5 \cdot \sin(0{,}008\,355\,3 \cdot x) + 2{,}2$.
Die folgende Tabelle belegt durch einen Vergleich der Originaldaten mit den berechneten Werten die gute Qualität der Modellierung.

Niedrig- oder Hochwasser	NW	HW	NW	HW
Zeit	02:26	08:38	14:48	21:10
Zeit in min ab 00:00 Uhr am 20.07.	146	518	888	1270
Zeit in min, wobei die 332. Minute 0 entspricht	−186	186	556	938
Wasserstand in m	0,7	3,6	0,7	3,8
berechnete Werte	0,7	3,7	0,703	3,7
Abweichungen	0,0	−0,1	0,0	0,1

Niedrig- oder Hochwasser	NW	HW	NW	HW
Zeit	03:28	09:47	16:02	22:25
Zeit in min ab 00:00 Uhr am 20.07.	1648	2027	2402	2785
Zeit in min, wobei die 332. Minute 0 entspricht	1316	1695	2070	2453
Wasserstand in m	0,7	3,7	0,7	3,8
berechnete Werte	0,7	3,7	0,7	3,696
Abweichungen	0,0	0,0	0,0	0,1

Damit kann man mithilfe der Funktionsgleichung $y = 1{,}5 \cdot \sin(0{,}0083553 \cdot x) + 2{,}2$ den Wasserstand gut beschreiben, wobei x die Zeit in Minuten nach 05:32 Uhr (332. Minute) am 20.07.2006 darstellt. Bei dieser Darstellung kann man den Wasserstand zu jedem beliebigen Zeitpunkt berechnen.
Die Anstiege der Wasserstände sind nach diesem Modell genau zwischen NW und HW am stärksten bzw. das Abfallen des Wasserstandes ist genau zwischen HW und NW am stärksten.
Es sind auch andere Lösungswege möglich. Etwa dass man zur Angabe des NW und HW die Periode von ca. 752 Minuten als Grundlage nimmt und diese Zeit zu jedem NW bzw. HW addiert. Hier kann man aber die Zwischenwasserstände nicht so genau angeben. Diese müssten geschätzt werden.

Seite 185

Hast du Töne?

6

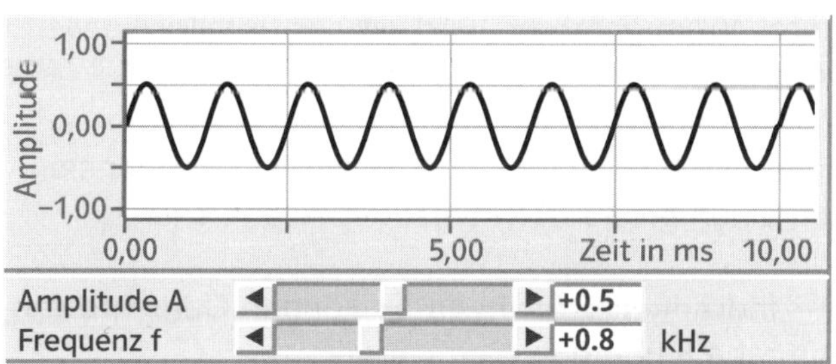

$a = 0{,}5$;
$p = 1{,}25$, da zwei Perioden genau 2,5 ms lang sind.
Mithilfe der Formel $p = \frac{2\pi}{b}$ erhält man $b = \frac{2\pi}{1{,}25} = 1{,}6\pi$
$d = 0$
$\Longrightarrow y = 0{,}5 \cdot \sin(1{,}6\pi \cdot x)$ mit $f = 0{,}8$.

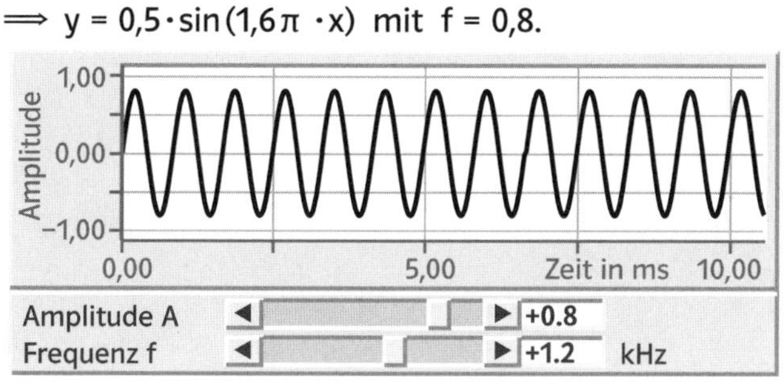

$a = 0{,}8$;
$p = \frac{2{,}5}{3}$, da drei Perioden genau 2,5 ms lang sind.
Mithilfe der Formel $p = \frac{2\pi}{b}$ erhält man $b = \frac{2\pi}{\frac{2{,}5}{3}} = 2{,}4\pi$
$d = 0$
$\Longrightarrow y = 0{,}8 \cdot \sin(2{,}4\pi \cdot x)$ mit $f = 1{,}2$.

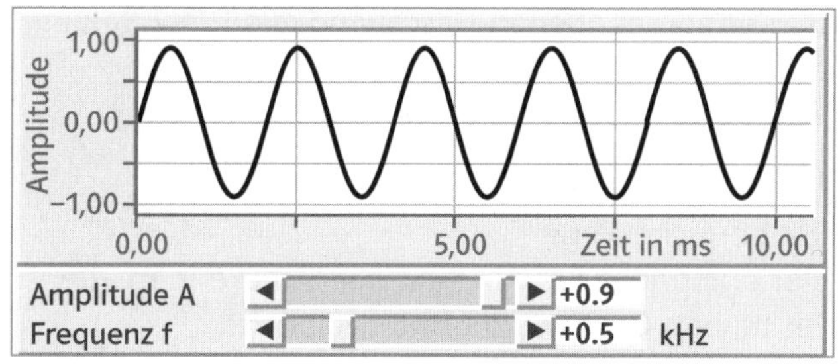

$a = 0{,}9$;
$p = 2$, da fünf Perioden genau 10 ms lang sind.
Mithilfe der Formel $p = \frac{2\pi}{b}$ erhält man $b = \frac{2\pi}{2} = \pi$
$d = 0$
$\Longrightarrow y = 0{,}9 \cdot \sin(\pi \cdot x)$ mit $f = 0{,}5$.

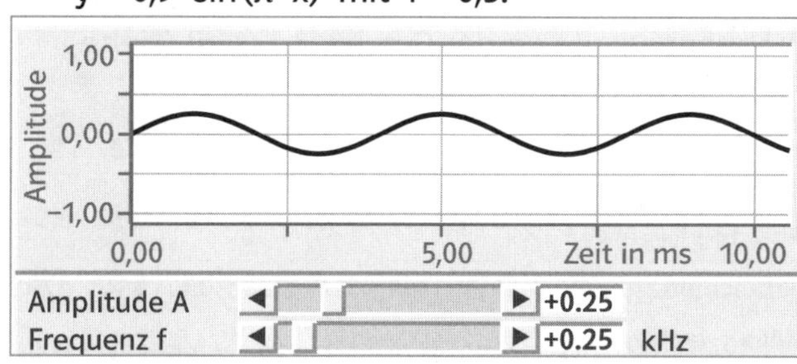

$a = 0{,}25$;
$p = 4$, da 1,25 Perioden genau 5 ms lang sind. Mithilfe der Formel $p = \frac{2\pi}{b}$ erhält man $b = \frac{2\pi}{4} = 0{,}5\pi$
$d = 0$
$\Longrightarrow y = 0{,}25 \cdot \sin(0{,}5\pi \cdot x)$ mit $f = 0{,}25$.
Allgemein kann man feststellen, dass in dem Argument (der Klammerausdruck) beim Sinus als Faktor vor dem π immer das Doppelte der Frequenz steht. Demnach kann man die Gleichung auch allgemein schreiben: $y = a \cdot \sin(2 \cdot f \cdot \pi \cdot x)$, wobei $d = 0$ immer gilt.

7 Individuelle Lösungen.

Mit Modellierungen eigene Meinungen bilden

8 Wie viele Autos bei der Geschwindigkeit von v km/h auf der Länge v km fahren, kann man mithilfe des Terms

$$\frac{\text{Länge der Strecke}}{\text{(Autolänge + Abstand) in m}} = \frac{\text{v in km}}{\text{(Autolänge + Abstand) in m}} = \frac{1000 \cdot \text{v in m}}{\text{(Autolänge + Abstand) in m}}.$$

Die mittlere Autolänge müsste nun ermittelt werden (hier wird von einer durchschnittlichen Autolänge von 4 m ausgegangen). Der Abstand zwischen zwei Autos hängt sicherlich von der Geschwindigkeit der Autos ab.

Zur Ermittlung des Abstands a (in m) in Abhängigkeit von der Geschwindigkeit v (in km/h) gibt es nun 2 vorgeschlagene Modelle:

„die 2-Sekunden-Abstand-Regel"

Hier entspricht der Abstand der Strecke, die man bei der vorgegebenen Geschwindigkeit in 2 Sekunden zurücklegt: $a(v) = \frac{v}{3,6} \cdot 2$.

„Fahrschulfaustformel"

$a(v) = 3 \cdot \frac{v}{10} + \frac{v^2}{100}$.

„Halbe-Tacho-Regel"

Hier entspricht der Abstand der Strecke in m, die der halben Geschwindigkeit entspricht:

$a(v) = \frac{v}{2}$.

Um zu ermitteln, bei welcher Regel der größte Verkehrsfluss existiert, kann man mithilfe einer Tabelle, in der einzelne Werte berechnet werden, darstellen. Man verwendet dabei die Formel $\frac{1000 \cdot v}{4 + a(v)}$, wobei v die Geschwindigkeit in km/h und a(v) den Abstand in Abhängigkeit von der Geschwindigkeit (siehe oben) in m angibt:

v in km/h	10	20	30	40	50	60	70	80
2-Sekunden-Abstand-Regel	1047	1324	1452	1525	1573	1607	1632	1651
Fahrschulregel	1250	1429	1364	1250	1136	1034	946	870
Halber-Tacho-Regel	1111	1429	1579	1667	1724	1765	1795	1818

v in km/h	90	100	110	120	130	140	150	160
2-Sekunden-Abstand-Regel	1667	1679	1689	1698	1706	1712	1718	1722
Fahrschulregel	804	746	696	652	613	579	547	519
Halber-Tacho-Regel	1837	1852	1864	1875	1884	1892	1899	1905

Die grafische Darstellung liefert einen schnellen Überblick:

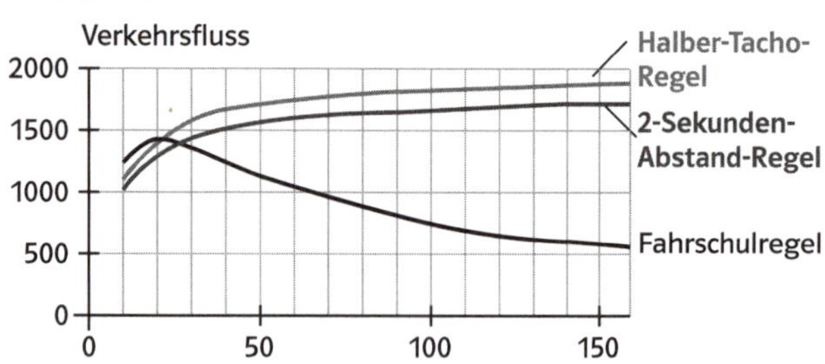

Demnach ist der Verkehrsfluss bei der „Halbe-Tacho-Regel" ab einer Geschwindigkeit von 20 km/h insgesamt am größten. Die „2-Sekunden-Abstand-Regel" liegt an zweiter Stelle und die „Fahrschulregel" erreicht bei 20 km/h seinen maximalen Wert von 1429 Autos (75 % des größten Wertes bei „Halbe-Tacho-Regel" bei 160 km/h). Also müssten alle nach der „Halbe-Tacho-Regel" fahren, wenn man den größten Verkehrsfluss wünscht.

Allerdings ist hier das Unfallrisiko auch wesentlich höher, weil der Abstand der Autos bei hohen Geschwindigkeiten zu gering ist wie man folgender Tabelle entnehmen kann:

v in km/h	10	20	30	40	50	60	70	80
2-Sekunden-Abstand-Regel	6	11	17	22	28	33	39	44
Fahrschulregel	4	10	18	28	40	54	70	88
Halber-Tacho-Regel	5	10	15	20	25	30	35	40

v in km/h	90	100	110	120	130	140	150	160
2-Sekunden-Abstand-Regel	50	56	61	67	72	78	83	89
Fahrschulregel	108	130	154	180	208	238	270	304
Halber-Tacho-Regel	45	50	55	60	65	70	75	80

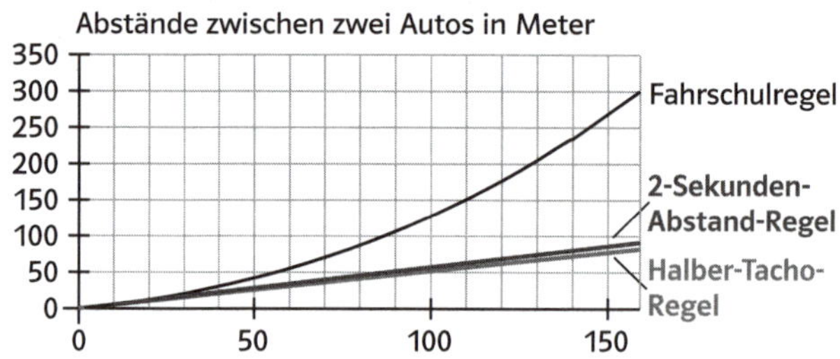

Man erkennt, dass die Abstände bei der „Halbe-Tacho-Regel" und der „2-Sekunden-Abstand-Regel" viel zu kurz sind. Beispielsweise ist nur der Bremsweg (ohne Reaktionszeit) bei v = 160 km/h ca. 256 m lang. Wenn hier nur ein Abstand von unter 100 m gefahren wird, ist das Unfallrisiko viel zu groß.

Wenn man also nach der „Fahrschulregel" fährt, sollte die Geschwindigkeit möglichst geringer sein, um einen großen Verkehrsfluss zu erreichen.

9 Individuelle Lösungen. Es können Elemente von Aufgabe 8 übernommen werden.

Sachthema: Vom Himmel hoch – Teil 2

Seite 188

Brückenaufgabe

? Man legt ein Koordinatensystem fest. Sein Ursprung kann z. B. wie in der Skizze gewählt werden. Dann ist die Parabel, auf welcher der Brückenbogen liegt, symmetrisch zur y-Achse. Sie wird also durch eine Funktion f der Form $f(x) = a \cdot x^2 + b$ beschrieben. Da Punkt $A(0\,|\,5)$ auf der Parabel liegt, ist $b = 5$. Da Punkt $B(10\,|\,0)$ auf der Parabel liegt, gilt $100a + b = 0$, also $a = -0{,}05$. Die Funktion f hat also die Gleichung $f(x) = -0{,}05x^2 + 5$. Ihre betragsmäßig größte Steigung hat die Parabel im Punkt A: $|f'(10)| = 1$. Dazu gehört der Steigungswinkel 45°. Xundu kann also die Brücke so gerade erklimmen. Bei einer maximalen Steigung von 45° wäre $f'(10) = -0{,}45$ und weiterhin $f(10) = 0$. Mit dem gleichen Ansatz $f(x) = a \cdot x^2 + b$, also $f'(x) = 2ax$ ergibt sich für f die Gleichung $f(x) = -0{,}0225x^2 + 2{,}25$. Die Brücke wäre also 7,25 m hoch.

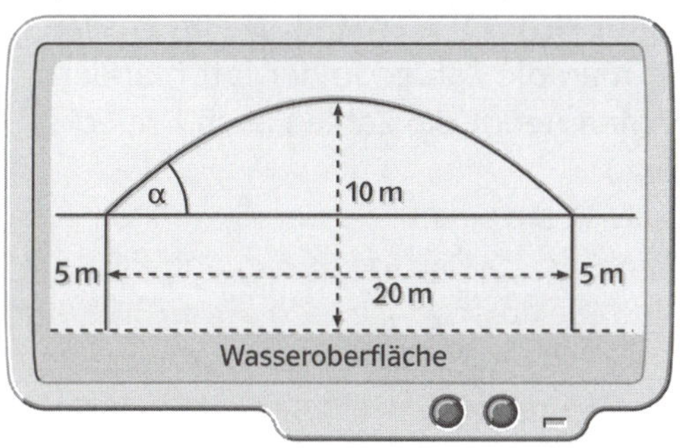

Parabelaufgabe

? a) Man zeichnet eine Parallele p zu der Leitgeraden und misst den Abstand d von p und der Leitgeraden. Um F zeichnet man einen Kreis k mit diesem Radius d. Die Schnittpunkte von p und k bezeichnet man mit P bzw. P'. Nun wählt man die Ortslinienfunktion für die Punkte P und P' und bewegt die Parallele p. Dabei entsteht als Ortslinie (Spur) der Punkte P und P' die gewünschte Parabel.
b) Man wählt ein Koordinatensystem, dessen Ursprung O im Scheitelpunkt der Parabel liegt. Die x-Achse verläuft parallel zur Leitgeraden, die y-Achse durch F. Damit hat F die Koordinaten $F(0\,|\,c)$ mit einer bestimmten Zahl c. Die Leitgerade hat die Gleichung $y = -c$, da der Scheitelpunkt gleich weit von O wie von F entfernt ist.
Nach der Parabeldefinition gilt $\overline{FP} = y + c$, also $\sqrt{x^2 + (y - c)^2} = y + c$.
Dabei sind x und y die Koordinaten des Punktes P. Durch Quadrieren dieser Beziehung erhält man $x^2 + y^2 - 2yc + c^2 = y^2 + 2yc + c^2$ und daraus $4yc = x^2$ und somit $y = \frac{1}{4c}x^2$. Es gilt also eine Gleichung $y = ax^2$ mit $a = \frac{1}{4c}$.

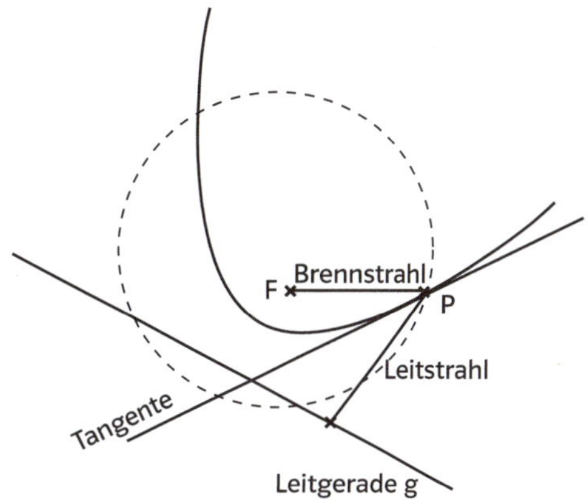

Seite 189

Paraboloidaufgabe

? Dreht man die Parabel mit der Gleichung $x_3 = a \cdot x_2^2$, so bewegt sich der Parabelpunkt $Q(0\,|\,y\,|\,z)$ auf einem Kreis. Der Punkt $P(u\,|\,v\,|\,w)$ auf diesem Kreis liegt in derselben Höhe über der x_1-x_2-Ebene wie Q. Daher gilt $w = z$. Für Q gilt die Gleichung $z = a \cdot y^2$, da Q auf der Parabel liegt. In der unteren Figur erkennt man, dass $y^2 = u^2 + v^2$ gilt. Also gilt $w = a \cdot (u^2 + v^2)$.
b) In der Lösung zu der Parabelaufgabe von Seite 188 wurde bereits gezeigt, dass die Parabelgleichung $y = \frac{1}{4c}x^2$ lautet, wenn man $F(0\,|\,c)$ voraussetzt. F hat nun die Koordinaten $F(0\,|\,0\,|\,c)$, und es ist x_2 für x und x_3 für y zu setzen. Die Gleichung der Parabel ist daher $x_3 = \frac{1}{4c}x_2^2$. Daraus sieht man, dass $a = \frac{1}{4c}$. Also hat F in Abhängigkeit von a die Koordinaten $F\left(0\,|\,0\,|\,\frac{1}{4a}\right)$.

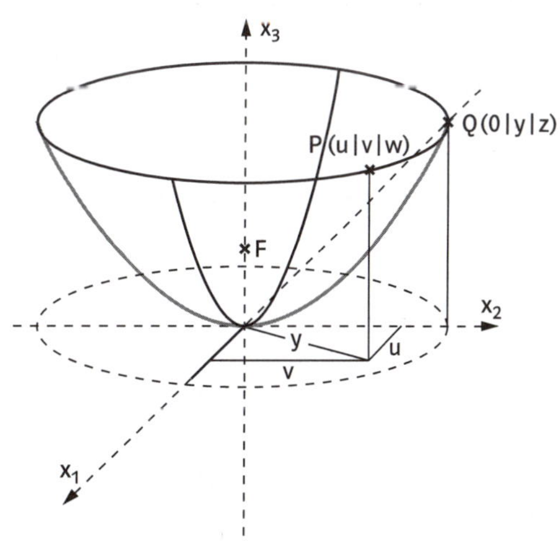

Weierstraß-Funktion

? Der Graph von f zeigt einen eckigen Verlauf. Wenn man weitere Funktionsterme der beschriebenen Bauart hinzufügt, nimmt die Eckenzahl weiter zu. Wegen der beschränkten Auflösung (vor allem beim GTR) kann man das aber nur ahnen. Man kann sich aber vorstellen, wie durch weitere Hinzunahme entsprechender Terme die Eckenzahl ins Unendliche wächst. Weierstraß hat bewiesen, dass die von ihm angegebene Funktion an keiner Stelle differenzierbar ist.

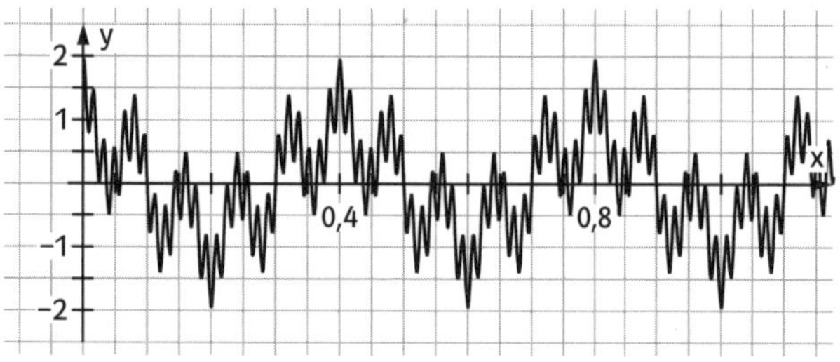

Seite 190

Lageraufgabe

? a) Wenn man das Lager an eine Stelle x entlang der Straße setzt, so beträgt die Summe d(x) der Abstände zu den Filialen $d(x) = |x| + |x - 10| + |x - 15| + |x - 31| + |x - 45|$. (Wenn man Beträge vermeiden will, muss man d(x) abschnittsweise berechnen. Liegt x z. B. zwischen C und D wie in der Skizze, so ist $d(x) = x + x - 10 + x - 15 + 31 - x + 45 - x = 4x + 51$.) Der Graph der Funktion d ist an den Stellen, die den Filialen entsprechen, nicht differenzierbar. Das Minimum von d kann daher nicht mit der Ableitung berechnet werden. Mit dem GTR ergibt sich der minimale Abstand, wenn man das Lager bei $x = 15$ wählt, also bei der Filiale C. Das kann man auch so begründen: Wenn man das Lager von C aus eine Strecke s weit nach links verlegt, verkürzen sich zwar die zwei Wege nach A und C jeweils um s, aber die drei Wege nach C, D und E verlängern sich um s. Insgesamt muss man den Weg s zusätzlich zurücklegen. Wenn man das Lager von C aus eine Strecke s weit nach rechts verlegt, verkürzen sich zwar die zwei Wege nach D und E jeweils um s, aber die drei Wege nach A, B und C verlängern sich um s. Insgesamt muss man den Weg s zusätzlich zurücklegen.

b) Die Summe d(x) der Abstände zu den Filialen beträgt nun $d(x) = 3|x| + 4|x - 10| + 2|x - 15| + 3|x - 31| + 6|x - 45|$. Das Minimum von d wird wie in a) mit dem GTR bestimmt. Es ergibt sich der minimale Abstand, wenn man das Lager irgendwo zwischen $x = 15$ und $x = 31$ wählt, also irgendwo zwischen den Filialen C und D. Das kann man auch so begründen: Wenn man sich zwischen Lager C und Lager D nach links bewegt, verkürzen sich $3 + 4 + 2 = 9$ Fahrten nach A, B bzw. C. Gleichzeitig verlängern sich $3 + 6 = 9$ Fahrten nach D bzw. E jeweils um die gleiche Strecke. Erst wenn man links über C oder rechts über D hinaus geht, wird die Gesamtstrecke länger.

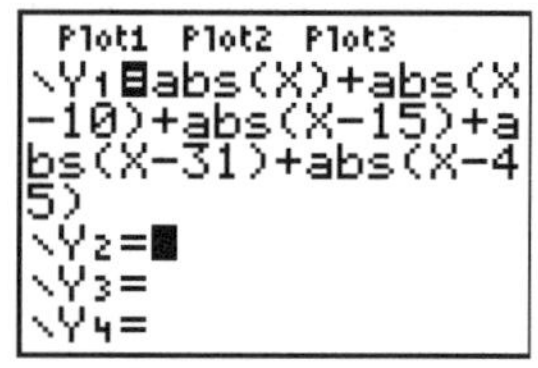

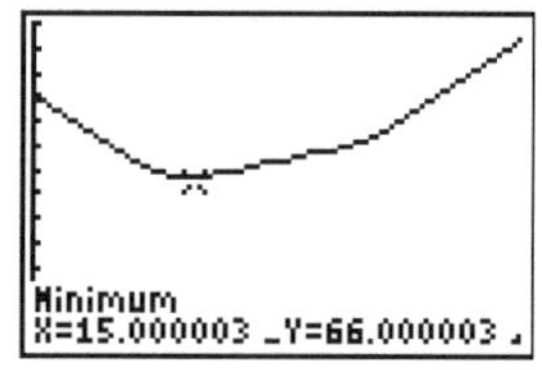

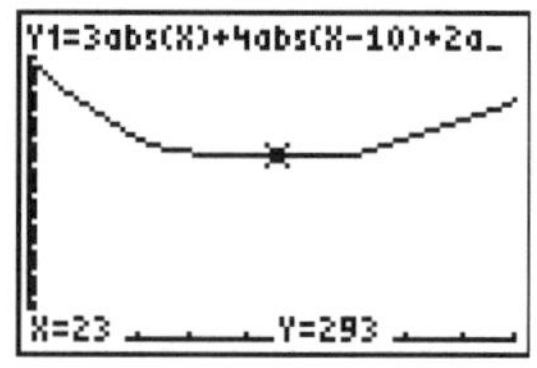

Seite 191

Gläseraufgabe

? a) Xundus Berechnung ist falsch. Denn jedes Anstoßen wird doppelt gezählt: Wenn Person A mit Person B anstößt, darf man nicht nochmal zählen, dass Person B mit Person A anstößt.
Xundus Anzahl ist also doppelt so groß wie Zahl der „Anstöße". Daraus und aus der richtigen Zählweise von Yanda ergibt sich: $\binom{n}{2} = \frac{1}{2}n \cdot (n - 1)$. Im Pascaldreieck findet man die Zahlen in der fett markierten Spalte 2. Man nennt die Zahlen auch Dreieckszahlen (vgl. Fig.)

1
1 1
1 2 **1**
1 3 **3** 1
1 4 **6** 4 1
1 5 **10** 10 5 1
1 6 **15** 20 15 6 1

Pascal'sches Dreieck

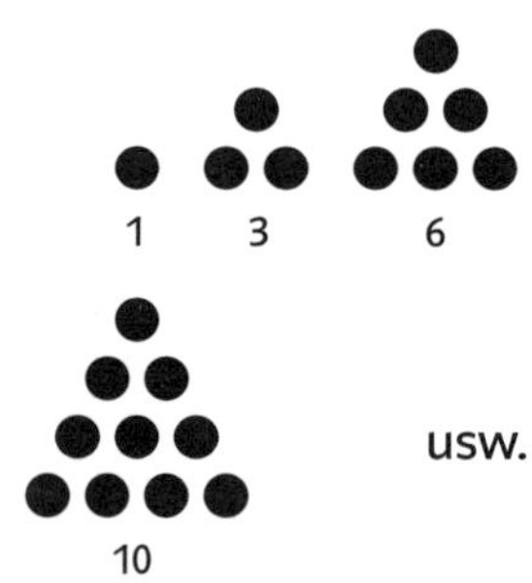

Dreieckszahlen

b) Wenn n Personen miteinander anstoßen, kann man auch so zählen: Person 1 stößt mit $n - 1$ anderen an, Person 2 stößt mit $n - 2$ anderen an, Person 3 stößt mit $n - 3$ anderen an usw. bis zur Person $n - 1$, die nur noch mit einer weiteren Person anstößt. Durch Summation und Vergleich mit a) ergibt sich $\binom{n}{2} = 1 + 2 + \ldots + (n - 1)$.

c) Es gibt $\frac{1}{2} \cdot 1000000 \cdot 999999 = 499999500000$ Funkverbindungen.

Seite 192

Treibhauseffekt

?

Jahr	1960	1970	1980	1990	2000
Messwerte in ppm	317	325	338	354	369
f(x) in ppm	317	329	342	355	369

Es wird eine Exponentialfunktion f mit $f(x) = c\,a^x$ zur Modellierung verwendet, da die Werte immer stärker ansteigen. Dabei soll $x = 0$ dem Jahr 1960 entsprechen. Verwendet man die Werte von 1960 und 2000, so gilt $c = 317$ und die Gleichung $317a^{40} = 369$ mit der Lösung $a = 1{,}0038$ (gerundet). Die dritte Zeile der Tabelle zeigt, dass die Modellfunktion die Werte gut annähert. Für das Jahr 1900 ergibt sich $f(-60) = 252$. Dagegen liefert Fig. 1 mit etwa 300 ppm einen deutlich höheren Wert. Die Abweichung lässt sich dadurch erklären, dass der Anstieg des Kohlenstoffdioxidgehalts in der Atmosphäre in den letzten Jahren deutlich größer war als zu Beginn des 20. Jahrhunderts. Die Modellfunktion ist daher für die Jahre vor 1960 nur eine schlechte Näherung.
Wenn man annimmt, dass sich Kohlenstoffdioxidgehalt in der Atmosphäre wie durch die Funktion f beschrieben weiterentwickelt, erhält man für das Jahr 2050 den Wert $f(90) = 446$ ppm und für das Jahr 2100 den Wert $f(140) = 539$ ppm.
Eine solche Berechnung ist sinnvoll, wenn man für die Zukunft eine Voraussage machen will unter der Bedingung, dass der Anstieg gleich bleibt. Die Menschen können dann rechtzeitig Gegenmaßnahmen einleiten.
Zum Randtext: Die linke Grafik wirkt bedrohlicher als die rechte, weil die Zeitskala links gegenüber rechts stark zusammengeschoben ist. Der starke Anstieg der letzten Jahre wird verdeutlicht. Die rechte Grafik könnte man „harmloser" darstellen, indem man die Skala an der Hochachse bei 0 beginnen ließe. Man sollte immer auf solche Dinge achten, da sie gezielt eingesetzt werden, um Daten in einem bestimmten „Licht" darzustellen. Verschiedene Darstellungen können auch politisch missbraucht werden.

Kurbelmechanismus

? Maximum von y ist $a + r = 4$ (P ganz oben), Minimum ist $a - r = 2$ (P ganz unten).
Da $r = 1$, ist x das Bogenmaß des Winkels α.
Die Strecke $y = \overline{MA}$ setzt sich zusammen aus $\overline{MQ}$ und $\overline{QA}$. Es gilt $\sin x = \sin\alpha = \frac{\overline{PQ}}{r}$, also $\overline{PQ} = \sin x$. $\cos x = \cos\alpha = \frac{\overline{MQ}}{r}$, also $\overline{MQ} = \cos x$.
Nach dem Satz des Pythagoras ist $\overline{QA}^2 = a^2 - \overline{PQ}^2 = 9 - (\sin x)^2$.
Also ist $y = \overline{MQ} + \overline{QA} = \cos x + \sqrt{9 - (\sin x)^2}$ und somit $f(x) = \cos x + \sqrt{9 - (\sin x)^2}$.
Der Graph von f wird mit dem GTR erstellt.
Funktionswerte: $f(0) = 4$, $f\left(\frac{1}{2}\pi\right) = 2\sqrt{2} \approx 2{,}828$, $f(\pi) = 2$ und $f\left(\frac{3}{2}\pi\right) = 2\sqrt{2}$.
$y = 2 \Longrightarrow x = \pi$; $y = 3 \Longrightarrow x \approx 1{,}4033$ bzw. $x \approx 4{,}8798$; $y = 4 \Longrightarrow x = 0$. (Für $y = 3$ verwendet man zur Bestimmung der Schnittstelle den GTR, siehe Fig.)

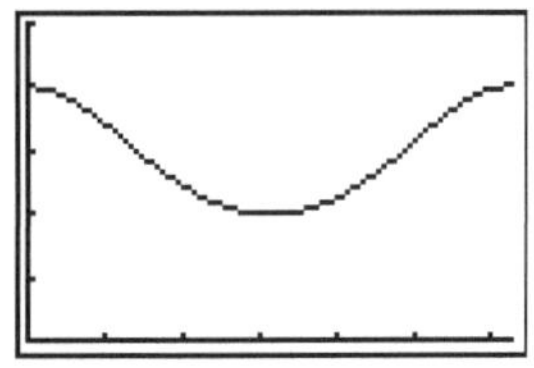

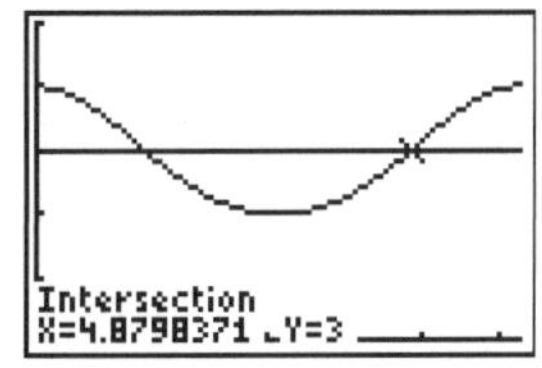

Seite 193

Radioaktivität

? a) Man erzeugt für jedes Atom eine Zufallszahl. Ist die Zufallszahl kleiner als 0,85, so gilt das Atom als noch nicht zerfallen. Das wird für mehrere „Minuten" wiederholt. Man erhält so z. B. mithilfe des GTR die Tabelle:

t	0	1	2	3	4	5	6	7	8	9	10
z(t)	500	430	360	310	263	227	193	166	147	124	102

b) Die Tabelle kann grafisch dargestellt werden.

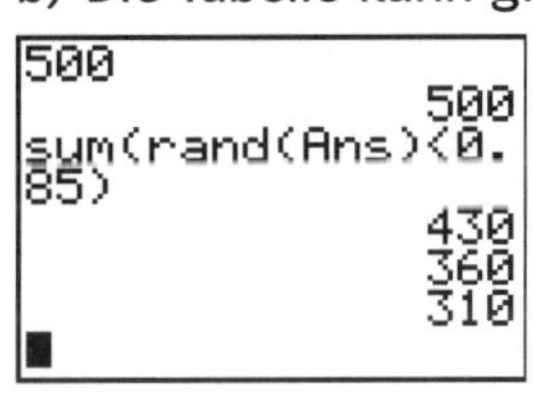

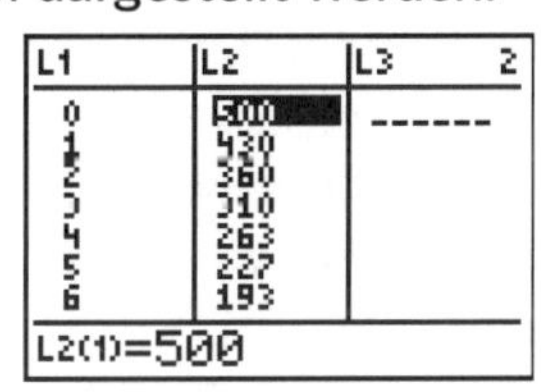

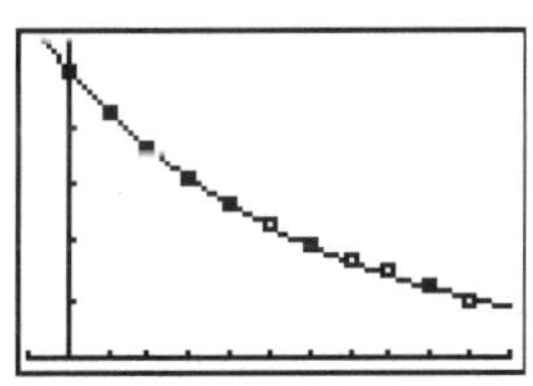

Man erkennt, dass die Werte exponentiell abnehmen. Der Ansatz $f(t) = c\,a^t$ liefert z. B. mit den Werten für $t = 0$ und $t = 10$ (ähnlich wie bei der Treibhauseffektaufgabe) die Funktion $f(t) = 500 \cdot 0{,}853^t$. Man sieht, dass der Graph dieser Funktion die Werte der Tabelle sehr gut annähert. Auch eine exponentielle Regression ist hier möglich; man erhält $f(t) = 497 \cdot 0{,}855^t$. Der Graph ist fast identisch mit dem ermittelten.
Theoretisch ergibt sich fast dasselbe Ergebnis mit folgender Überlegung: Jede Minute zerfallen durchschnittlich 15 % der Atome, d. h., es bleiben 85 % übrig. Also nimmt die Zahl der noch nicht zerfallenen Atome nach dem Gesetz $z(t) = 500 \cdot 0{,}85^t$ ab.

Bei der stochastisch ermittelten Funktion gibt es bei jeder Simulation natürlich andere Werte, die trotzdem nahe bei dem theoretischen Gesetz liegen. Dies ist ein schönes Beispiel für einen zufälligen Vorgang mit einer wohl bestimmten Gesetzmäßigkeit (Determiniertheit).
Da Plutonium eine Halbwertszeit von 24360 Jahren hat, gilt mit dem Ansatz $f(t) = c\,a^t$: $f(0) = 100\,\%$, $f(24\,360) = 50\,\%$. Das ergibt $f(t) = 100\,\% \cdot 0{,}999\,972^t$. Also sind nach 10 000 Jahren noch $f(10\,000) = 75{,}2\,\%$ Plutonium vorhanden.
Die Gleichung $f(t) = 10\,\%$ kann man grafisch oder mit dem Solver auf dem GTR lösen (Fig.).
Man erhält $t = 80\,922$ Jahre.

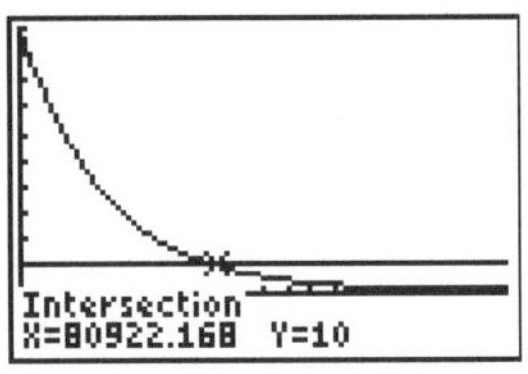

Seite 194

Keplergleichung

? a) $f'(x) = 1 - \varepsilon \cdot \cos x$. Die Ableitungsfunktion kann nur Nullstellen haben, wenn ε mindestens 1 ist, weil die Werte von cos x zwischen −1 und 1 liegen. Im Falle $\varepsilon = 1$ ist aber f′(x) niemals negativ, da cos x höchstens 1 ist. Also hat f′ keinen Vorzeichenwechsel. Im Falle $\varepsilon > 1$ hat f′ Vorzeichenwechsel, also auch Extrema. Bei elliptischen Bahnen von Himmelskörpern ist aber immer $\varepsilon < 1$, die Funktion f ist also dann immer streng monoton wachsend. Es gibt daher zu einem Zeitpunkt t immer nur eine Lösung x.

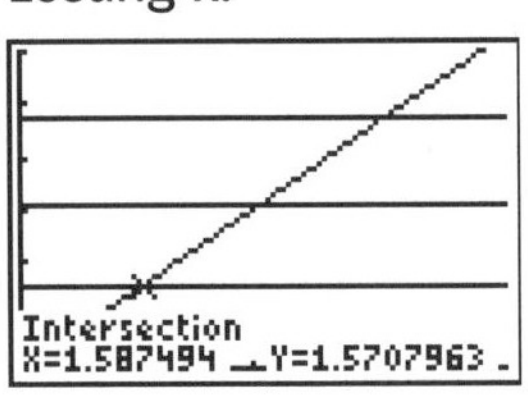

b) Man zeichnet den Graphen der Funktion f und jeweils eine Parallele zur x-Achse im Abstand $\frac{2\pi t}{T}$ für $t = \frac{1}{4}$, $t = \frac{1}{2}$ und $t = \frac{3}{4}$. Man erhält gerundet $x = 1{,}5875$ ($\alpha = 90{,}96°$, $\beta = 91{,}91°$) bzw. $x = 3{,}1416$ ($\alpha = 180°$, $\beta = 180°$) bzw. $x = 4{,}6957$ ($\alpha = 269{,}04°$, $\beta = 268{,}09°$). Man erkennt, dass der „Fahrstrahl" $\overline{ZP}$ im ersten und vierten Vierteljahr einen Winkel von etwas mehr als 90° überstreicht, während er im zweiten und dritten Vierteljahr etwas weniger als 90° überstreicht. Im Zeitraum von Anfang September bis Anfang April (Winterhalbjahr) ist die Erde also etwas schneller als im Zeitraum von Anfang April bis Anfang September (Sommerhalbjahr).
Die Abstände der Erde von der Sonne betragen
zum Zeitpunkt $t = 0$ $\overline{ZP} = 147{,}1$ Millionen km,
zum Zeitpunkt $= \frac{1}{4}$ $\overline{ZP} = 149{,}64$ Millionen km,
zum Zeitpunkt $t = \frac{1}{2}$ $\overline{ZP} = 152{,}10$ Millionen km
und zum Zeitpunkt $t = \frac{3}{4}$ $\overline{ZP} = 149{,}64$ Millionen km.
Der kleinste und größte Abstand zur Sonne unterscheiden sich also um etwa 5 Millionen km.

Seite 195

Abbildung der Erde

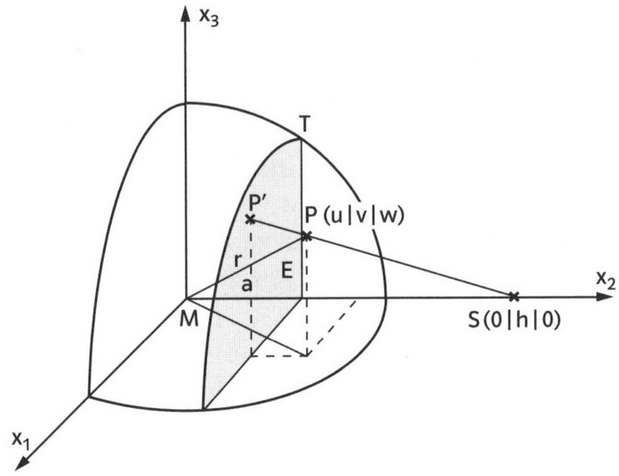

Fig. 1

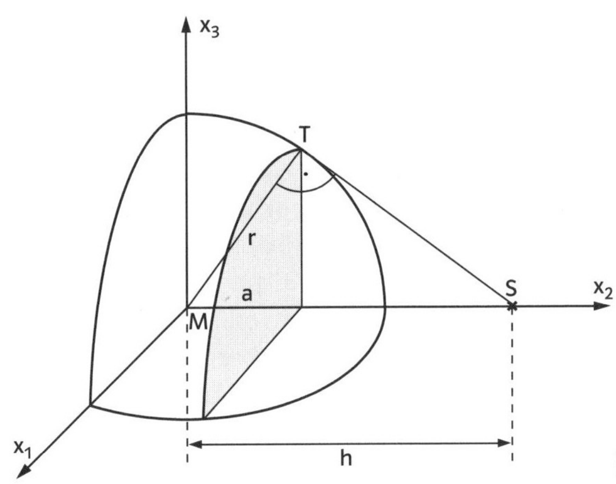

Fig. 2

? a) Die Gleichung der Geraden SP ist

$$\vec{x} = \begin{pmatrix} 0 \\ h \\ 0 \end{pmatrix} + t \begin{pmatrix} u \\ v - h \\ w \end{pmatrix},\ t \in \mathbb{R}.$$

Für x_2 ergibt sich daraus $x_2 = h + t(v - h)$.
Da $x_2 = a$, ergibt sich $a = h + t \cdot (v - h)$.
Da ST eine Tangente an die Erdkugel ist, hat das Dreieck MST bei T einen rechten Winkel. Für die Hypotenuse h, die Kathete r und den Hypotenusenabschnitt a gilt nach dem Kathetensatz $a \cdot h = r^2$.
In diese Gleichung wird $a = h + t \cdot (v - h)$ eingesetzt: $(h + t \cdot (v - h)) \cdot h = r^2$.
Diese Gleichung wird schrittweise umgeformt und schließlich nach t aufgelöst:

$$h^2 + t \cdot (v - h) \cdot h = r^2 \quad | -h^2$$
$$t \cdot (v - h) \cdot h = r^2 - h^2 \quad | \cdot(-1)$$
$$t \cdot (h - v) \cdot h = h^2 - r^2 \quad | : (h - v)h$$
$$t = \frac{h^2 - r^2}{(h - v) \cdot h}$$

b) Für $h = 2r$ erhält man $t = \frac{(2r)^2 - r^2}{(2r - v)\cdot 2r} = \frac{3r^2}{(2r - v)\cdot 2r}$.
Berechnung von u′ und w′ für die Punkte $P(0\,|\,r\,|\,0)$:
$u' = t\cdot u = \frac{3r^2}{(2r - r)\cdot 2r}\cdot 0 = 0$, $w' = t\cdot w = \frac{3r^2}{(2r - r)\cdot 2r}\cdot 0 = 0$,
$Q(0{,}6r\,|\,0{,}8r\,|\,0)$: $u' = t\cdot u = \frac{3r^2}{(2r - 0{,}8r)\cdot 2r}\cdot 0{,}6r = \frac{3}{4}r$,

$w' = t\cdot w = \frac{3r^2}{(2r - 0{,}8r)\cdot 2r}\cdot 0 = 0$,

$R\left(\frac{2}{3}r\,\middle|\,\frac{2}{3}r\,\middle|\,\frac{1}{3}r\right)$: $u' = t\cdot u = \frac{3r^2}{\left(2r - \frac{2}{3}r\right)\cdot 2r} = \frac{2}{3}r = \frac{3}{4}r$,
$w' = t\cdot w = \frac{3r^2}{\left(2r - \frac{2}{3}r\right)\cdot 2r}\cdot\frac{1}{3}r = \frac{3}{8}r$.

c) Aus der Formel für den Kathetensatz ergibt sich $a\cdot h = r^2$ a und daraus $a = \frac{r^2}{h}$.

Für $h \to r$ ergibt sich daraus $a = r$. In diesem Grenzfall befindet man sich auf der Erdoberfläche. Man sieht dann nur noch die Stelle, auf der man sich befindet.
Für $h \to \infty$ ergibt sich daraus $a = 0$. In diesem Grenzfall befindet man sich „unendlich" weit weg von der Erde, die man dann natürlich gar nicht mehr sieht. Aber bereits, wenn h sehr groß ist (z. B. Mondentfernung, etwa 60 r), ist a praktisch 0. In diesem Fall sieht man (fast) die halbe Erde.

Sachthema: Mathematik in Berufen

Seite 196

Bankkaufmann

? Wenn man das Geld der Investition (hier 50 000 €) anlegen würde, würde man beispielsweise wie auf dem Rand angegeben 7,85 % Rendite (Zinsen) erhalten. Daher ist beispielsweise ein Geldbetrag von 9000 €, den man im nächsten Jahr verdient, heute nur 8344,92 € wert, denn wenn man heute den Betrag von 8344,92 € mit 7,85 % Zinsen anlegen würde, hätte man nach einem Jahr 9000 €.
Man rechnet also: $y_{\text{Wert des Geldes heute}} = 9000 \cdot 1{,}0785^x$, wobei $x = -1$ gilt, wenn das Geld wie in dem beschriebenen Beispiel im nächsten Jahr verdient wird und auf ein Jahr zurück, also auf den heutigen Wert, abgezinst wird. $x = -2$ würde demnach bedeuten, dass das Geld in zwei Jahren verdient werden würde und man sich für den heutigen Wert dieses Geldes interessiert.
Die Summe aller zurückgerechneten (abgezinsten) Beträge stellt den Gesamtwert dar. Dieser muss in dem Beispiel 50 000 € betragen.

Jahr	0	1	2
Einnahmen	0	10 000	10 000
Ausgaben	50 000	1 000	1 000
Bilanz (Einnahmen-Ausgaben)	-50 000	9 000	9 000
Abzinsungsfaktor a	1	0,927 213 72	0,859 725 29
abgezinste Bilanz (a · Bilanz)	-50 000	8 344,92	7737,53
Summe der abgezinsten Bilanzen	-50 000	-41 655,08	-33 917,55

Jahr	3	4	5
Einnahmen	10 000	10 000	10 000
Ausgaben	1 000	1 000	1 000
Bilanz (Einnahmen-Ausgaben)	9 000	9 000	9 000
Abzinsungsfaktor a	0,797 149 08	0,739 127 57	0,685 329 23
abgezinste Bilanz (a · Bilanz)	7174,34	6 652,15	6 167,96
Summe der abgezinsten Bilanzen	-26 743,21	-20 091,06	-13 923,10

Jahr	6	7	8
Einnahmen	10 000	10 000	10 000
Ausgaben	1 000	1 000	1 000
Bilanz (Einnahmen-Ausgaben)	9 000	9 000	9 000
Abzinsungsfaktor a	0,635 446 66	0,589 194 87	0,546 309 57
abgezinste Bilanz (a · Bilanz)	5 719,02	5 302,75	4 916,79
Summe der abgezinsten Bilanzen	-8 204,08	-2 901,32	**2 015,46**

Die Investition erreicht also nach ca. 7 bis 8 Jahren ihren „Break-even-Punkt“. Wenn man von einem kleineren Zinssatz ausgeht, dauert es wesentlich kürzer. Etwa bei p = 5 % wäre der „Break-even-Punkt“ schon nach 6 bis 7 Jahren erreicht.

Seite 197

Referent im Bundesministerium für Gesundheit

? a) Die Daten werden zunächst einmal grafisch dargestellt:

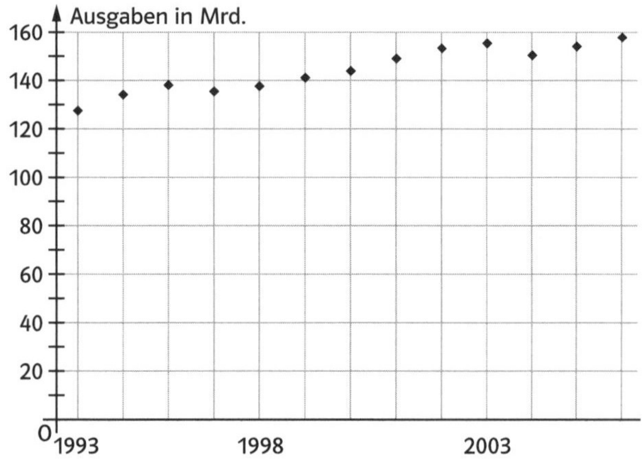

Hieran erkennt man einen mit Schwankungen versehenen linearen Verlauf.
Mithilfe der linearen Regression erhält man die Funktionsgleichung $y = 2{,}35x - 4565{,}8$, wobei x das Jahr und y die Ausgaben der gesetzlichen Krankenkassen angeben.

Jahr	Ausgaben insgesamt in Mrd. €	Veränderung der Ausgaben in %	berechnete Werte	Abweichungen
1994	117,38		120,1	-2,72
1995	124	5,64	122,45	1,55
1996	127,92	3,16	124,8	3,12
1997	125,29	-2,06	127,15	-1,86
1998	127,47	1,74	129,5	-2,03
1999	130,92	2,71	131,85	-0,93
2000	133,7	2,12	134,2	-0,5
2001	138,81	3,82	136,55	2,26
2002	143,03	3,04	138,9	4,13
2003	145,09	1,44	141,25	3,84
2004	140,18	-3,38	143,6	-3,42
2005	143,81	2,59	145,95	-2,14
2006	147,58	2,62	148,3	-0,72
		Summe der Abweichungen:		**0,58**

Auch diese Tabelle zeigt, dass die Abweichungen insgesamt sehr gering sind.
Im Jahr 2010 sind nach dem obigen Modell ca. 157,7 Mrd. Euro zu erwarten ($y = 2{,}35 \cdot 2010 - 4565{,}8$

= 157,7). Für 2015 wären dies 169,45 Mrd. Euro ($y = 2{,}35 \cdot 2015 - 4565{,}8 = 169{,}45$).

b) Wenn die Ausgaben wie angegeben variiert würden, würde sich mithilfe der linearen Regression die Funktionsgleichung $y = 2{,}4544 \cdot x - 4773{,}8$ ergeben. Da die Steigung etwas größer ist als bei der „Originalfunktion", verläuft die Entwicklung insgesamt steiler.

Ein grafischer Vergleich zeigt dies:

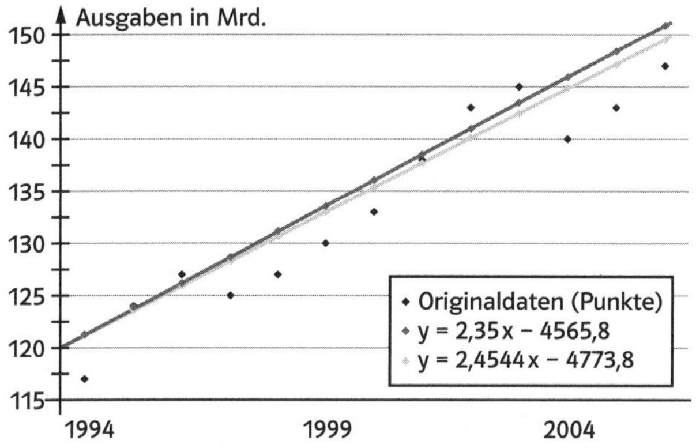

Demnach würden auch die Prognosen für 2010 und 2015 etwas höher ausfallen.

Seite 198

Anästhesist

? a) Der Patient muss etwa von 9.11 Uhr bis 10.05 Uhr beatmet werden.

b) Der Operateur darf die Haut des Patienten etwa gegen 9.19 Uhr aufschneiden.

c) Der Patient wird vermutlich gegen 10.09 Uhr aufwachen.

d) Der Patient wird vermutlich gegen 10.20 Uhr wieder ansprechbar sein.

Seite 199

Maschinenbauingenieur

? Mögliches Gutachten:

Die Messwerte der erhobenen Stichprobe ergaben einen Cpk-Wert von ca. 1,38. Der Zuschnitt der Bauteile kann somit als zufriedenstellend angesehen werden. Der Mittelwert 50,0642 dm legt aber nahe, die Schnittbreite geringfügig zu verringern. Durch eine Neujustierung der Schnittbreite über die Messerwalze um 0,064 dm könnte ein optimaler Cpk-Wert von etwa 1,71 erreicht werden. In diesem Fall ließe sich die Qualität des Zuschnitts als sehr gut einstufen.

Seite 200

Entwicklungsingenieur

? a) Bei einer Vollbremsung blockieren die Räder des Fahrzeugs; d_b ist somit null. Man erhält:
$\frac{d_m - d_b}{d_m} = \frac{d_m}{d_m} = 1 = 100\,\%$.

b) Die beste Bremswirkung erzielt man auf trockenem Asphalt.

c) Für den Bremsvorgang ist nasser Asphalt am unberechenbarsten. Nach der maximalen Bremswirkung lässt die Bremswirkung bei Erhöhung des Radschlupfes wieder deutlich nach.

d) Beim maximalen Radschlupf auf Schnee graben sich der Reifen in den Schnee ein und erhöhen so noch einmal die Bremswirkung.

e) Wird das Bremsregelsystem so eingestellt, dass der Radschlupf bei etwa 25 % liegt, so erhält man auf den verschiedenen Untergründen gute Werte. Durch eine Verringerung des Radschlupfes unter 25 % würde man zwar die Bremswirkung auf trockenem Asphalt und auf Eis erhöhen; dies ginge aber zulasten der Bremswirkung auf nassem Asphalt.

Seite 201

Psychologe

? a) Die Wahrscheinlichkeit, dass man bei einer Binomialverteilung mit den Parametern $n = 100$ und $p = 0{,}15$ mindestens 22 Treffer erhält, liegt bei etwa 4 %. Aufgrund der Untersuchung würde man die Aussage, dass von den Jugendlichen 15 % depressionskrank sind, eher ablehnen und vermuten, dass der Anteil der Depressionskranken bei Jugendlichen höher liegt.

b) Die Wahrscheinlichkeit, dass man bei einer Binomialverteilung mit den Parametern $n = 100$ und $p = 0{,}15$ höchstens 7 Treffer erhält, liegt bei etwa 1,2 %.

Bei 7 Depressionskranken würde man daher die Aussage erneut ablehnen und annehmen, dass der Anteil der Depressionskranken bei Jugendlichen vermutlich geringer als 15 % ist.

Bei 12 Depressionskranken würde man die Aussage vermutlich annehmen. Wie man im Diagramm erkennt, unterstützt dieser Wert die Aussage, dass auch unter den Jugendlichen 15 % depressionskrank sind.

Bei 30 Depressionskranken würde man die Aussage wieder ablehnen, da der Anteil noch höher ist, als die oben aufgeführten 22 Depressionskranken.

Seite 202

Unternehmensberater

? a) Für die Investitionen ergibt sich als einmaliger Betrag: 29 410 641,82 €. Dieser schlüsselt sich folgendermaßen auf:

	Anzahl	Kosten	Summe
Standort	85		28 424 000,00 €
Eingang	4		334 400,00 €
Lesegerät	3	1200	3 600,00 €
Drehkreuz	3	10 000	30 000,00 €
Umbau			50 000,00 €
Karten	14 200	1,3	18 460,00 €
Personalkosten:			
Stundenlohn	14 200	340 909 091	968 181,82 €

Hinzu kommen laufende Kosten in Höhe von 1 862 326,00 € pro Jahr, die sich folgendermaßen aufschlüsseln:

Kartenaustausch		1 846,00 €
Wartung Lesegerät		330 480,00 €
Wartung Drehkreuze		1 530 000,00 €

Demgegenüber stehen Einsparungen bei den Personalkosten in Höhe von 15 300 000,00 € gegenüber:

Pförtner	510	30 000	15 300 000,00 €

Unter Berücksichtigung, dass man das investierte Geld nicht zu 5 % anlegen kann, ergibt sich folgende Aufstellung für die ersten Jahre nach der Investition:

Jahr	Kosten	Einsparungen	Gewinn
1	31 272 967,82 €	15 300 000,00 €	- 15 972 967,82 €
2	34 698 942,21 €	30 600 000,00 €	- 4 098 942,21 €
3	38 296 215,32 €	45 900 000,00 €	7 603 784,68 €
4	42 073 352,09 €	61 200 000,00 €	19 126 647,91 €
5	46 039 345,69 €	76 500 000,00 €	30 460 654,31 €
6	50 203 638,97 €	91 800 000,00 €	41 596 361,03 €

Die Investition des Identifikationssystems mithilfe der Chip-Karte würde sich für den Konzern also ab dem dritten Jahr nach der Investition rechnen.

b) Mögliche weitere Informationen, mit denen ein Gutachten genauer erstellt werden könnte:

- Wie wird die Einführung der Chip-Karte von den Arbeitnehmerinnen und Arbeitnehmern in den Niederlassungen gesehen? Gibt es seitens der Belegschaft Bedenken oder werden eher Vorteile im neuen System gesehen?
- Welche weiteren Zusatzfunktionen könnte die Chip-Karte erhalten? Welche Vorteile hätten diese Zusatzfunktionen für die Arbeitnehmerinnen und Arbeitnehmer bzw. für den Konzern?
- Welche anderen Aufgaben könnten die Pförtner übernehmen, die durch die Einführung der Chip-Karte nicht mehr benötigt werden? Entstehen hierbei Umschulungskosten?
- Sind die Folgekosten für die Wartung des Karten-Systems für die nächsten Jahre stabil?
- Wird die Sicherheit durch die Einführung des Karten-Systems erhöht bzw. verringert?

Seite 203

Strahlenschutzbeauftragter

? a) Die Aktivität des Strahlers betrug am 1. April 2007 ungefähr 391 MBq, am 31. Dezember 2007 ungefähr 391 MBq und am 1. 1. 2007 ungefähr 1117 MBq.

b) Der Strahler dürfte etwa bis zum 19. Oktober 2007 in Gebrauch sein.

c) Der Strahler müsste noch bis Anfang April 2011 unter Verschluss gelagert werden, bevor er entsorgt wird.

Seite 204

Logistiker

? Als optimale Route für die Aufträge erhält man:

1. Tag: Fahrt von Zürich nach Stuttgart; Entfernung: 218 km; Fahrtzeit 3,5 h + 45 min Pause + 2 h Zoll + 1 h Entladen.

2. Tag: Fahrt von Stuttgart nach Innsbruck; Entfernung: 325 km; Fahrtzeit 5,5 h + 45 min Pause + 1 h Beladen + 1 h Entladen. (Die verderbliche Ware wird innerhalb von 9 h geliefert.)

3. Tag: Fahrt von Innsbruck nach München und zurück; Entfernung: 290 km; Fahrtzeit 5 h + 2 h Beladen + 2 h Entladen. (Die verderbliche Ware wird innerhalb von 9 h geliefert.)

4. Tag: Fahrt von Innsbruck nach Zürich; Entfernung: 292 km; Fahrtzeit 5 h + 2 h Zoll + 1 h Beladen + 1 h Entladen.

Als Gesamtfahrtstrecke erhält man 1125 km.
Die Gesamtkosten für die gesamte Tour betragen ca. 1900 €.

Seite 205

Buchhändler

? Wenn man davon ausgeht, dass alle Exemplare verkauft werden, ergibt sich unter Berücksichtigung sämtlicher Kosten:
bei einer Auflage von 2000 Exemplaren ein Verlust von 2000,– €,
bei einer Auflage von 3500 Exemplaren ein Gewinn von 12 675,– €,
bei einer Auflage von 5000 Exemplaren ein Gewinn von 31 450,– €.

Vermutlich hat die Buchhandlung das dritte Angebot ausgewählt.

? Wenn maximal 3800 Exemplare verkauft werden können, ergibt sich bei einer Auflage von 5000 Exemplaren nur noch einen Gewinn von 11530,– €. In diesem Fall wäre eine Auflage von 3500 Exemplaren günstiger.

	A	B	C	D	E	F	G	H
1								
2	Auflage	Preis	verkaufte Ex.	Umsatz	Kosten	verkauft/ Jahr	Lagerung	Gewinn
3	2000	26.000,00€	2000	33.200,00€	33.700,00€	500	1.500,00€	**-2.000,00€**
4	3500	36.000,00€	3500	58.100,00€	42.800,00€	875	2.625,00€	**12.675,00€**
5	5000	41.000,00€	3800	63.080,00€	47.800,00€	1250	3.750,00€	**11.530,00€**
6								
7		24,90€	(Verkaufspreis)					
8								